機械製図CAD作業技能検定試験実技試験

ステップアップガイド

3・2・1級対応

河合　優 著

日刊工業新聞社

はじめに

ある先生とのご縁により、2003年より職業能力開発総合大学校で、ポリテクセンターや技術専門校の指導員の皆さんに、多能工化教育のお手伝いで、機械製図のお話をさせて頂いています。数えて18回目となる指導員研修会が、2020年の11月にコロナ下の中、実施されました。時節柄大多数の方が、研修会を辞退されましたが、2名の方に大きな目的を抱いて、参加をしていただきました。ポリテクセンターなどで行う、切削加工系のカリキュラムは、MC（マシニングセンター）の取扱い方を主体にしてできあがっています。時代を少し巻き戻すと、MCが普及する前の切削加工系のカリキュラムは、ボール盤の取扱いとドリルの再研磨の仕方、旋盤の取扱い、フライス盤の取扱い等が主要な課題であり、実際に加工物を切削して作り上げる技能を習得するように作られていました。図面に関する知識は、訓練の終了後に実務についてから、加工対象を実際に見ながら、身につけていくものでした。MCのプログラムの加工条件は、工具選択、工具位置と速度等でできており、図面を読みとってその形状を削り出すプログラムを作ることです。図面を読み取れないと、工具選択や工具位置のプログラムができません。このような状況の中、機械製図を教える対象が新たに表れてきました。しかし、世に出ている機械製図の本は、JIS規格を解説するものが主流で、図面の解読方法の手順を解説している本が売られていませんでした。図面の解読に関する本は、筆者が2015年に日刊工業新聞社から発売した、「機械製図CAD作業技能検定試験突破ガイド」が最初でした。この本は技能検定受験者向けに作られており、入門者には少し敷居が高い内容でした。研修会に参加した2名の指導員は、入門者向けの指導方法を模索しており、小生の現在のテーマと一致するところとなりました。受講者2名に講師が1名という、家庭教師のような環境で、小生が持参したパソコンに入っている資料の範囲で、情報交換しました。有意義な学習時間であり、新しい時代を感じました。これがこの本の方向を決めるきっかけとなりました。機械製図を初めて学ぶ人に向けた第6章は、入門者向けの内容を取り入れた構成になっています。

本書全体では、機械製図入門者から、技能検定受験者までを対象として構成してあります。

筆者は自動車部品製造会社の技術者として、部品製造用の専用機の開発の仕事に取り組んでいました。専用機を製作する上で必要な技術情報を図面に表現して、構成部品を製作する人や、組立を行う人に向けて発信していました。これらの仕事を通じて、機械製図に関する知識は自然に身についていくものでした。新人の頃にはあいまいな表現や、冗長な表現について指導をする場合もありました。そして、出図した図面、できあがった部品、専用機を通じで機械製図に関する知識を、身に着けていきました。設計者としての実力評価として、機械製図技能検定試験の受験に取り組み結果を出す流れで、自然に知識が積み重なっていくものと考えて、特に支障は感じませんでした。

3次元CADの普及により、機械製図を学ぶ前に、3次元CADによる設計の実務を経験すると、図形線と立体形状の関連を把握できない設計者が出現することとなりました。それによる弊害を対策するために、機械製図を学ぶことが有効なことが実証されており、実施している企業が多数存在します。大学などの教育機関は3次元CADに関する教育を先行させており、企業は社員の製図教育に力を注ぐ傾向が強まっています。このような製図教育の場にも、本書が有効に活用できるものと期待しています。

目　次

第３章　図形の表し方

第6章　機械製図の学び方

第7章 技能検定受験者向け

第8章 3級から2級、1級へのステップアップ

第 9 章　過去の実技課題の解読例

第1章

機械製図CAD作業技能検定試験

技能検定試験とは職業能力開発促進法に基づき、国の統一基準で能力判定するもので、136職種が実施されており、現在は500万人を超えた合格者がいる。確かな技能の証である。機械製図職種は、昭和34年の検定制度発足時から実施されている伝統のある職種で、毎年新たな問題を作成する難しい状況の中、一定のレベルを維持している。機械製図技能検定試験は、"JIS"規格に基づいて図面を作成する能力を評価する、日本における唯一の製図能力評価試験で、機械やプラントの図面を描く業務に携わる技術者の能力を認定する国家資格である。作図能力に加えて課題図の平面図形を立体形状に組立てる能力、図面作成時に必要な機械構造の知識、加工法の知識、製作上の許容範囲を指示できる能力等、広範な設計的知識が求められる。検定試験においては「機械製図手書き作業」、「機械製図CAD作業」、「プラント配管製図作業」に分かれ、「手書き作業」「CAD作業」は同じ課題で、図面を描く手段が異なる。1級～3級の3段階の等級があり、製図に取組む技術者が、通常有すべき技能の程度と位置づけられている。資格を取得するためには、技能検定試験の実技試験と学科試験の両方に合格することが必要である。経済活動がボーダレスとなり、正確な図面発行が課題となる中、2級製図技能士資格を、図面を発行する技術者の必須要件として、規定している、社歴約100年、年商1,000億円を超える大企業もあり、今後ますます重要な資格となると予想される。

製図技能検定試験では、所定の時間内に解答を完成させることを求めており、受験に際しての学習の中で、図面の読解力とCADの操作の正確さ、迅速さが身につくことが知られている。筆者が指導している会社の設計部の例では、受験学習のサポート及び、実技試験、学科試験の学習により設計者の設計力が向上し、作図時間が50％短縮したといわれている。

1-1 CADでの受験

CADは図面を描く手段であり、発行する図面に求められる要求内容は、手書き図面とまったく同じであり、同じ課題図を用いて、同じ評価基準で採点され、合否判定される。課題図から定規、コンパス、テンプレートなどを用いて読み取った寸法や図形情報と、日頃の技術活動や勉強で身に着けた知識に基付いて、指定された解答図面をCADで描き、完成させる。課題図は、平面図形の組合せで「JIS B 0001：機械製図」を用いて描かれており、内容を把握するためには、平面図形から立体を認識する能力に加え、JIS規格に関する知識が要求される。作図に当たっては、CADを用いることから、CADの操作を十分に習熟しておく必要がある。作図情報の習得には製図規格や関連する工学知識が必要であり、どれだけCAD操作に長けていても解答図は作成できない。また、日頃使用していないCADのシステムで受験する場合も、時間内に図面を完成できない。

3次元CADを使用した受験が可能で、多くの受験者が3次元CADを使用して受験している。3次元CADは、対象物をソリットモデルとして定義し、ソリットモデルに基づいて課題で指定された平面図形を描き、寸法やその他の指示事項を記入し、決められた試験時間内に図面を完成させる。ソリットモデル作成には相当の時間を要するが、立体形状が交差するときに現れる相貫線や、穴の奥に見える外形線が3次元CADでは、正確に表れる有利さがある。しかし、課題図の形状解釈を誤ると、ソリットモデル上で成立しないことがある。また、ソリットモデルから課題図と同じ投影図を作り、課題図の読み取りに関する問題点を探ることも可能であり、2次元CADと比較して一長一短がある。

1-2　実技試験の概要とその範囲

ある機能を有する機械部品の組立図（1級がA1サイズ、2級がA2サイズ、3級がA3サイズ）から、指定された部品の図形を描き、寸法、その他の指示事項を記入して製作図面（1級がA1サイズの部品図を5時間、2級がA2サイズの部品図を4時間、3級がA3サイズの部品図を3時間）を制限時間内に完成させる。

(1) 1級

・溶接構造のフレームを有する組立図から、指定された部品の図形を描く。
・寸法、寸法公差、表面性状の指示記号、幾何公差、溶接記号を記入する。
・機械設計に関する強度や歯車の軸間距離等の、計算問題が出題される。
・課題図に表れていない部位は、機械設計分野の知識から、類推して描くことが要求される。
・JIS 規格に基づく正しい図形表現の能力と、組立図を解読する能力、さらに、加工法に基づく制約条件に配慮する能力が求められる。

(2) 2級

・鋳物構造のフレームを有する組立図から、指定された部品の図形を描く。
・寸法、寸法公差、表面性状の指示記号、幾何公差を記入する。
・課題図に表れていない部位は、機械設計分野の知識から、類推して描くことが要求される。
・JIS 規格に基づく正しい図形表現の能力と、組立図を解読する能力、さらに、加工法に基づく制約条件に配慮する能力が求められる。

(3) 3級

・鋳物構造のフレームを有する組立図から、指定された部品の図形を描く。
・寸法、寸法公差、表面性状の指示記号を記入する。
・課題図に表れていない部位は、機械設計分野の知識から、類推して描くことが要求される。
・JIS 規格に基づく正しい図形表現の能力と、組立図を解読する能力、さらに、加工法に基づく制約条件に配慮する能力が求められる。

1-3 3級（令和元年度）課題の解読例

図 1-1 に示した課題図は、油圧リリーフ弁装置の組立図を尺度「1：1」で描いたものである。注意事項に従って、課題図中の本体①（FCD400-18）の図形を描き、寸法、寸法の許容限界、表面性状に関する指示事項等を記入し、部品

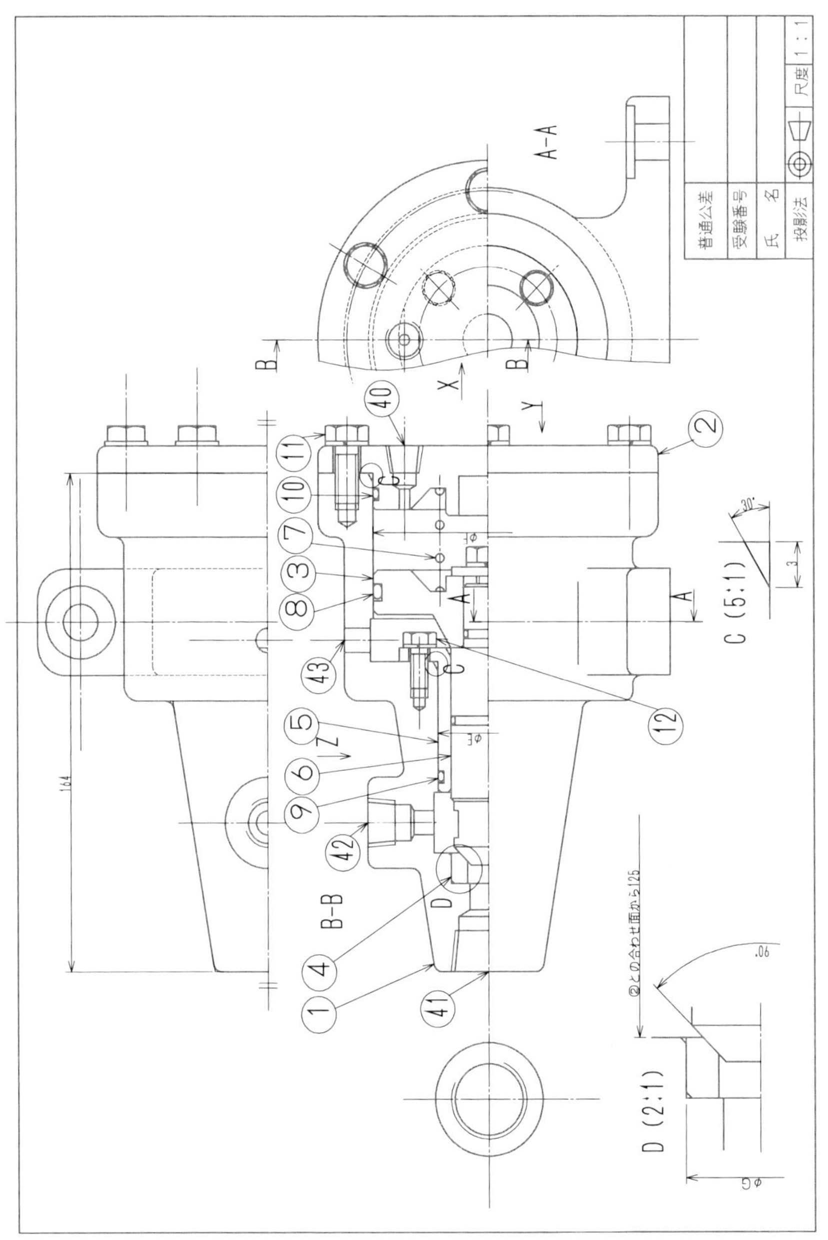

図 1-1　3 級課題図

図を完成させる。

着眼点

1　切口から構成部品を分離（機能と役割で形状を読取る）

2　部品番号から判定する

3　流路から空間を読取る

4　断面図から側面図を描く

5　面を表す線の見方

1-3-1　部品図作成要領（3級課題共通）

(1)　製図は日本工業規格（JIS）の最新の規格による。

(2)　解答用紙は、A3サイズ横向きで、四周をそれぞれ10mmあけて輪郭線を引き、中心マークを設ける。

(3)　図を描く場合、課題図に表れていない部分は、他から類推して描く。

(4)　普通寸法公差を適用できない寸法の許容限界は、公差域クラスの記号等で記入する。

(5)　課題図に示した寸法、寸法の許容限界等は、そのままの値を使用する。

(6)　普通公差は、鋳造に関してはJIS B 0403の鋳造公差等級CT8、機械加工に関しては普通寸法公差JIS B 0405の中級（記号m）とする。

(7)　表面性状の指示はJIS B 0031を用い、図面の空白部に鋳肌面の表面性状を一括で示し、その後ろの括弧の中に機械加工面に用いる表面性状を記入する。（大部分が同じ表面性状である場合の簡略指示）鋳肌面の表面性状は、除去加工の有無を問わない場合の表面性状の指示記号を用い、表面粗さのパラメータ及びその数値はRz200とする。機械加工面の表面性状は、それぞれ図形に記入し、Ra1.6、Ra6.3、Ra25のいずれかを用いて指示する。角隅の丸み及び45°の面取りは、表面性状の指示をしない。

(8)　めねじ部の下穴深さは、JIS B 0001「機械製図」の深さ記号を用いないで、JIS B 0002-1「製図―ねじ及びねじ部品―第1部：通則」の「4.3 ねじ長さ及び止まり穴深さ」の図示表記による。

(9)　対称図形でも、指示のない場合は、中心線から半分だけ描いたり、破断線で図を省略したりしない。

1-3-2　課題図の説明

課題図は油圧用リリーフ弁装置の組立図を、尺度「1：1」で描いてある。主投影図は X から見た外形図とし、中心線から上側を「B-B」の断面図で示している。右側面図は Y から見た図とし、中心線から左側を破断線で省略し、中心線から下側を「A-A」の断面図で示している。平面図は Z から見た外形図で対象図示記号を用いて中心線から上側のみを示している。部分投影図は本体①の左端面のみを示している。

本体①は FCD400-18 の鋳鉄品で、必要な部分は機械加工されている。主投影図に示した接続ポート㊵、㊶、㊷及び㊸は、リリーフ弁の機能を構成している。接続ポート㊵は空気圧制御機器（図示していない）との接続口である。接続ポート㊶及び㊷はそれぞれの油圧機器（図示していない）との接続口である。ポート㊸は通気口である。

図示の状態は、コイルバネ⑦及び接続ポート㊵からの空気圧で、ピストン③に連結されたポペット弁⑥の端部が、ブッシュ④に設けられた 90° の弁座に接触し、接続ポート㊶と㊷の回路は遮断されている。接続ポート㊶の油圧が高くなるとポペット弁⑥が油圧により右側に押されてコイルバネ⑦が圧縮されて、ピストン③は押し戻されて弁が開き、接続ポート㊶と㊷の回路がつながる。接続ポート㊶の油圧に対する弁の開閉は、コイルバネ⑦の力に加えて、接続ポート㊵から供給される空気圧によって、弁が開き始める油圧を調整できるリリーフ弁として作用する。

②はふた、⑤はスリーブ、⑧、⑨及び⑩は O リング、⑪及び⑫は六角ボルトである。

1-3-3　指示事項

(1) 本体①の部品図は、第三角法により尺度1：1で描く。

(2) 本体①の部品図は、**図 1-2** の配置で描く。

(3) 本体①の部品図は、主投影図、右側面図及び平面図とし、上の図の配置で下記の a～h の指示のより描く。

a．主投影図は、課題図の X から見た外形図とし、中心線から上側は、断面の識別記号を用いて課題図の「B-B」断面図とする。

b．右側面図は、課題図の Y から見た外形図とし、対象図示記号を用いて中心線から右側のみを描く。

c．平面図は、課題図の Z から見た外形図とし、対象図示記号を用いて中心線から上側のみを描く。

d．図 1-1 にある ϕE は、直径 35mm、公差は H9 とする。

e．図 1-1 にある ϕF は、直径 80mm、公差は H9 とする。

f．図 1-1 にある ϕG は、直径 26mm、公差は H6 とする。

g．ねじ類は、下記による。

イ．六角ボルト⑪のねじは、メートル並目ねじ、呼び径8mmである。これ用のめねじは、ねじ深さ 12mm、下穴径 6.71mm、下穴深さ 16mm とする。

ロ．六角ボルト⑫のねじは、メートル並目ねじ、呼び径6mmである。これ用のめねじは、ねじ深さ 12mm、下穴径 4.97mm、下穴深さ 15mm とする。

ハ．据付ボルト（図示してない）のねじは、メートル並目ねじ、呼び径

図 1-2　図の配置指示

10mm である。これ用のキリ穴は直径 12mm とし、鋳肌面に直径 24mm、深さ 3mm の深ざぐりをする。

ニ．接続ポート㊶は、管用テーパねじ呼び 3/4 である。

ホ．接続ポート㊷は、管用テーパねじ呼び 3/8 である。

h．鋳造部の角隅の丸みは、R3 についてのみ個々に記入せず、紙面の右上に「鋳造部の指示なき角隅の丸みは R3 とする」と注記し、一括指示する。

1-3-4　機能を読み解く

着眼点

1　切口から構成部品を分離（機能と役割で形状を読取る）

2　部品番号から判定する

3　流路から空間を読取る

本体①の形状を直接読取ることができない場合でも、**図 1-3** に示した、より単純な形状の構成部品の形状から、本体①の形状を読み解くことが可能である。

(1) ブッシュの部品図

図 1-4 に示したようにリング状をしており、外径は円筒状で本体①とははめあい関係となっている。“90°　摺合” と指示された面に、ポペット弁の先端が当たり、シール機能を果たしている。内側の穴は油の通路となっている。

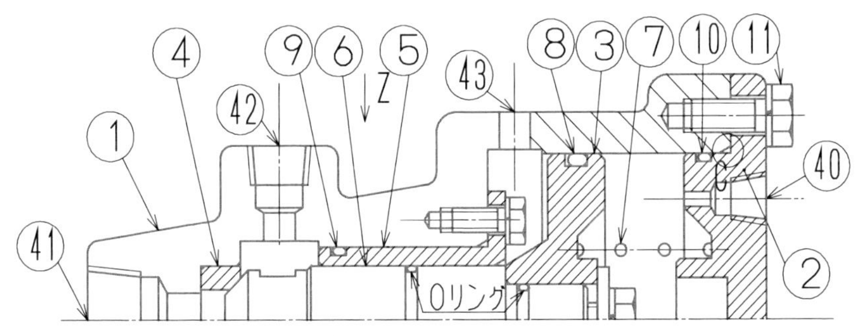

図 1-3　リリーフ弁の機能解説図

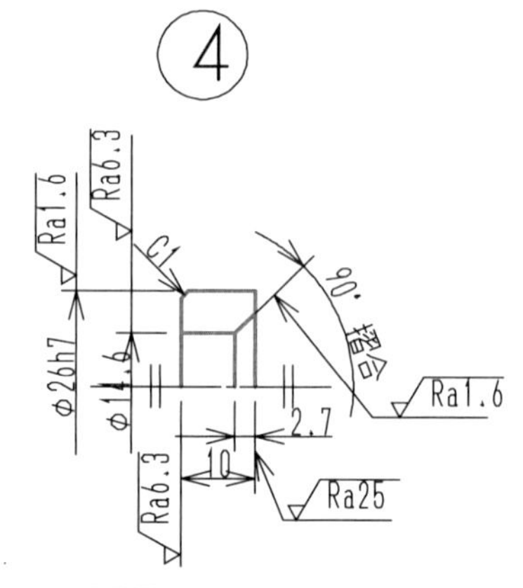

図 1-4 ブッシュの部品図

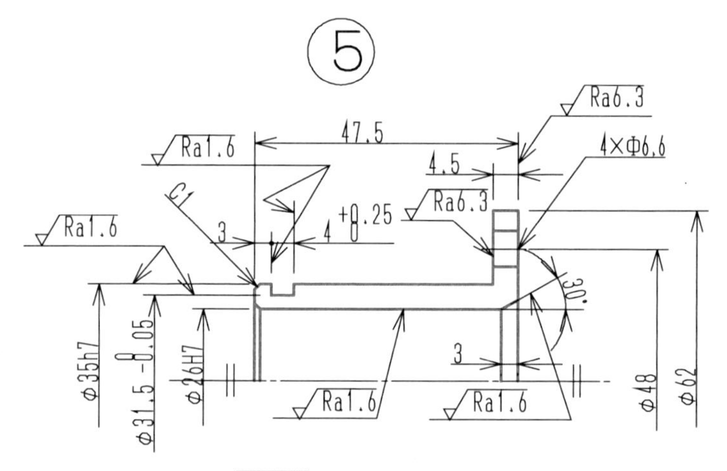

図 1-5 スリーブの部品図

(2) スリーブの部品図

図 1-5 に示したように円筒状で、外径は円筒状で本体①とはめあい関係になっている。右端のフランジに空いた取付穴にボルトを通して、本体①に締め付けている。通気口㊸に油が浸み出さないようにOリング⑨でシールをしており、組み付け時の傷付き防止で本体①が 30° の面取りとなっている。内側の円筒穴

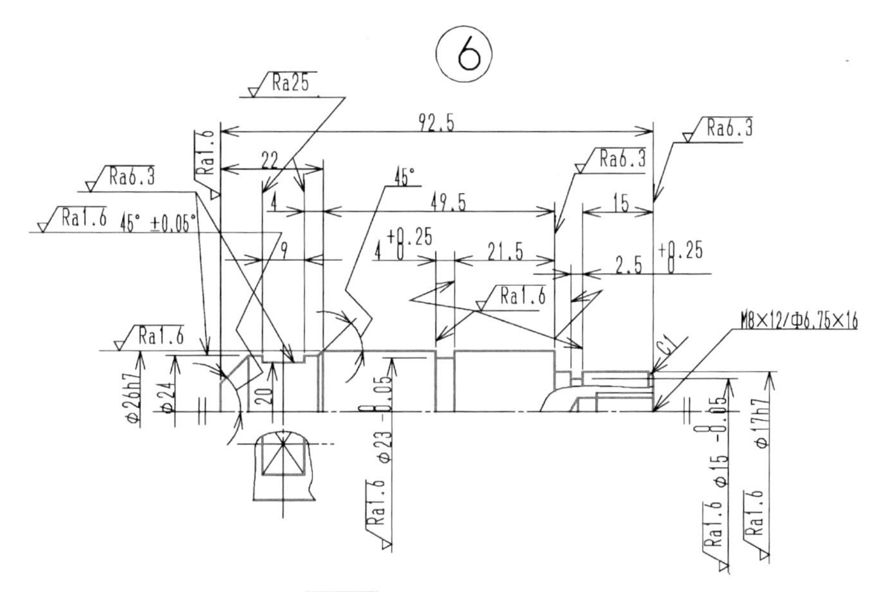

図 1-6　ポペット弁の部品図

はポペット弁の案内部で、はめあい関係となっている。スリーブとポペット弁のはめあい部は、接続ポート㊵から入った空気圧が、油圧系の通路に流れないように、O リング（品番なし）でシールをしており、傷付き防止の 30° の面取りとなっている。

(3) ポペット弁の部品図

図 1-6 に示したように円柱状で、左端にブッシュ④とのシール面がある。その隣の 2 面幅は、ピストン③を締付るボルト（品番なし）締付時に使用する。右端にはピストン③とのはめあいと、シール用の O リング溝がある。

(4) ピストンの部品図

図 1-7 に示したピストンは、中央の穴でポペット弁とはめあいになっており、外径部で本体①とはめあいになっており、O リング⑧でシールされており、本体①のはめあい部の入り口が、傷付き防止の 30° の面取りとなっている。

(5) ワッシャーの部品図

図 1-8 に示したワッシャー（品番なし）は、ポペット弁とピストンを締め付

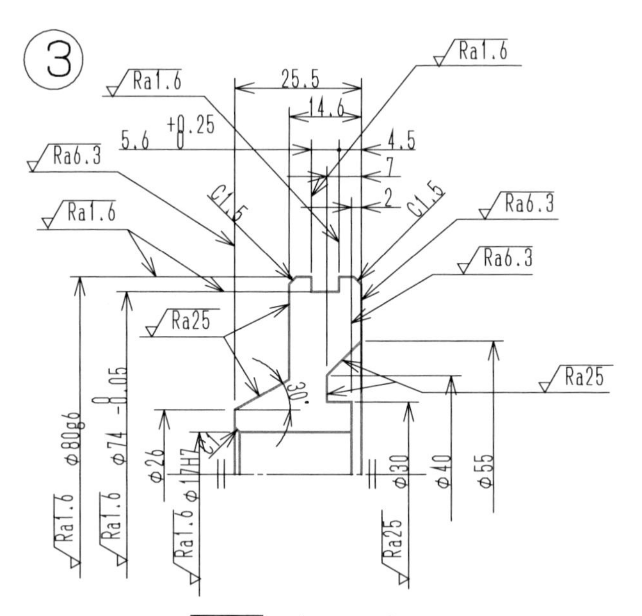

図 1-7　ピストンの部品図

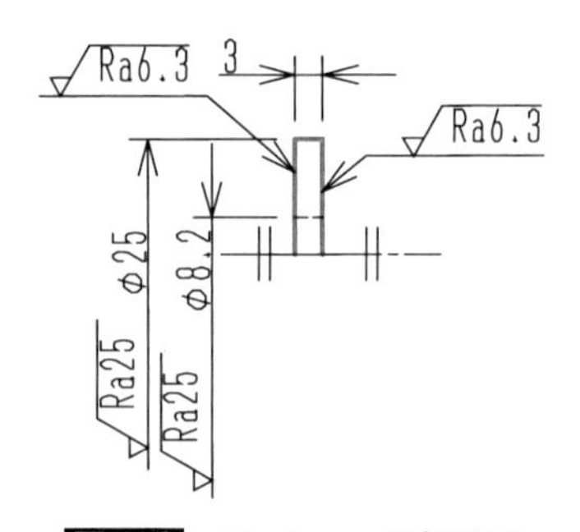

図 1-8　ワッシャーの部品図

ける部分に使用されている。

(6) ふたの部品図

図 1-9 に示したふたは、本体①とはめあいになっており、ピストン③を押さ

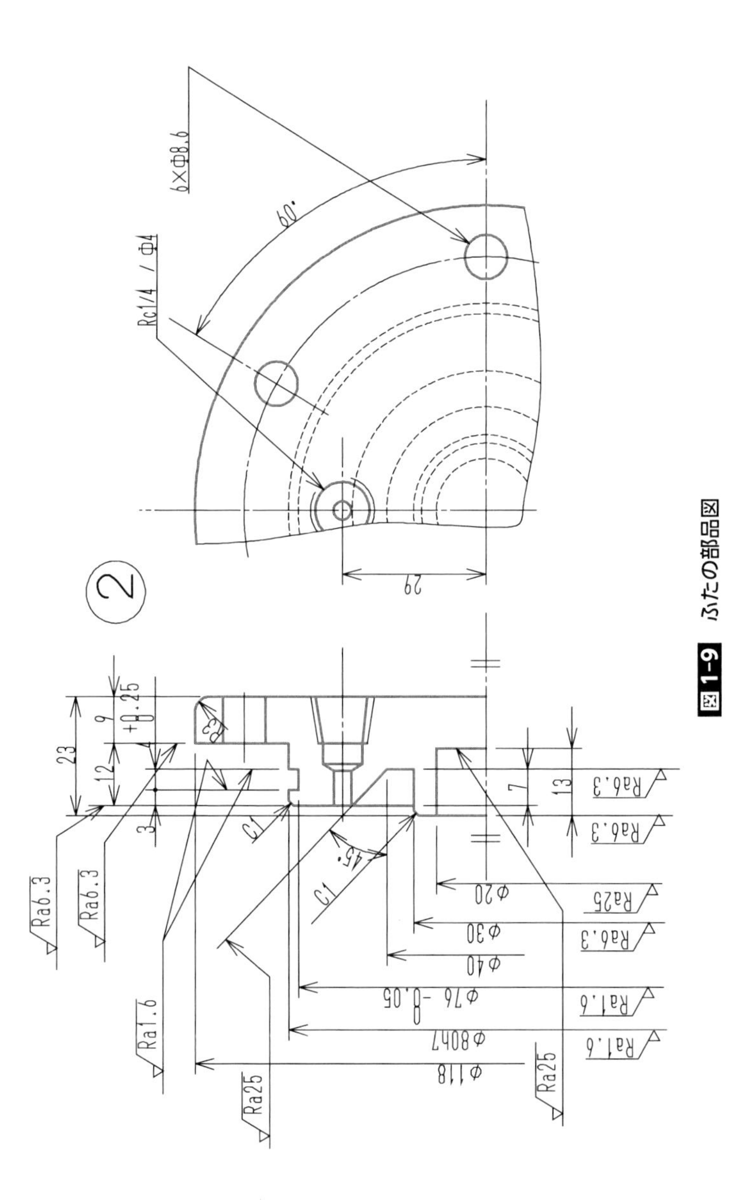

②
6×Φ8.6
60°
Rc1/4 / Φ4
29
23
9
12
3
+0.25
0
R3
C1
C1
45°
7
13
Φ20
Φ30
Φ40
Φ76 -0.05
Φ80h7
Φ118
Ra6.3
Ra6.3
Ra1.6
Ra25
Ra6.3
Ra6.3
Ra25
Ra6.3
Ra1.6
Ra1.6
Ra25

図 1-9　ふたの部品図

えるコイルバネを支える役割と、接続ポート㊵から入った空気圧を支える役割がある。空気圧でふたが外れないように、6カ所の締付穴があり、本体①には6カ所のめねじがある。

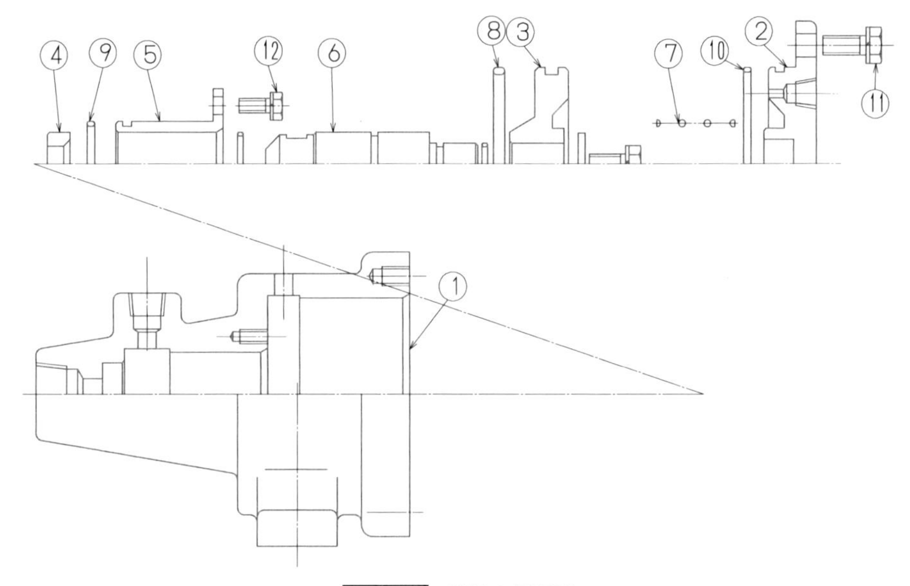

図 1-10 部品の分解図

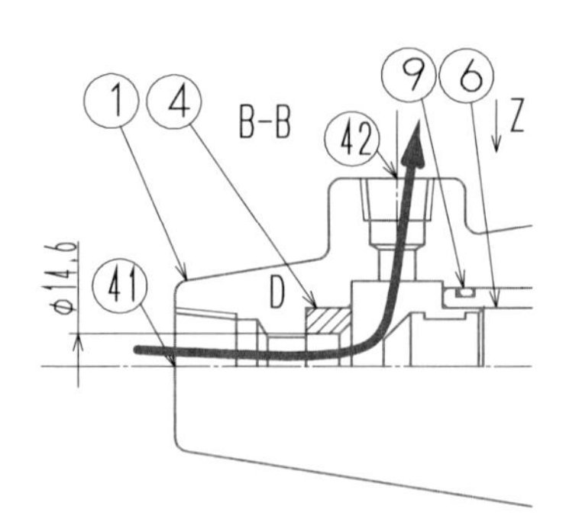

図 1-11 リリーフ弁の流路解説図

(7) 組立図の解読

図 1–10 の分解図の中心線から上側の、切口の図を読取る。部品①との境界は、ブッシュ④、スリーブ⑤、O リング⑨、ピストン③、O リング⑧、ふた②、O リング⑩、ボルト⑪、⑫で構成されており取外す。スリーブ⑤に組み付いている、ポペット弁⑥を取外す。空間の読み取りは空気圧ポート㊵から入った空気がピストン③を押す空間、ピストンに押された空気の排気口㊸までの経路、油圧ポート㊶から入った油圧がポペット弁⑥を押して、油圧ポート㊷へ抜けていく経路が空間である。**図 1–11** に示した油圧の経路から周辺の空間を解読できる。

1–3–5　課題図の解読と進め方

(1) 主投影図

図 1–10 に示した構成部品を抜き出して、①で示したものが主投影図である。

(2) 右側面図

着眼点 4：断面図から側面図を描く

図 1–12 に示した右側面図の解読は、主投影図の“い～と”のエッジ（“ろ”と“に”はねじ位置）を読取り、“イ～ト”の稜線を表す円弧と、ねじの中心線を描き、ねじの図形を描き配置すると、本体部分ができあがる。課題図の“Z”からベース部を写し取って完成させる。ただし、課題図は A–A 断面で示されているが、解答図は右側面図が指示されていることから、座ぐり形状がかくれ線になる。

(3) 平面図

課題図と解答図の形式は同じであり、**図 1–13** に示したように、ハッチングをしたふた②を取り外すと、平面図の解答図となる。

図 1–14 に 3 つの図で構成される寸法記入前の解答図を示した。

(4) 表面性状の指示

着眼点 5：面を表す線の見方

図 1–15 に示したように、表面性状の指示記号を記入する場合に使う引き出

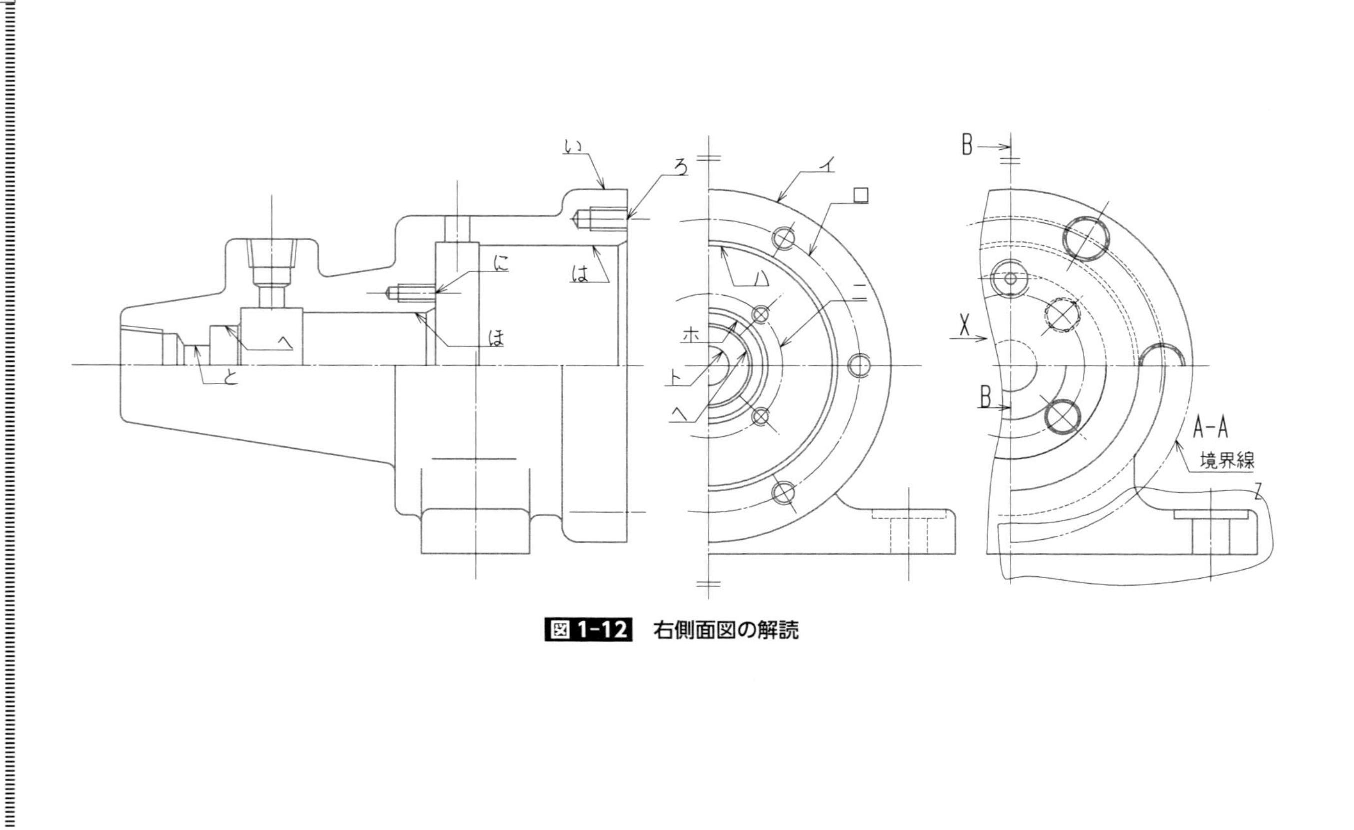

図 1-12　右側面図の解読

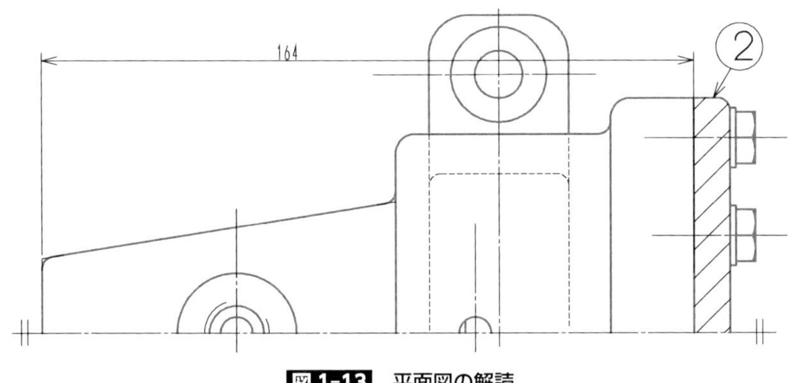

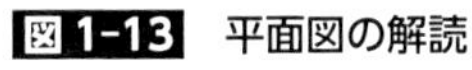
図 1-13　平面図の解読

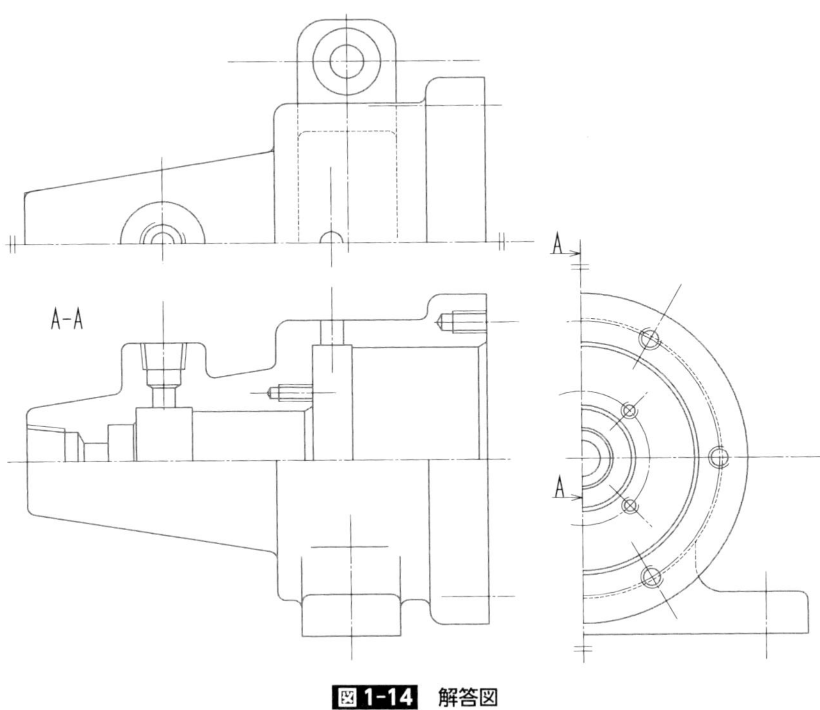

図 1-14　解答図

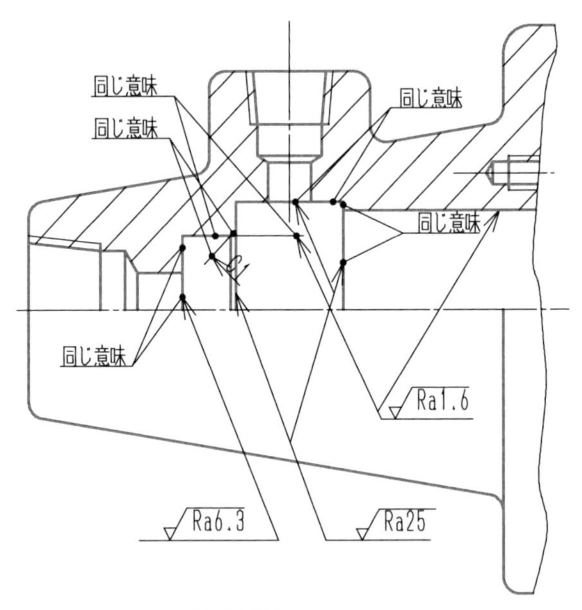

図1-15 面を表す線

し線は、端末記号の向きが空間から実体側（ハッチングで示した）へ向けて記入する。しかし、いずれの端末記号もハッチング部を示していないが、形を表す線のどの位置も同じ意味を持つ、切り口を示すハッチングはないが、同じ意味を持っている。同様にC面の寸法も空間から実体に向けて記入する。

(5) 寸法の集中

図1-16に解答図の例を示した。平面図の“U部”の穴指示（2×12キリ …）と同じ図に、穴の位置寸法“V1, V2”、穴を加工する部分の大きさ寸法“W1, W2”をまとめる癖をつけると寸法記入漏れを防止できる。右側面図の2つのねじ指示“Q, S”と同じ図にねじの位置寸法“R, T”を同じ図に記入する。

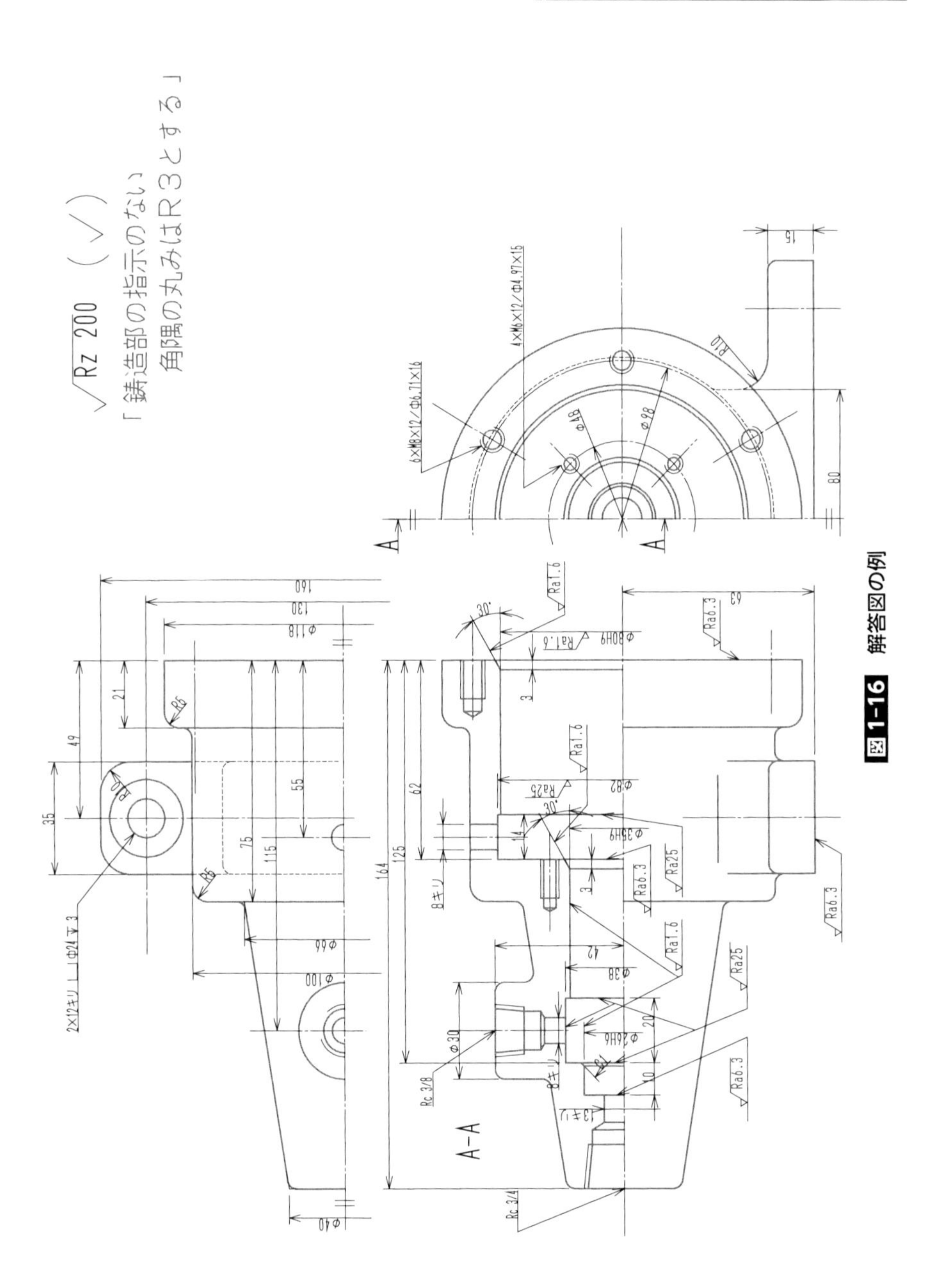

Rz 200 (✓)
「鋳造部の指示のない
角隅の丸みはR3とする」
A-A
A
6×M8×12/Φ6.71×16
4×M6×12/Φ4.97×15
2×12キリ ⌴Φ24 ↧3
Rc 3/8
Rc 3/4
8キリ
13キリ

図 1-16　解答図の例

1-4　学科及び実技試験の概要及びその範囲

1-4-1　学科試験の概要と範囲

(1) 製図一般

・製図に関する日本工業規格

・製図用器具の種類及び使用方法

・用器画法図法

(2) 材料

・金属材料及び非金属材料の種類、性質及び用途

・金属材料の熱処理

(3) 材料力学一般

・荷重、応力及びひずみ

・はりのせん断力図及び曲げモーメント図

・はり及び軸における断面の形状と強さとの関係

・圧力容器圧

・熱応力

(4) 溶接一般

・溶接作業

(5) 関連基礎知識

・力学の基礎知識力学

・流体の基礎知識

・熱の基礎知識熱

・電気の基礎知識

・表面処理の基礎知識

・腐食及び防食の基礎知識

(6) その他

・機械製図法
・機械の主要構成要素の種類、規格、形状及び用途
・加工法
・工作機械の種類及び用途
・測定及び試験
・原動機等の種類及び用途
・電気機械器具の使用方法
・電気・電子部品の使用方法
・CADに関する知識

1-4-2　実技試験の概要と範囲

(1) 機械製図手書き作業

・部品図の作成
・強度計算
・性能計算
・組立図の作成
・部品の選定
・類似設計

(2) 機械製図CAD作業

・CADによる部品図の作成
・強度計算
・性能計算
・CADによる組立図の作成
・部品の選定
・類似設計
・CADシステムの管理
・ファイル及びデータの取扱い及び管理

（出典：「機械・プラント製図技能検定試験の試験科目及びその範囲並びにその細目」平成 19 年 2 月厚生労働省職業能力開発局編より）

第2章

機械製図の基本

2-1　JIS B 0001　機械製図

この規格は、JIS Z 8310　製図総則　に基づき、機械工業分野で使用する、主として部品図および組立図の製図について規定する。この規格に規定していない事項は、別途に規定する日本工業規格による。2-2 項以降に概要を示すが、詳細については、JIS B 0001 及び、関連の規格を参照いただきたい。

2-2　図面の大きさと様式

製図用紙は A 列サイズを使用し、大きさ及び、様式が規制されている。図面の大きさは、対象物が必要とする明瞭さを保ち、適切な大きさの最小の用紙を選定する。

2-2-1　図面の大きさ

図面の大きさは**表 2-1** に示した A 列サイズを選定する。A 列サイズでは不都合の場合は、**表 2-2** で示した特別延長サイズ他から選定する。

A0 サイズの用紙の面積は**図 2-1** に示すように、1m^2（841×1189）で、その半分が A1、さらにその半分が A2 となっており、製図では A4 サイズまでを使

表 2-1　A 列サイズ（第 1 優先）

単位　mm

呼び方	寸法　a×b
A0	841×1189
A1	594×841
A2	420×594
A3	297×420
A4	210×297

表 2-2　特別延長サイズ（第 2 優先）

単位　mm

呼び方	寸法　a×b
A3×3	420×891
A3×4	420×1189
A4×3	297×630
A4×4	297×841
A4×5	297×1051

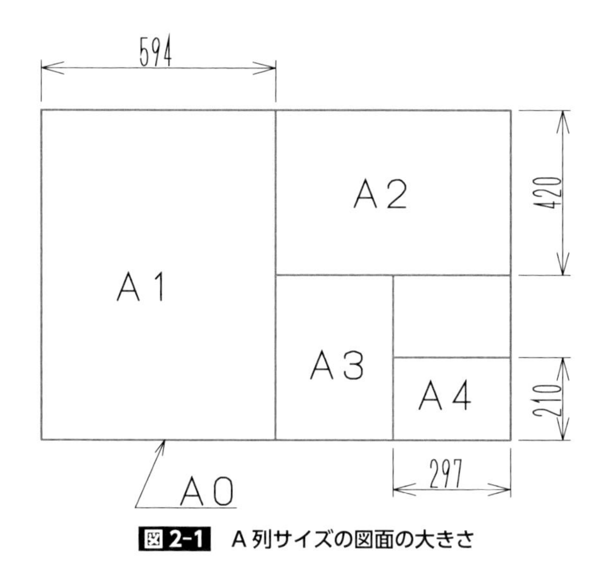

図 2-1　A 列サイズの図面の大きさ

用する。そのほかに特別延長サイズが規格化されている。

2-2-2　図面の様式

図面は、長辺を横方向に用いるが、A4 サイズは縦方向になるように用いてもよい。図面は**表 2-3** に示したように、線の太さが最小 0.5mm の輪郭線を設ける。輪郭線の中にある情報は設計情報として取り扱われるが、外に記述した内容は参考情報である。

図面には、右下に表題欄を設け、図面番号、図名、企業（団体）名、責任者の署名、作成年月日、尺度、投影法などを記入する。図面情報として有効性を保証されるには、輪郭線を引き、表題欄に必要な事項を記入することが必須条件となる。輪郭線、表題欄のない情報は単に、メモと理解される。

図面に設ける中心マーク、比較目盛、格子参照方式及び裁断マークは JIS Z 8311 による。

表 2-3　図面の輪郭線の幅

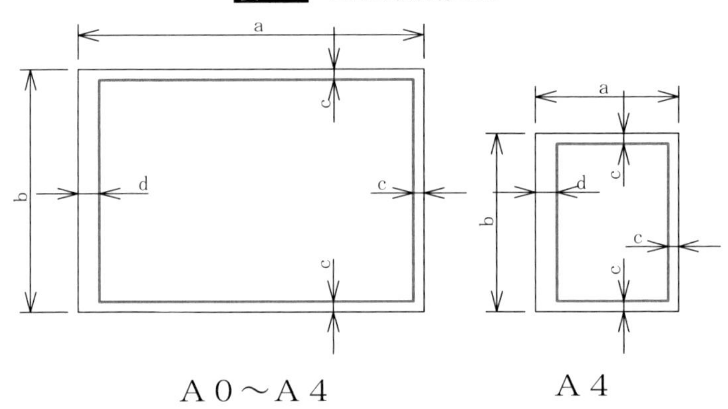

用紙サイズ	c（最小）	d（最小）	
		とじない場合	とじる場合
A0	20	20	20
A1			
A2	10	10	
A3			
A4			

2-3 尺度

尺度とは、対象物の長さ寸法と、図に示した長さの比である。**表 2-4** に示したように、現尺は対象物の長さと図の長さが同じで、倍尺は対象物の長さより図の長さが大きく、縮尺は対象物の長さより図の長さが小さくなる。

図面は対象物が必要とする明瞭さを保つことのできる、用紙と尺度を選定する。尺度は**表 2-5** に示した推奨尺度の中から選定するが、不都合がある場合には中間の尺度を選択する。

表 2-4　推奨尺度

種別	推奨尺度		
倍尺	50：1	20：1	10：1
	5：1	2：1	
現尺	1：1		
縮尺	1：2	1：5	1：10
	1：20	1：50	1：100
	1：200	1：500	1：1 000
	1：2 000	1：5 000	1：10 000

表 2-5　線の種類及び用途

番号	用途による名称	線の種類		線の用途	説明図No
(1)	外形線	太い実線		対象物の見える部分の形状を表すのに用いる。	1.1
(2)	寸法線	細い実線		寸法記入に用いる。	2.1
	寸法補助線			寸法記入するために図形から引き出すのに用いる。	2.2
(3)	引き出し線（参照線を含む）			記述・記号などを示すために引き出すのに用いる。	2.3
(12)	回転断面線			図形内にその部分の切り口を 90° 回転して表すのに用いる。	2.4
(7)	中心線			図形に中心線を簡略化して表すのに用いる。	2.5
(6)	かくれ線	細い破線又は太い破線		対象物の見えない部分の形状を表すのに用いる。	3.1
(7)	中心線	細い一点鎖線		a）図形の中心を表すのに用いる。	4.1
				b）中心が移動する中心軌跡を表すのに用いる。	4.2
(8)	基準線			特に位置決定のよりどころであることを明示するのに用いる。	4.3
(9)	ピッチ線			繰り返し図形のピッチをとる基準を表すのに用いる。	4.4

(11)	特殊指定線	太い一点鎖線		特殊な加工を施すなど特別な要求事項を適用すべき範囲を表すのに用いる。	5.1
(13)	想像線	細い二点鎖線		a) 隣接部分を参考に表すのに用いる。	6.1
				b) 工具、ジグなどの位置を参考に示すのに用いる。	6.2
				c) 可動部分を、移動中の特定の位置又は移動の限界の位置で表すのに用いる。	6.3
				d) 加工前または加工後の形状を表すのに用いる。	6.4
				e) 図示された図面の手前にある部分を表すのに用いる。	6.5
(14)	重心線			断面の重心を連ねた線を表すのに用いる。	6.7
(15)	破断線	不規則な波形の細い実線又はジグザグ線		対象物の一部を破った境界、又は一部を取り去った境界を表すのに用いる。	7.1
(16)	切断線	細い一点鎖線で、端部及び方向の変わる部分を太くした線		断面図を描く場合、その断面位置を対応する図に表すのに用いる。	8.1
(17)	ハッチング	細い実線で、規則的に並べたもの		図形の限定された特定の部分を他の部分と区別するのに用いる。例えば、断面図の切り口を示す。	9.1
(18)	特殊な用途の線	細い実線		a) 外形線及びかくれ線の延長を表すのに用いる。	10.1
				b) 平面であることを×字状の２本の線で示すのに用いる。	10.2
				c) 位置を明示又は説明するのに用いる。	10.3
(19)		極太の実線		圧延鋼板、ガラスなどの薄肉部の単線図示をするのに用いる。	11.1

2-4　線の種類と使い方

図面は規格化された線の太さと種類を、JIS に基づいて適宜使用して表現することにより、設計者の意図が製作者、受注者に正しく伝わる。図面による情報発信は、線の使い方、図形表現、寸法記入の３大要素で構成されている。

2-4-1　線の太さ

線の太さの基準は、0.13mm、0.18mm、0.25mm、0.35mm、0.5mm、0.7mm、1mm、1.4mm 及び 2mm とすると、JIS に規定されている。１枚の図面の中では、細線、太線、極太線の太さの比率を、１：２：４とする。

2-4-2　線の種類

線の種類は、実線、破線、一点鎖線、二点鎖線で、直線、曲線を問わない。実線は連続した線、破線は一定間隔で短い線の要素を規則的に繰り返す線、鎖線は、比較的長い線と短い線の要素又はごく短い線の要素を組合せて規則的に繰り返した線であり、短い線を１つと長い線１つを組み合わせたものが一点鎖線、短い線２つと長い線を組み合わせたものが二点鎖線である。

2-4-3　線の種類及び用途

線は用途について、表 2-5 に示した使い方をする。

(1)　外形線

見える部分の外形線は図 2-2 の“1.1”に示すように、太い実線を使用する。

(2)　寸法線及び寸法補助線

寸法記入に用いる寸法線及び寸法補助線は、**図 2-2** の“2.1、2.2”に示すように細い実線を使用する。寸法線には端末記号を使用する。

(3)　引出し線及び参照線

図 2-2 の“2.3”に示すように、注記などを記入する目的の端末記号のついた

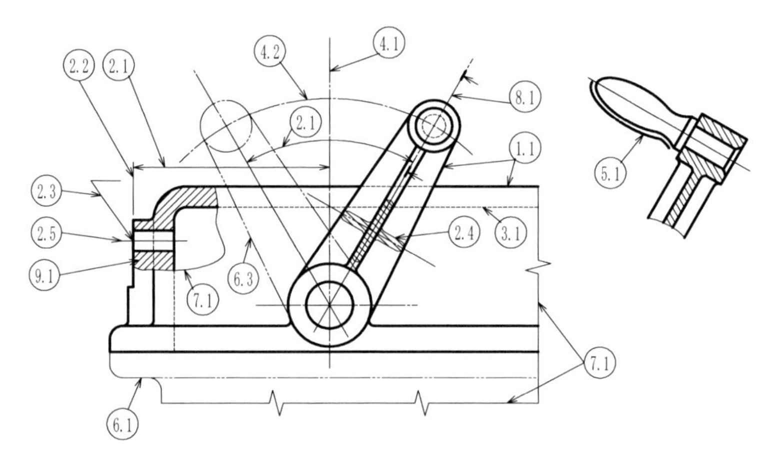

図 2-2　線の用途の図例 I

線が引き出し線で、細い実線を使用する。注記を付記する対象から端末記号をつけて引き出した線を、引出し線といい、注記を記入するための水平部分が参照線で、水平に引く。

(4) 水準面線

水準面線は**図 2-3** の“2.6”に示すように、液体の表面の位置を細い実線で示し、それに平行な細い実線を数本描く。

(5) 輪郭の延長を表す線

図 2-4 の“10.1”に示したように、細い実線で輪郭線の延長を表すために用いる。隅肉を付けたり、かど丸めをした形状の、もとの形状を示すために輪郭線を延長して示す。

(6) かくれ線

外径線の見えない部分の隠れ線は、図 2-2 の“3.1”に示すように破線を使用する。細い破線と太い破線が規格化されており、どちらを使用してもよいが、1 枚の図面の中で、細い破線と太い破線の混用をしない。ただし、ねじ製図では細い破線を指定している。

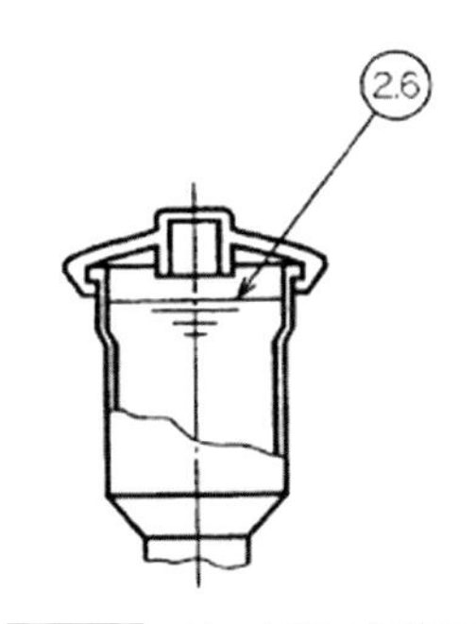

図 2-3　線の用途の図例Ⅱ

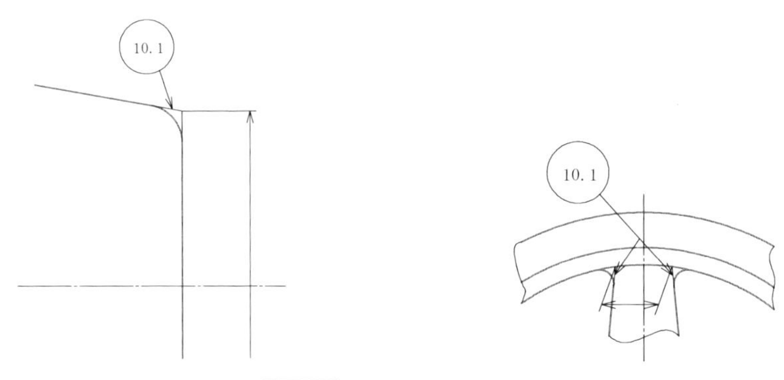

図 2-4　線の用途の図例Ⅲ

(7) 中心線

図形の中心を表す中心線は、図 2-2 の“4.1”に示すように、細い一点鎖線を使用する。中心線の長さが短い場合、簡略的に細い実線を使用できる。

(8) 移動する軌跡を表す線

図 2-2 の“4.2”に示すように、中心が移動する軌跡を表す場合は、細い一点鎖線を使用する。

(9) 特殊指定線

図形の特定の範囲を指示する場合は、図 2-2 の“5.1”に示すように、対象範囲の外形線と平行に太い一点鎖線描き、範囲を指示する。

（10）断面形状を表す線

断面形状を 90° 回転させて図形内に描く場合、図 2-2 の“2.4”に示したように、細い実線を使用する。外形線を細い実線で描く、唯一の例外事項である。

（11）想像線

想像線は、細い二点鎖線を用いて、次に示すいくつかの表現に用いる。

- 隣接する部分を参考に表す表現に用いる。（図 2-2 の“6.1”参照）
- 工具、治具などの位置を参考に示す。（**図 2-6** の“6-2”参照）
- 可動部の移動限界などを示す。（図 2-2 の“6.3”参照）
- 加工前の形状や、加工後の形状を示す。（**図 2-7** の“6.4”参照）
- 図示された図形の手前の部位を示す。（**図 2-8** の“6.6”参照）

（12）破断線

対象物の一部を破った境界、または一部を取り去った境界を示す線が破断線

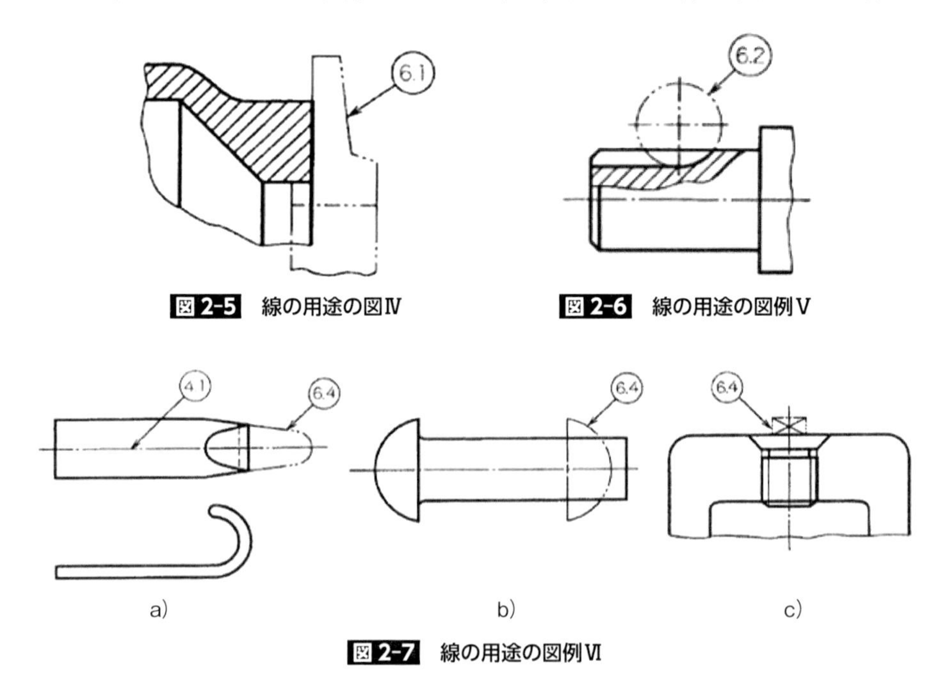

図 2-5 線の用途の図Ⅳ

図 2-6 線の用途の図例Ⅴ

図 2-7 線の用途の図例Ⅵ

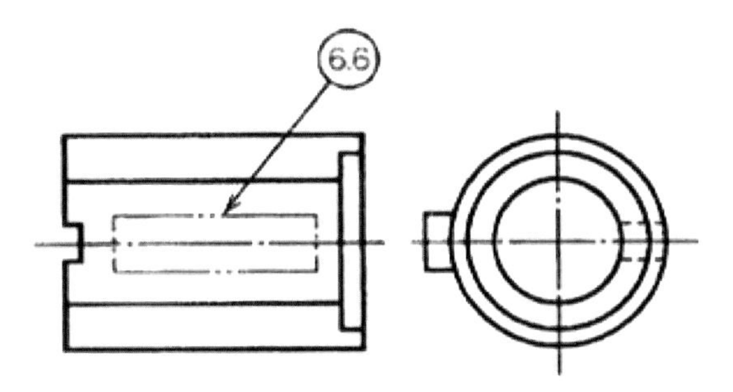

図 2-8　線の用途の図例Ⅶ

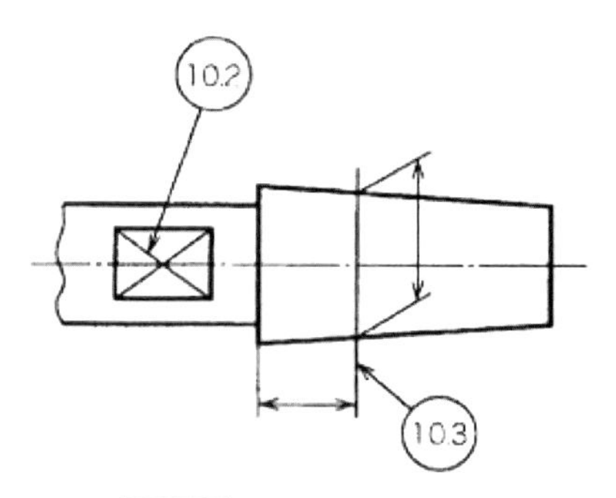

図 2-9　線の用途の図例Ⅷ

で、図 2-2 の“7.1”に示すように、不規則な波形の細い線、または細いジグザグ線を使用する。

（13）切断線

断面図を描く場合に、断面位置を指示する線が切断線で、図 2-2 の“8.1”に示すように、細い一点鎖線を使用して、端部及び方向の変わる部分を太い実線で描く。

（14）ハッチング

図形の特定部分を指示する細い実線を規則的に並べた線がハッチングで、図 2-2 の“9.1”に示されている。

(15) 特殊な用途の線

細い実線の特殊用途は、**図 2-9** の“10.2”に示した、平面であることを示す対角線や、“10.3”に示した、特定に位置における寸法を指示するために使用する。

2-5 線の優先順位

数種類の線が重なる場合に、次に示す線の優先順位に従って優先する種類の線を描く。

優先順位を次に示す。

- 外形線
- かくれ線
- 切断線
- 中心線
- 重心線
- 寸法補助線

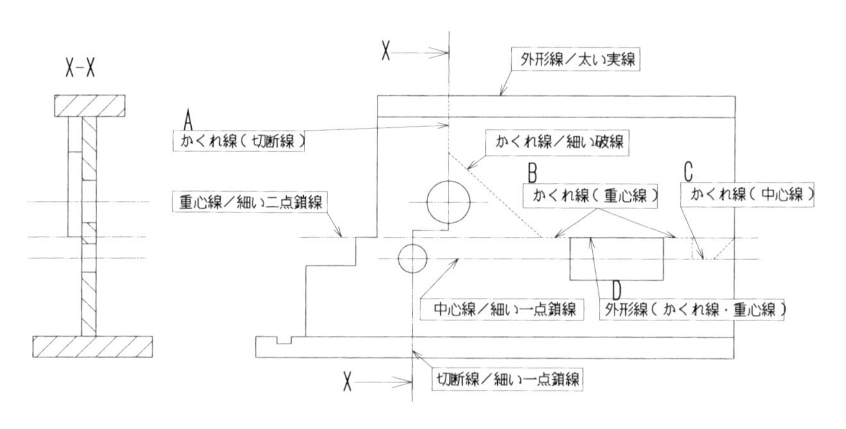

図 2-10 線の優先順位

図 2-10 において、A 部は、かくれ線と切断線が重なっており、かくれ線が図示されている。同様に、B 部は、かくれ線と重心線が重なっておりかくれ線が図示され、C 部は、かくれ線と中心線が重なっておりかくれ線が図示され、D 部は、外形線とかくれ線と重心線が重なっており、外形線が描かれている。

図 2-11 の例では、自由に位置を選択できる寸法線が中心線と重なっており、正しい寸法線は中心線と角度を持って描く。

図 2-12 の例では、制約条件がない場合は、半径寸法線は円弧の中心に描くが、中心線と重なる場合には、重ならない角度に寸法線を描く。

図 2-13 の例では、間違いⅠでは寸法線が外形線と重なっており、間違いⅡでは外形線の延長線上に寸法線がある。間違いⅠは線の優先順位から、間違いⅡは慣例上読み誤る恐れがある。

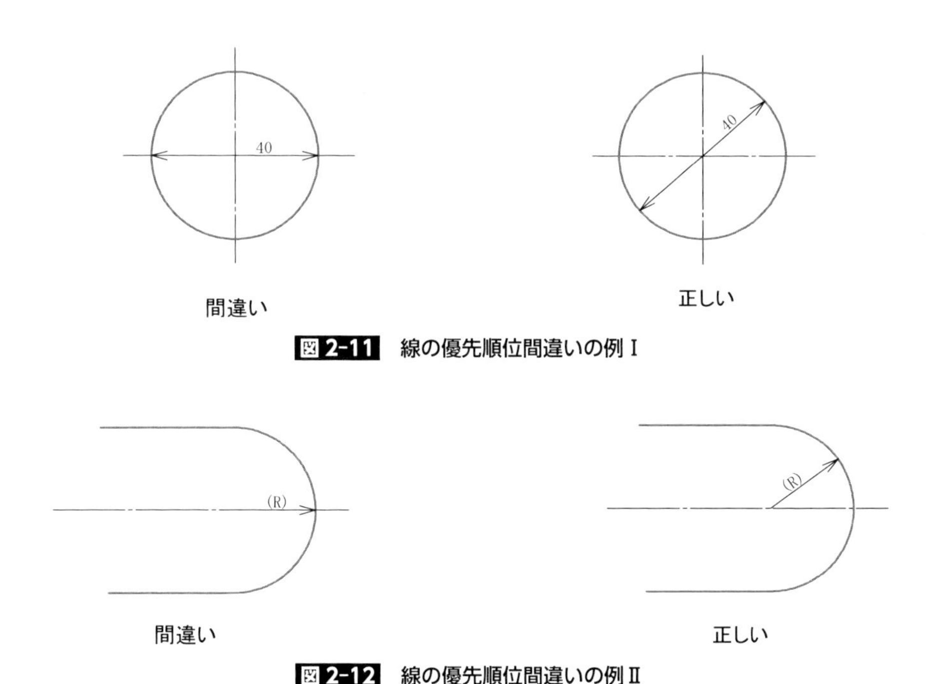

図 2-11　線の優先順位間違いの例Ⅰ

図 2-12　線の優先順位間違いの例Ⅱ

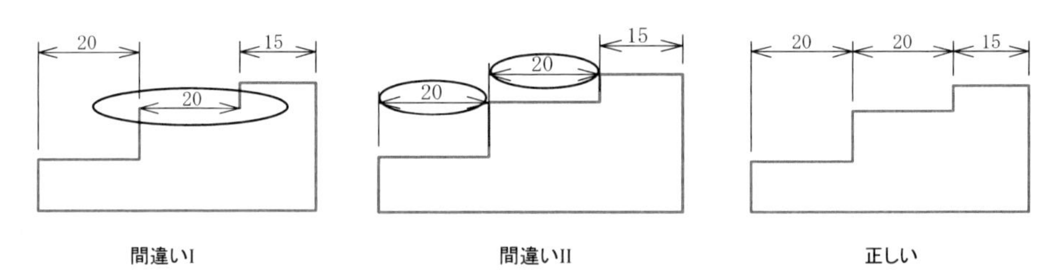

図 2-13　線の優先順位間違いの例Ⅲ

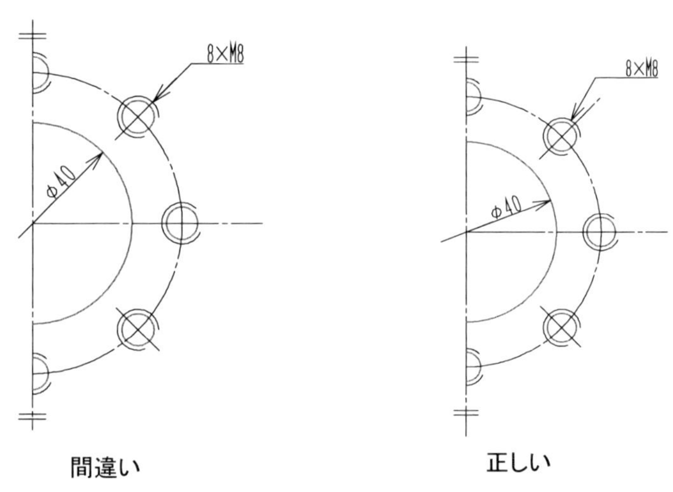

図 2-14　線の優先順位間違いの例Ⅳ

図 2-14 の例では、直径を示す寸法線がねじの中心線の延長線上にあり、ねじを指示する引出し線が、寸法線と重なっており、正しくは右側の図のように描く。

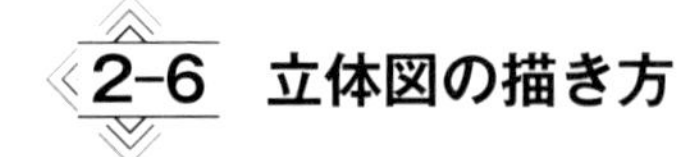

2-6　立体図の描き方

カタログや取扱説明書などで、１つの図で対象の品物を表すときに、立体図が用いられている。3次元CADの普及により立体図の活用分野が小さくなっているが、基本的な手法である等角投影図、キャビネット図、カバリエ図について、例を示す。技術者は自分の考えを略図（ポンチ絵）で表現する機会があり、立体図の描き方の基本を理解することが、略図を描く基礎的な知識となる。

2-6-1　等角投影図の描き方

等角投影図は作図エリアを120°に分割して、X、Y、Z軸を表現し、直線は実長の0.82倍、円は楕円で表し、楕円の長軸を実長で描く方法である。基本概要を**図2-15**に、実施例を**図2-16**に示した。

2-6-2　CADの立体モデル

CAD上で作った立体モデルを回転させて自由な方向から見た図を表現が可能で、対象となるモデルの特徴を最もよく表現できる方向から見た図を平面図形に変換している。事例を**図2-17**に示した。

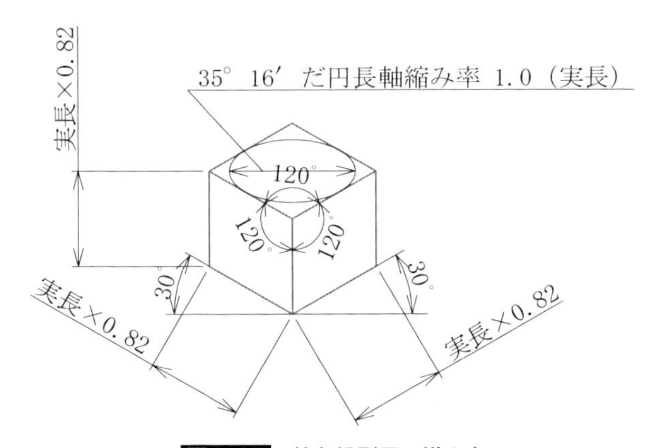

図2-15　等角投影図の描き方

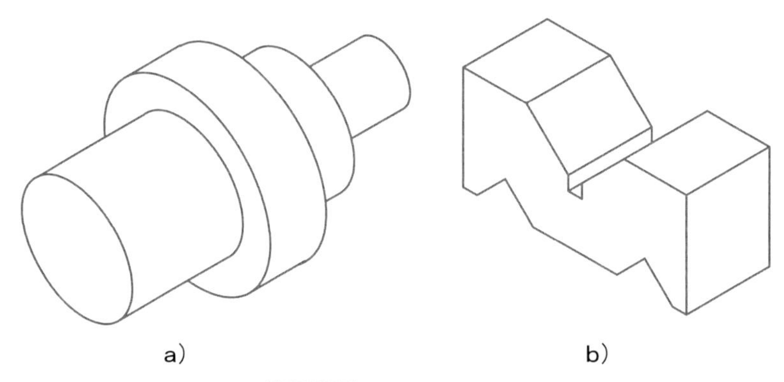

図 2-16 等角投影図の例

図 2-17 CAD の立体モデル

2-7 投影法

3次元の立体である対象物を、平面図形として示す方法が投影法である。製図においては、対象物を投影法に基づいて表し、必要な寸法などの情報を加えたものである。JIS 機械製図においては第3角法が用いられているが、ヨーロッパを中心に第１角法を用いる国があり、ISO では第１角法と第３角法が規定されている。

2-7-1　投影図の名称

主投影図（正面図）をもとにして関連する他の投影図を、**図 2-18** に示したようにそれぞれ 90° 位置関係に定義する。

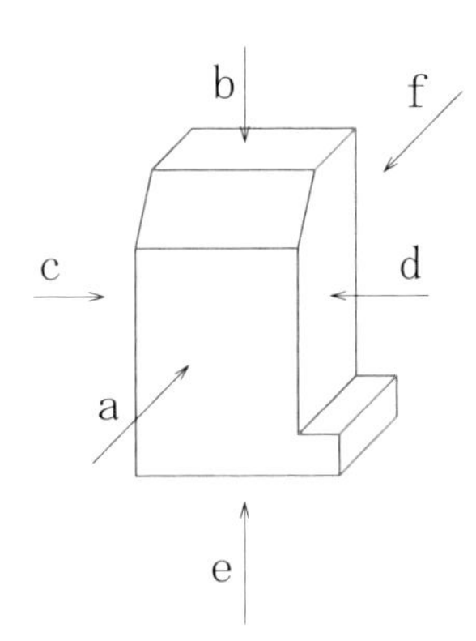

図 2-18　投影図の名称

a 方向の投影　＝　主投影図（正面図）
b 方向の投影　＝　平面図
c 方向の投影　＝　左側面図
d 方向の投影　＝　右側面図
e 方向の投影　＝　下面図
f 方向の投影　＝　背面図

2-7-2　第３角法

JIS 機械製図では第３角法が用いられており、対象物を第３象限において、投影面に投影して描く図法で、主投影図を基準にして、**図 2-19** に示した位置関係に図示する。

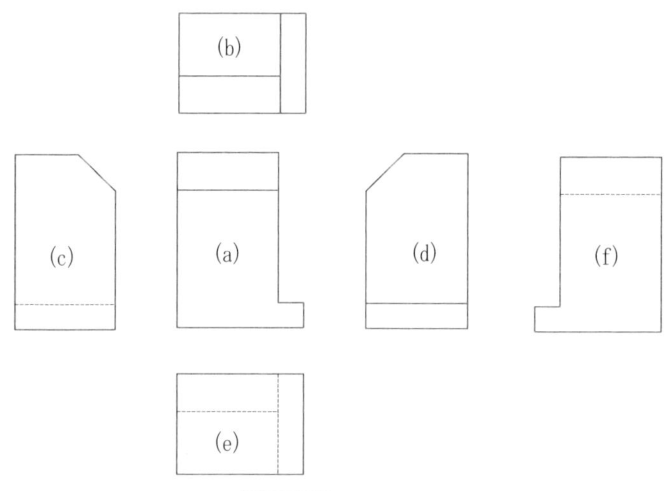

図 2-19　第 3 角法

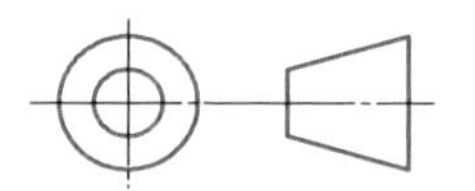

図 2-20　第 3 角法の記号

主投影図（a）を基準にして
平面図（b）は上側に置く
下面図（c）は下側に置く
左側面図（d）は左側に置く
右側面図（e）は右側に置く
背面図（f）は都合によって右側又は左側に置く

第 3 角法で描いた図面には、表題欄の投影法を示す箇所に、**図 2-20** に示した第三角法の記号を記入する。

2-7-3　矢示法

矢示法は、紙面の都合などで、第３角法を厳密に適用できない場合などに用いられる方法で、**図 2-21** に示したように、矢印と記号（大文字のアルファベット）を用いて任意に配置した投影図の関係を指示する。記号は投影図の向きに関係なく、紙面の下面から読める方向に描き、指示した図の真上又は真下（1枚の図面においては統一する）に描く。

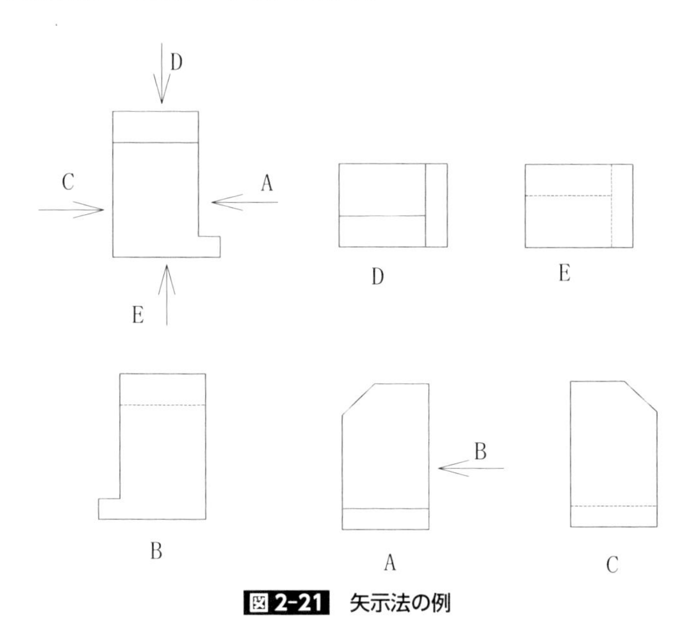

図 2-21　矢示法の例

第3章

図形の表し方

図形は第３角法で見たままに描くことを原則とするが、図形解釈を容易にする場合などに、特別なルールにより表現する。この、特別なルールを理解することが機械製図を学ぶ要点となる。

3-1 投影図の表し方

図形の描き方はいくつかの視点があり、どの視点を適用するかは、対象物に最も適した視点を適用する。次に、その視点を紹介する。

- 対象物の特徴・機能を最も明瞭に表す方向を、主投影図（正面図）とする。（**図 3-1**）
- 他の投影図（断面図を含む）が必要な場合は、あいまいさがないように、完全に対象物を表現する。
- 最小の図形で表現できる方向を主投影図とする。
- かくれ線を用いないで表す方向を主投影図とする。
- 加工時の対象物の姿勢に合わせて主投影図を選択する。
- 寸法を理解しやすい配置を考慮して主投影図を選択する。
- 不必要な細部の繰り返しを避ける。

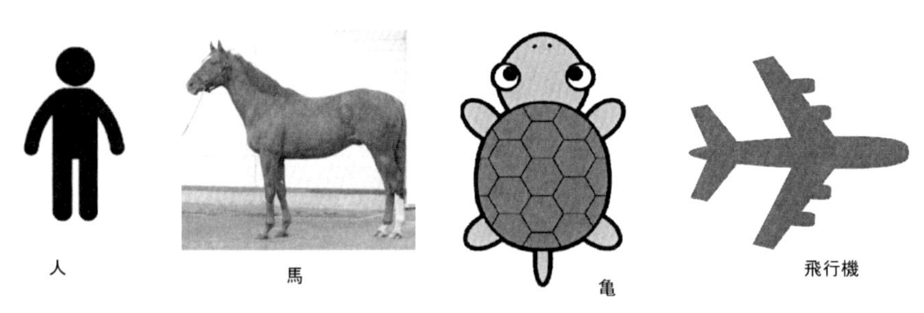

図 3-1 特徴を表す方向から見た図の例

3-1-1　主投影図（正面図）

主投影図は対象物の特徴を明瞭に表す方向から描き、次に示す観点を考慮する。

- 組立図など、主として機能を表す図面では、対象物を使用する状態を考慮する。
- 部品図など、加工のための図面では、加工における対象物の姿勢を図の姿勢と致させる。（**図 3-2**）
- 特別な理由がない場合には、対象物を横長に置いた状態に描く。（**図 3-3**）

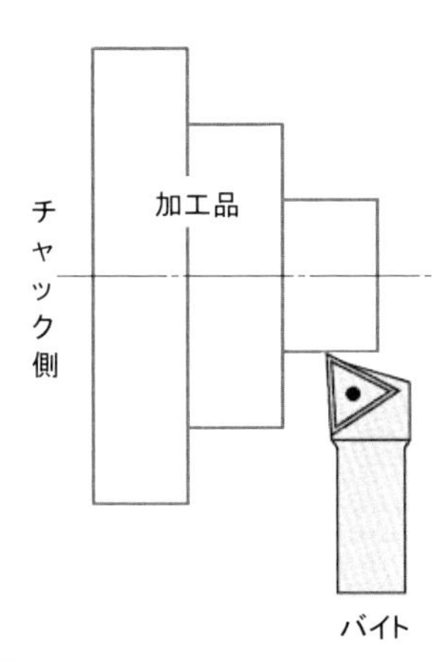

図 3-2　外形旋削における姿勢と図形表現

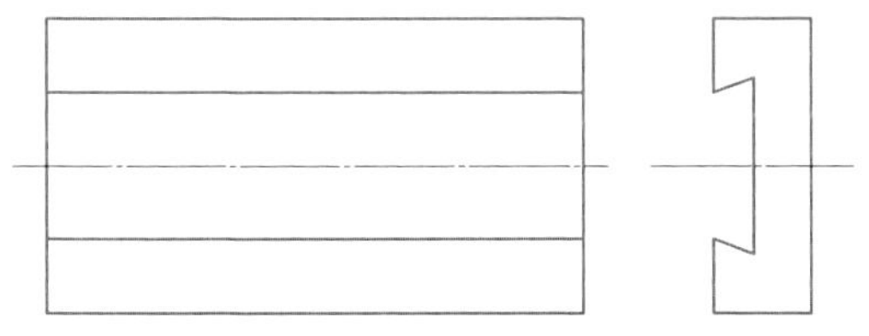

図 3-3　フライス加工の場合の例

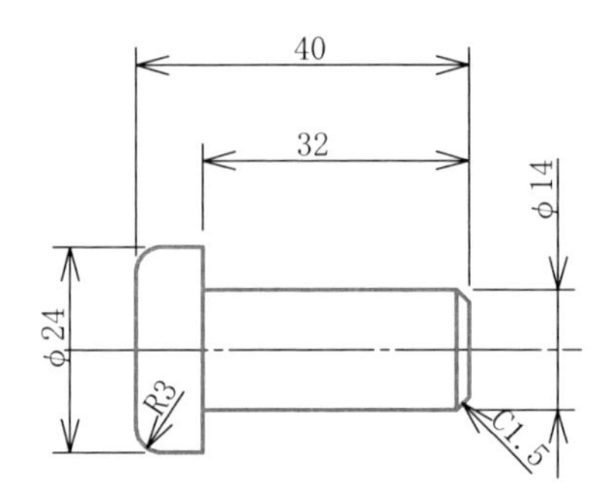

図 3-4　少ない投影図の例

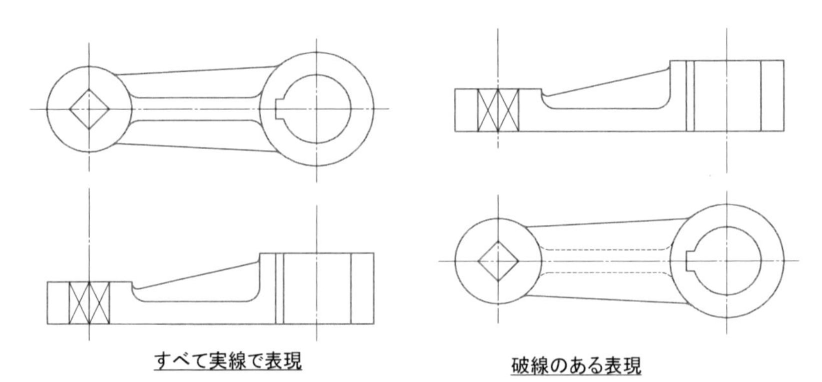

図 3-5　かくれ線を用いない工夫

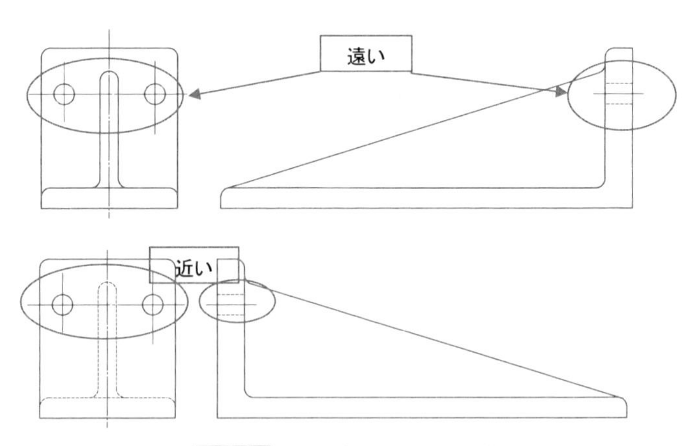

図 3-6　関連寸法と図形の距離

・　主投影図だけで表せる場合には、他の投影図は描かない。（**図 3-4**）
・　明瞭な図形表現には、かくれ線を用いない工夫や、関連する寸法と図形の位置を近づけるなどがある。（**図 3-5、3-6**）

3-1-2　部分投影図

主となる図との間を中心線でつないで、表現したい部分だけを投影してあらわす。**図 3-7** は建設機械などのアームを描いた図で、物の特徴をもっともよく表す図が、主投影図で、３つの支点部となる穴形状がＬ型に配置された特徴を表している。曲がった形状の側面を厳密に図に表しても図が煩雑になるだけで表現できる情報は多くならない。そこで、実形が表れる方向を選んで、部分投影することによって、描きやすく理解しやすい図となる。部分投影図など対象とする図形の一部を省略する場合には、主となる図との関連を示す、中心線、寸法補助線などで結ぶ。

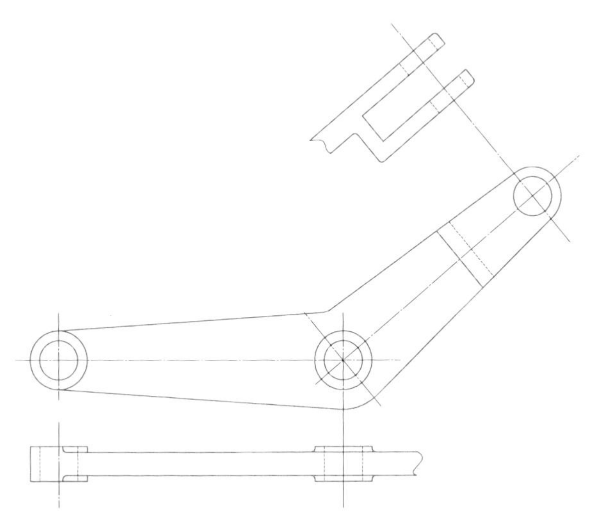

図 3-7　部分投影図の例

3-1-3　局部投影図

対象となる穴、溝など局部を図示すればすむ場合、局部投影図として中心線、基準線、寸法補助線などで結び表す。**図 3-8** の右側のキー溝は基準線で結んだ例で、左側のキー溝は寸法補助線で結んだ例である。**図 3-9** は中心線で結んだ例で、この図形では側面にある穴の形状だけが、全体の中で特徴的であり、局部投影図で表現できる。右の図のように主投影図と右側面図を全て描くことも可能であるが、右側面図が描いてあった場合、物を作る人は右側面図に表れている内容と主投影図の内容を丁寧に確認しないと図面の見落としを発生させる恐れがあり、それだけ図面を読む時間が掛かる。製図において作図時間の短縮に見える手法も、実は図を読む人が合理的にかつ短時間に読むことが可能とな

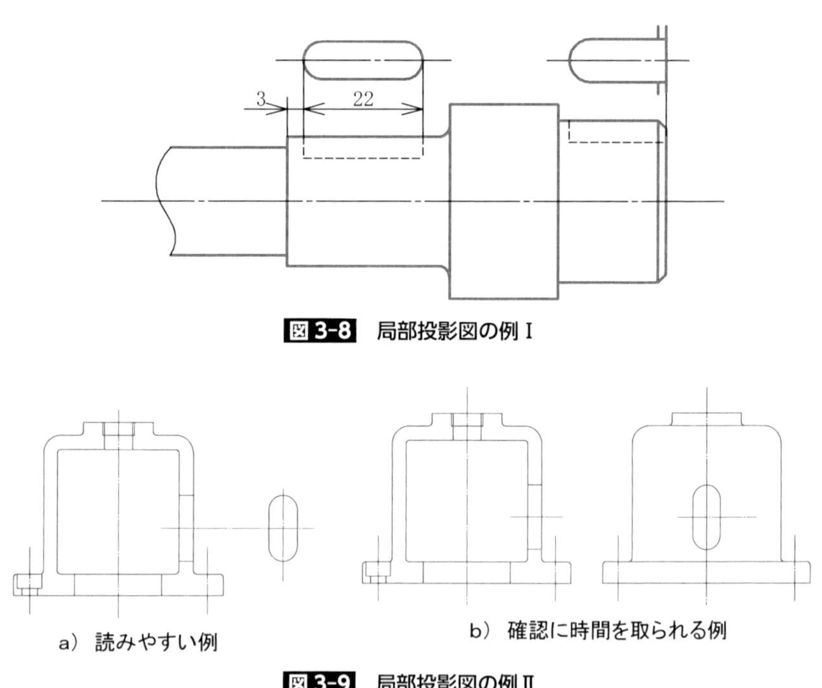

図 3-8　局部投影図の例 I

a）読みやすい例

b）確認に時間を取られる例

図 3-9　局部投影図の例 II

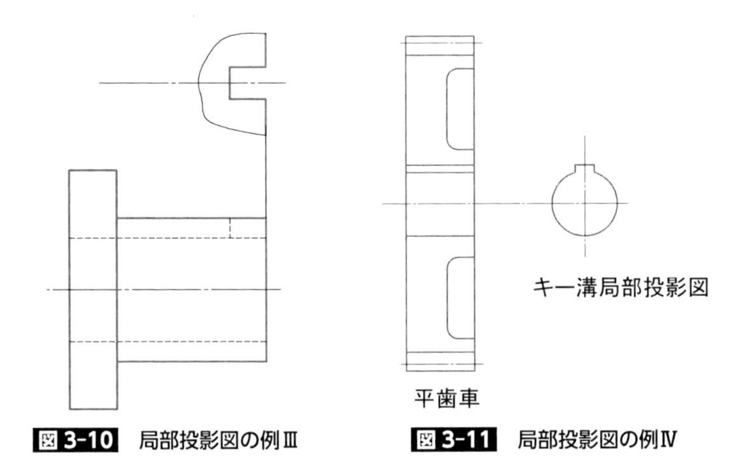

図 3-10　局部投影図の例Ⅲ　　**図 3-11**　局部投影図の例Ⅳ

り、見誤ることを防止することが本来の目的である。CAD を用いた場合には右側面図の省略のない図形を容易に描くことができるが、容易に描くことのできる図は情報伝達に逆効果となる場合もある。図面の配慮は、全て図を読む人のためにあると考える。省略、断面なども同様に全て図を読む人のためにある。

図 3-10 のように、穴のあいた軸受けの一部に切り欠きがある場合、切り欠きの線だけを描くのではなく、その周りを描いて破断線で破断して省略することで、省略していることを示し、理解を助けることができる。

図 3-11 は歯車のボスに穴とキー溝が切られた図である。穴とキー溝だけを局部投影図で表すことができる。

3-1-4　部分拡大図

部分拡大図は寸法記入のスペース確保や、細部を表すために用いられる。部分拡大図の場合は、拡大した部分を示すために、記号を用いて位置関係を示す。拡大に用いた尺度を位置関係を示す記号の後ろに付記することもできる。（**図 3-12** 参照）

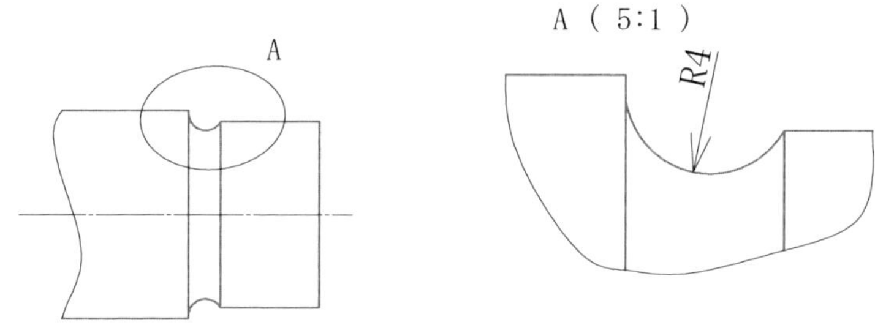

図 3-12　部分拡大図の例

3-1-5　回転投影図

実体を表すと煩雑になることから一部を回転させて描く方法で、**図 3-13** のように３本のアームを持ったハンドルを断面で表すと、１本のアームはそのまま実形が出るが、もう１本のアームは斜めから描くことになり、描きづらい上に新たな情報は得られない。右の断面図ではボスとハンドルの間をアームでつないでいることを表し、左の図でアームは３本であることを表している。

図 3-14 は斜めになった部分を持つ部品で、斜めの部分をそのまま表しても描くのに手間が掛かるだけで情報量は増えないことから、描きやすい方向に回

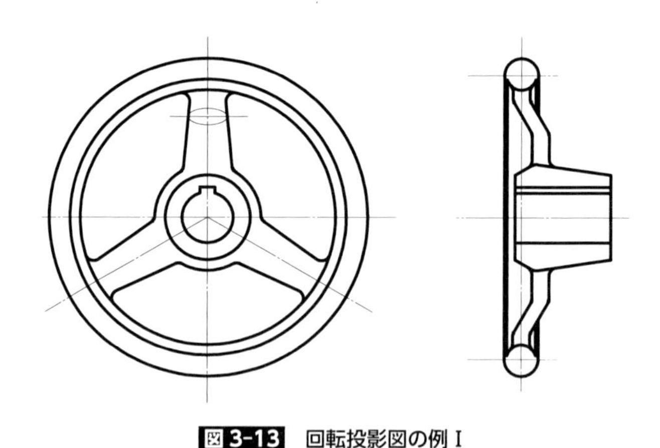

図 3-13　回転投影図の例 I

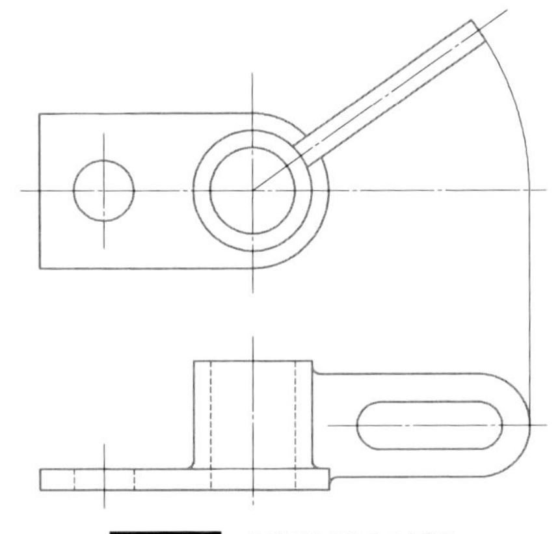

図 3-14　回転投影図の例Ⅱ

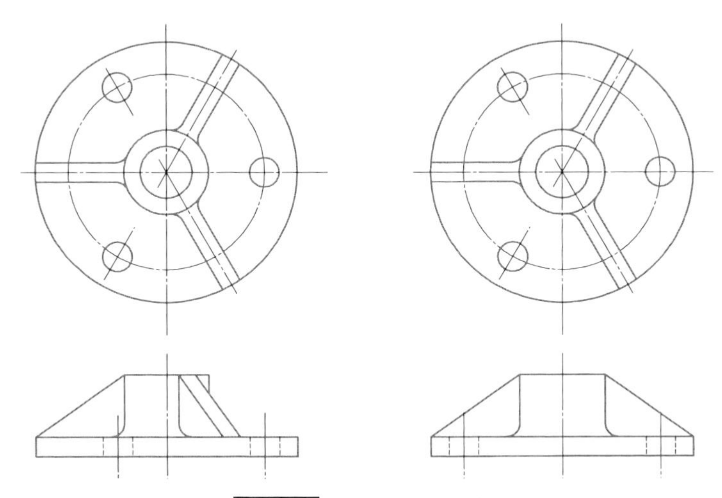

図 3-15　回転投影図の例Ⅲ

転させて実形を描く。位置関係を明確にするために、作図時に回転させた線を残す方法が用いられている。

図 3-15 で示すように、フランジから軸の周りにリブで補強した部品は、平面図、正面図で描くと、左側のような形で描きにくいだけで情報は増えない。

右の図では下の主投影図でフランジと軸の間にリブがあることを伝え、上の平面図でリブが3枚で等分に配置されていることを伝える。このことによって図面作成工数を減らすだけではなく、図面を読む人にとって読みやすい図面となっている。投影図選択のキーワードは“実形を描く”である。

3-1-6　補助投影図

斜面の実形を図示する必要がある場合には、**図 3-16** に示すように斜面に対向する位置に補助投影図で表す。

図 3-17 では、立体図に示す形状を3面図で表現すると、実形でない表現により描きにくく情報量は増えない。円筒形状の実形を描く方向の補助投影図を用いることにより、理解しやすい図面を少ない作成工数で描くことができる。

補助投影図の位置関係を示す方法は、**図 3-18** に示したように矢示法の類似形式や、中心線を折り曲げて表現できる。矢示法を用いる場合、図面上の位置関係を明示するために、区分記号を使う方法がある。

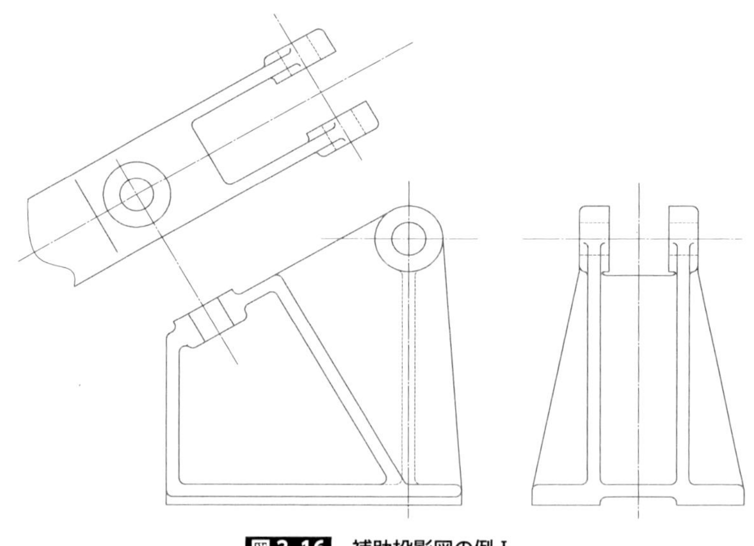

図 3-16　補助投影図の例 I

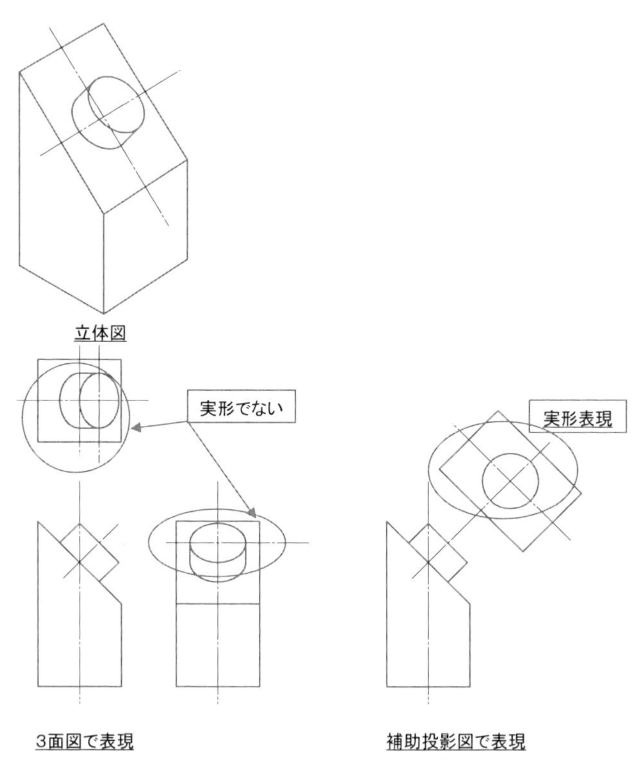

図 3-17　補助投影図の例Ⅱ

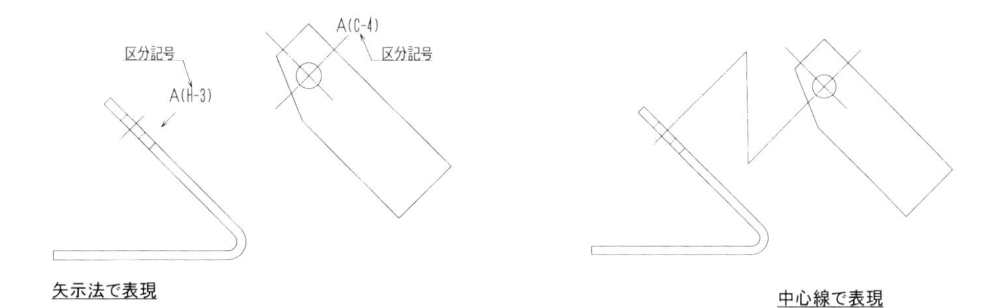

図 3-18　補助投影図の例Ⅲ

3-1-7　最小図形の選び方

正面図を補足する他の投影図はできるだけ少なくし、正面図だけで表せるものに対しては他の投影図は描かないというのが原則である。**図 3-19** に示したリングを使って最小の図形の表現を解説する。正面図はものの特徴を最も表す図を選択するという原則から考えると、②の図が最もその特徴を表す。ただし、②の図では長さ方向の情報がなく、①または、③、④、⑤の図どれか1つを加えて長さ方向を示す必要がある。しかし、丸いという情報を寸法の表現の中で表すように、①の図に直径を表すΦと寸法数値を入れることによって、①の図だけで表現が可能である。(**図 3-20** 参照)

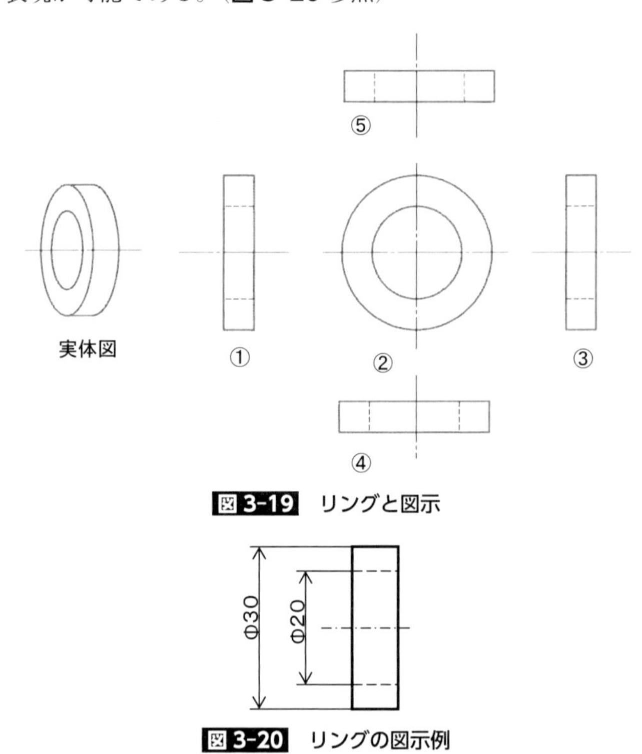

図 3-19　リングと図示

図 3-20　リングの図示例

3-2　断面図の表し方

3-2-1　用語の説明

断面図は対象物を仮想の面で切断して、内部形状を実線で描く方法である。**図 3-21** の例では、中心軸を通る平面を切断面としている。実体が切断面に切られた部分を切り口と言い、図3-21ではハッチングで表している。初心者が断面図描くと、切り口だけを描いた切り口の図になることがよくある。切り口の

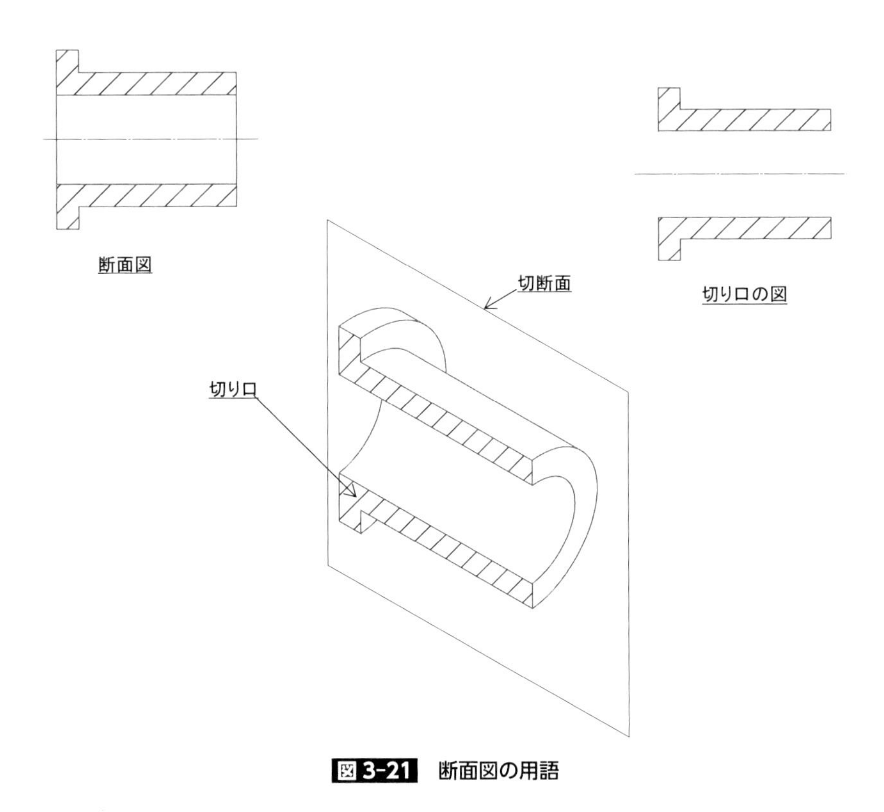

図 3-21　断面図の用語

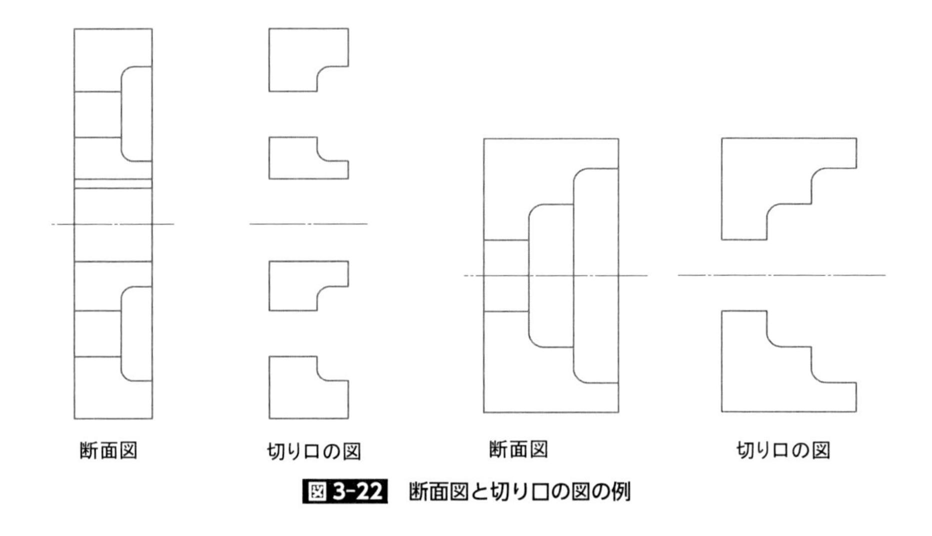

図 3-22 断面図と切り口の図の例

図にならないようにするために、1つの平面を表す線は1度に引くというキーワードがあり、図形線が面を表していることを理解することである（**図 3-22** に切り口の図と断面図の対比を示す）。切り口のハッチングは、図の理解を補助する役割があり、記入しなくても間違いではないが、煩雑にならない範囲で記入する。

3-2-2　断面にしない対象物

断面図を表す上で重要なことは、断面にしてはいけない対象物、しても意味がない対象物があることである。断面にしてはいけない対象物は「アーム」「リブ」「歯車の歯」の3つがある。断面にしても意味の無い対象物として軸・止めねじ・キー・円筒ころ・鋼球・ピン・ナット・座金・ボルトがある。軸は部分断面図（図3-32参照）等によって断面をすることに意味がある場合には断面にされることがある。**図 3-23** の中でも数箇所で軸が断面になってその関係を表した部分が表現されている。

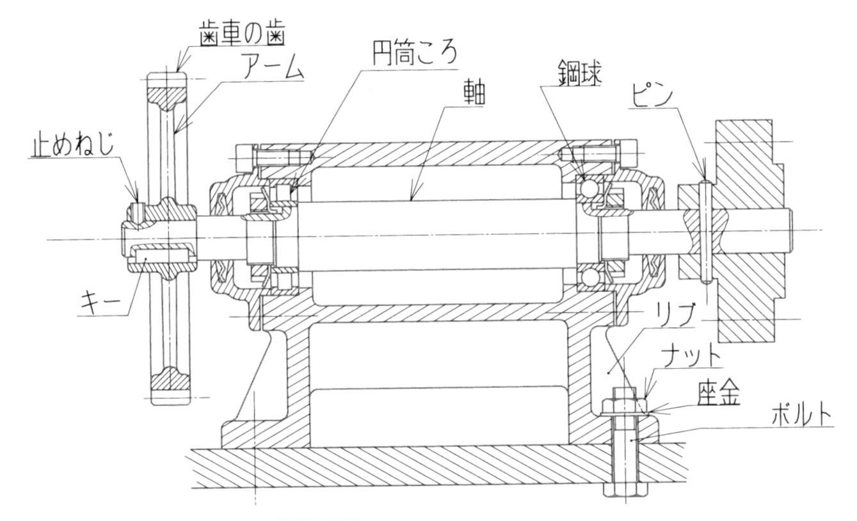

図 3-23　断面図にしない対象物

(1) リブを断面にしない理由

図3-24(a)に示した、フランジと軸との間をリブで補強した部品で考えたとき、リブを断面にすると、(b)のような図形になり、(c)のような形状（円錐と円筒がつながった）と読み誤る恐れがあるため、リブは断面にしないで(d)の図のよう描く。

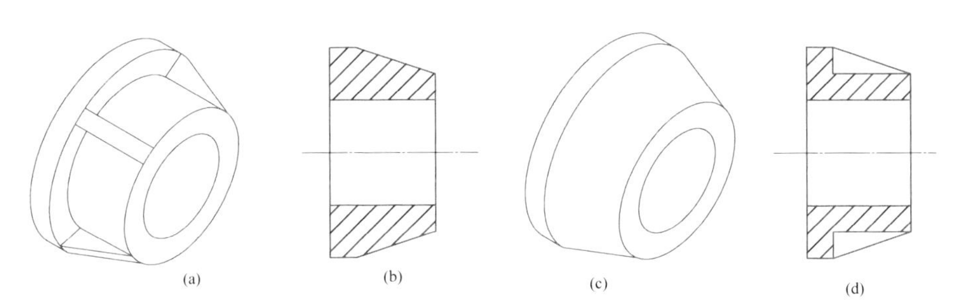

図 3-24　リブを断面にしない理由

(2) アームを断面にしない理由

図3-25に示した、ハンドルとボスの間をアームでつないだ構造の部品(a)を、アームも含めて全て断面で表すと、(c)の弾み車のような物と勘違いされる恐れがあるため、アームは断面にしないで(d)のような表現方法をする。

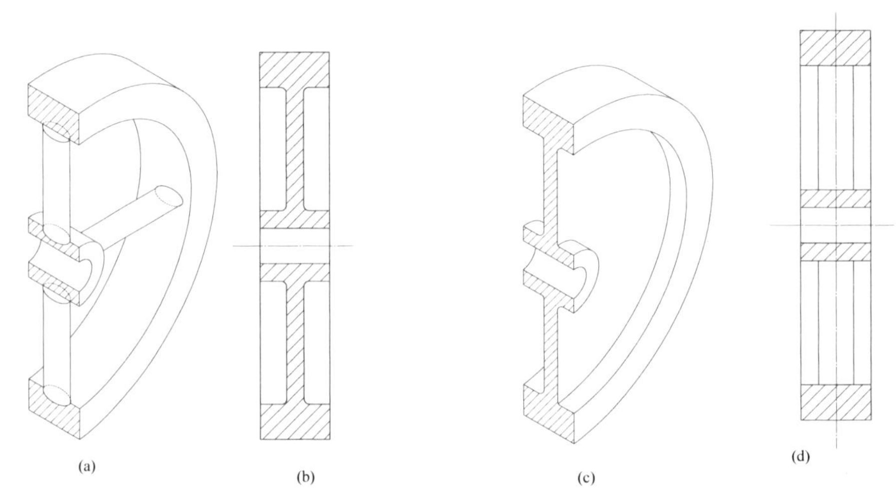

図3-25 アームを断面にしない理由

(3) 軸の断面指示

図3-23に示した、軸の1部に特徴のある加工があって断面をして表現することに意味がある場合には、一部を断面にして表すことがある。キー溝加工部やねじ部にその例がある。

3-2-3 断面図の適用

断面図は主に円筒形の部品に適用する場合が多く、**図3-26**に示した、全断面(a)の方法また、(b)の片側断面の方法、さらに(c)の全断面の上側だけを描いて下側を対照図示記号で省略する方法がある。どの方法を選ぶかは合理的に図を描いて、図を読む人の時間を短縮する方法を選択する。

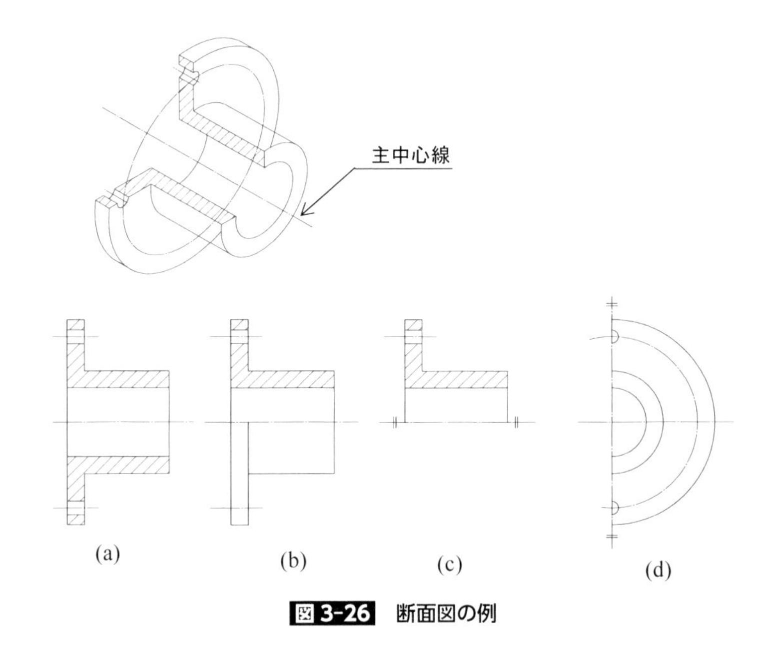

図 3-26　断面図の例

(1) 切断面の選択と断面指示

切断面は対象物の特徴を最もよく表す位置とし、**図 3-27** に示した回転体の場合は軸線を含む面である。断面の図を描く時に断面図とその他の図との位置関係を明確にする必要があるが、図 3-27 のようにどこを断面にしたかが容易に判断できる場合は、切断線を省略することができる。**図 3-28** も同様に、切断位置が容易に判断できる例である。

(2) 切断線と断面指示

図 3-29 に示した配置及び図形（A 部）から矢示方向が判断できる場合は、矢示方向を示す矢印と記号を省略することができる。

(3) 片側断面図と部分断面図

回転体を全断面にしても中心線で対象の図形となることから、同じ情報が左右（上下）で合計２つあることになる。同じ紙面内で情報量を増やす方法が、

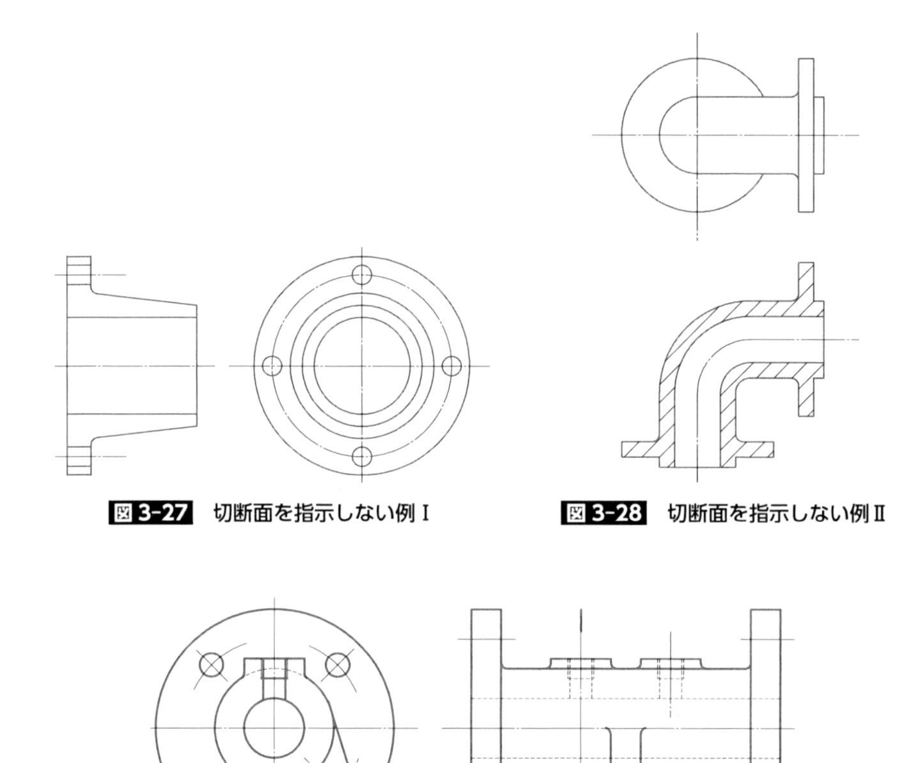

図 3-27 切断面を指示しない例Ⅰ

図 3-28 切断面を指示しない例Ⅱ

図 3-29 切断面を指示しない例Ⅲ

片側断面図である。その場合に、制約条件がなければ上側又は右側を断面にする。(**図 3-30** 参照)

中心線まで全て断面にしなくても部分断面で断面形状を伝えることができる場合は、**図 3-31** のように部分断面図を用いる。

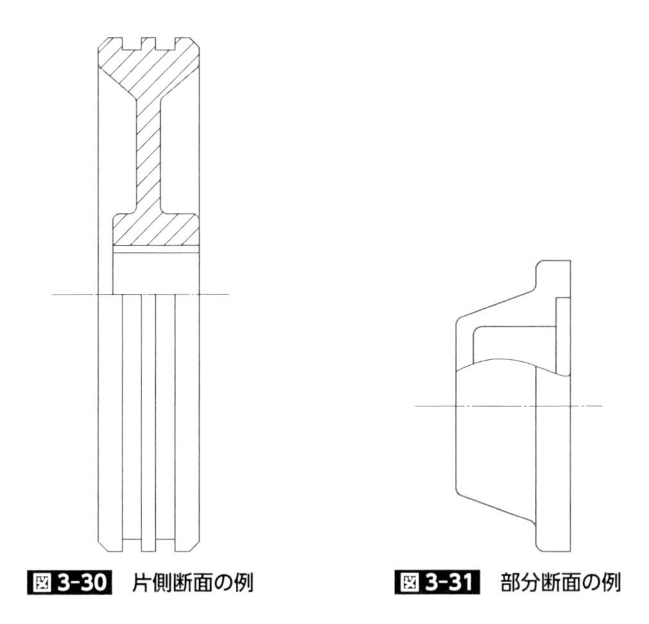

図3-30　片側断面の例

図3-31　部分断面の例

(4) 部分断面の終端位置

軸は原則として断面にしないが、軸の端部のねじを表したい場合などに、**図3-32**のように部分断面図として表すことができる。この場合に段、しわ、継ぎ目などによってできる外形線を破断線の始点や終点にしない。破断線の始点

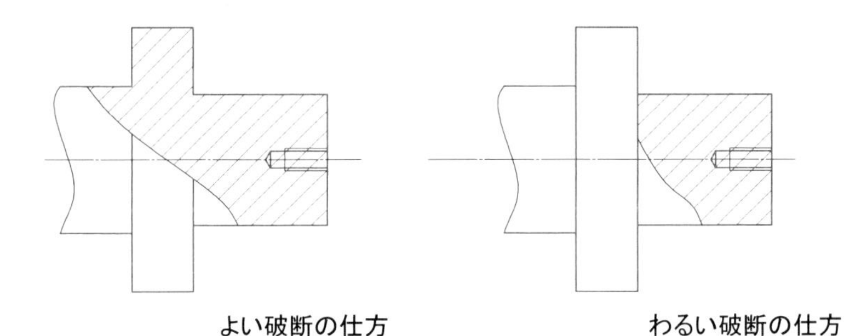

図3-32　部分断面の終端

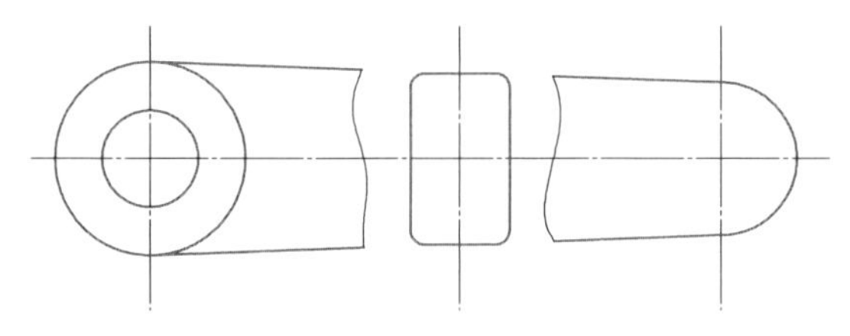

図 3-33 回転断面図の例Ⅰ

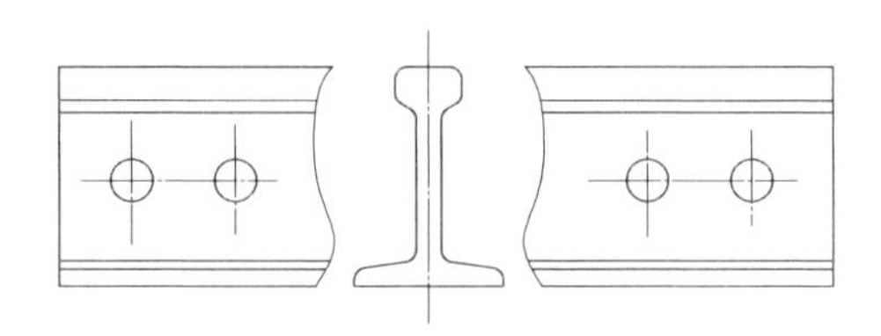

図 3-34 回転断面図の例Ⅱ

と終点は断面にした軸の最も外側の外形線とする。

(5) 回転図示断面図

長尺部品の中間を省略しても、全体の形を伝えることができる場合は、**図 3-33、34** に示したように、断面を表すスペースを確保するために図形の中間を破断して、断面を表す図を描く。この図法が回転図示断面図の中で、最もわかりやすい方法である。

図形の中間を破断できない場合は、**図 3-35** a)、**図 3-36** に示すように、図形の中に回転図示断面を描く方法がある。中間を破る手間がなく図形の中に描くことができるので、より合理的に表現できる方法で、図形を破らないで回転図示断面を描く場合には、細い実線で描くと決められている。外形線を細い実線で描く唯 1 の特例である。図 3-35 b) は回転図示断面図を断面位置から中心線を延長し、位置関係を示して描く方法である。

(6) 組み合わせによる断面

切断面をいくつか組み合わせた断面図法に、**図 3-37、38** のような方法があ

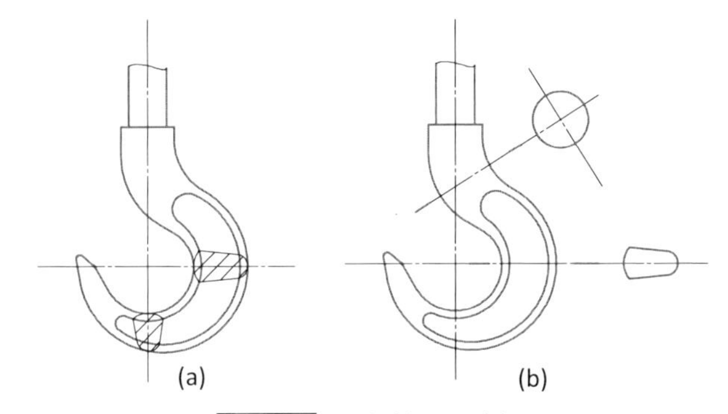

図3-35　回転断面図の例Ⅲ

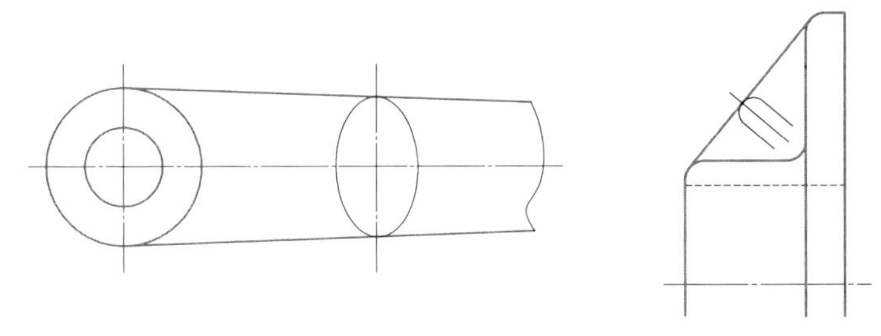

図3-36　回転断面図の例Ⅳ

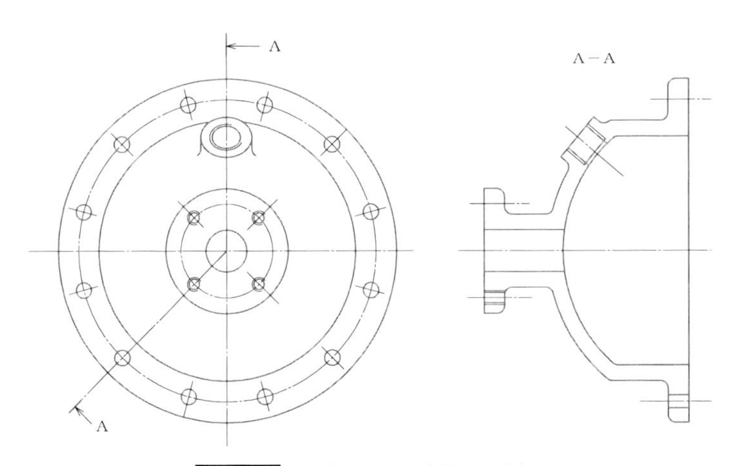

図3-37　組合せによる断面図の例Ⅰ

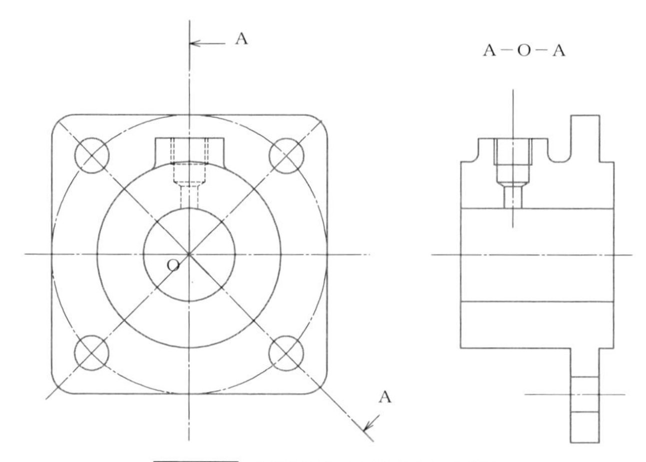

図 3-38　組合せによる断面図の例Ⅱ

り、この場合はどこを描いているか明確にする切断線に、さらに矢示方向を示す矢印と記号を用いる。断面図は２つの切断面で切断した図形を、中心点で組み合わせた方に描く。図形の中心位置を通る切断線の場合には、中心であることを強調する記号“O”を用いて図 3-38 の例のように「A-O-A」と示す場合もある。

(7) 図示位置の修正

断面図を描くときに、穴のどの投影位置をそのまま描くと、不自然な図形になる場合がある。**図 3-39** の部品の締め付け穴は、そのままの投影位置で描くと、上の位置になり、機能が成立していない図形となることから、回転投影した下の位置に描く。**図 3-40** も同様に穴の位置を正しく投影すると、機能が成立しない図となることから、穴の図形は回転投影した位置に描く。

(8) 切断でできる線など

図 3-41 の組み合わせによる断面図で、２箇所で折れた切断面で切断した図では、実際に物を切断すると、２番目の切断面で切断した稜線が見えるが、断面図には描かない。

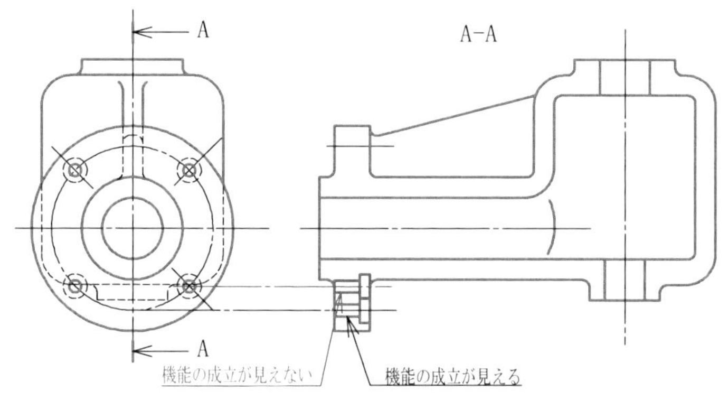

図 3-39　図示位置の修正の例Ⅰ

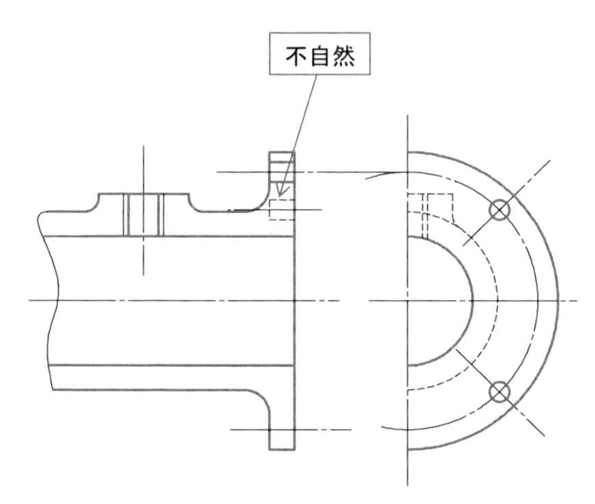

図 3-40　図示位置の修正の例Ⅱ

図 3-42 に示す切断面と投影方向に傾きがあるため、投影方向に実長が出ない場合は、図形に不自然な部分がなければ、投影長で描くことができる。

(9) 複雑な組み合わせによる断面図

断面図ではいくつかの部分を表すために、**図 3-43** のように矢示方向が変化する方向に組み合わせてよい。

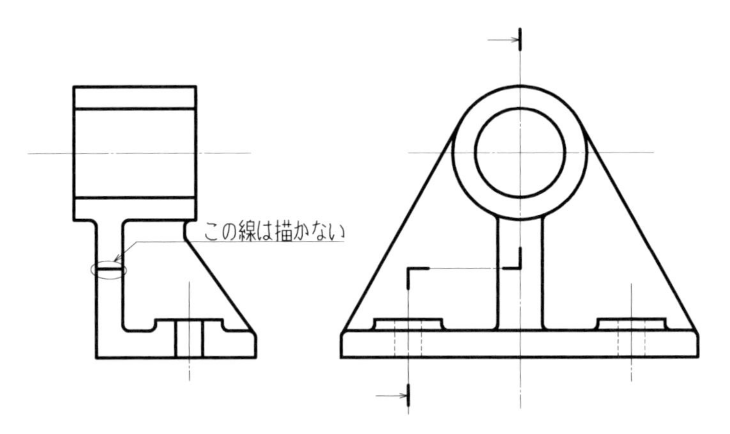

図 3-41 切断でできる線は描かない例

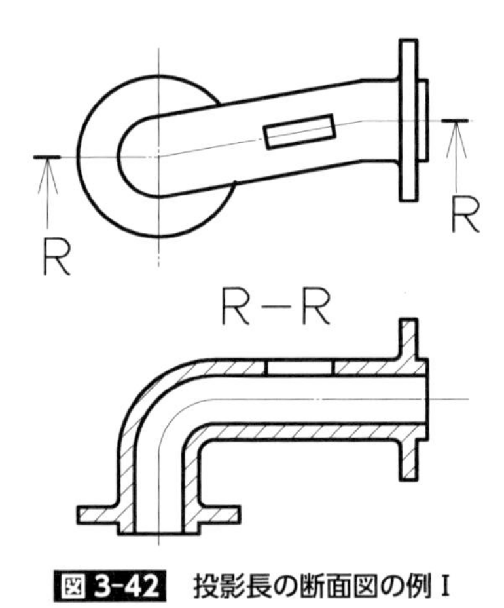

図 3-42 投影長の断面図の例 I

(10) 多数の断面図による図示

図 3-44 はいくつかの部分の断面を切って詳細の表現をしている。**図 3-45** も**図 3-46** も同じ内容であるが、紙面の都合に合わせて表現方法を工夫する図の配置を示している。

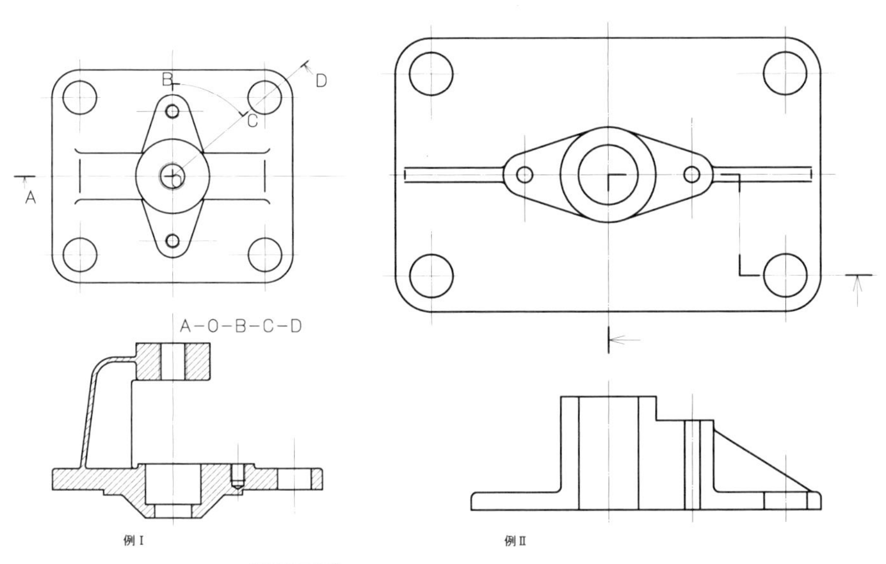

図3-43　複雑な組合せによる断面図の例

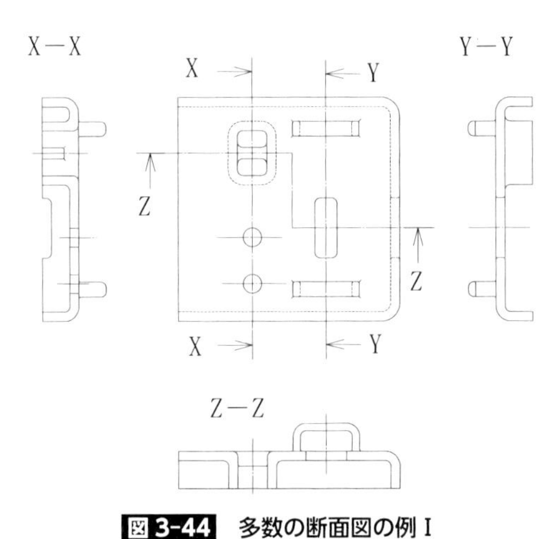

図3-44　多数の断面図の例Ⅰ

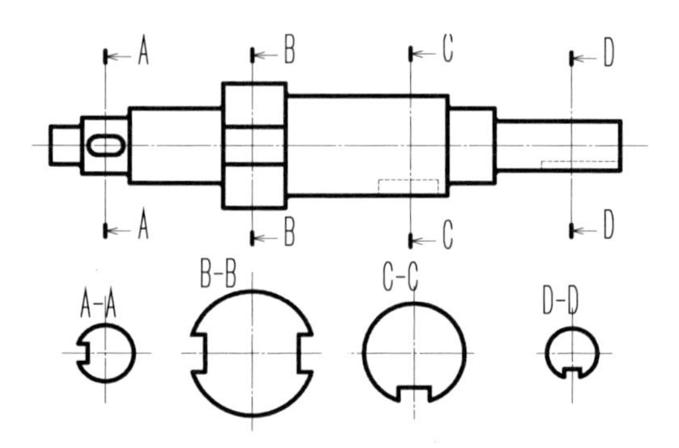

図 3-45　多数の断面図の例Ⅱ

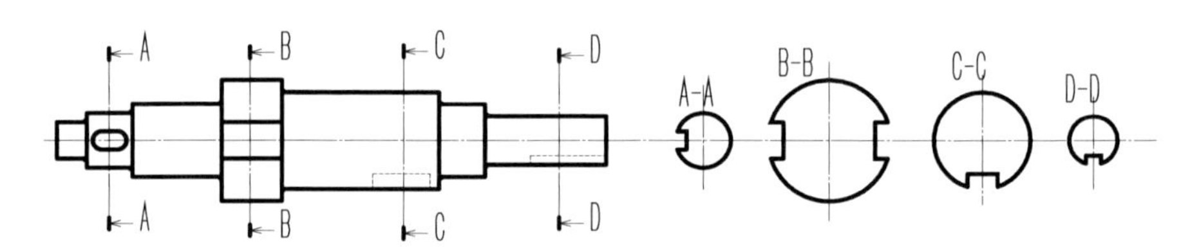

図 3-46　多数の断面図の例Ⅲ

3-3　図形の省略

図形の省略や描く位置の工夫でわかりやすく、描きやすくすることは、製図作業の省力ではなく、図を読む人が短い時間に図の内容を理解してもらうために考えられており、よく理解して描く。

3-3-1　穴の指示と解釈

図3-47 a) のように単なるリングだけの場合の図は、下半分を省略しても読む人に伝わる。もちろん対称図示記号を用いて中心線から下側を省略もできる。穴が一箇所の場合 b) ように穴が通る面で断面にする。この場合も a) のような

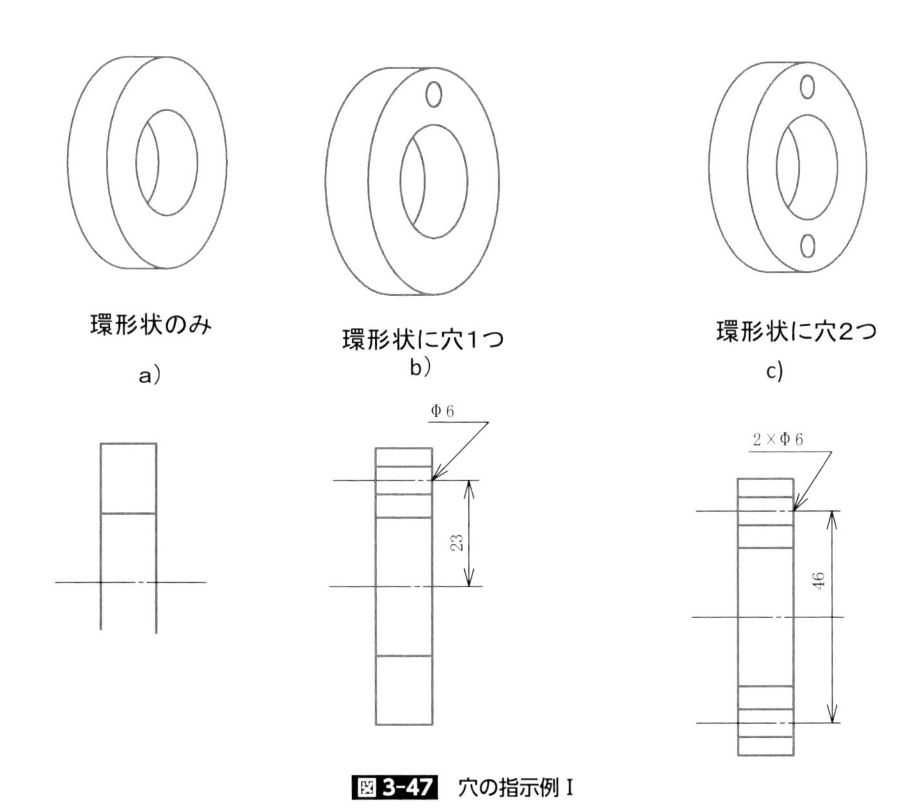

図 3-47　穴の指示例 I

省略は可能である。c) に示すように穴が二箇所等分の場合は、穴を通る面で切断する。穴の数は 2×5 キリと、穴の 2 箇所が伝わり、図形の下の省略も可能である。穴の数の指示があり、それ以上の情報がない場合は等分配置と解釈する。**図 3-48** a) にあるように、4×Φ6 と指示がある場合は、4 等分の配置である。図 3-48 b) に示したように、穴の位置が不等分に配置している場合は、必ず穴の配置を表す図を描く必要がある。1 つの図に寸法を集中するという観点から、穴の配置を示す 120 度という寸法は右側の図にしか記入でないので、穴に関連する寸法すべてを右の図に集中させる。

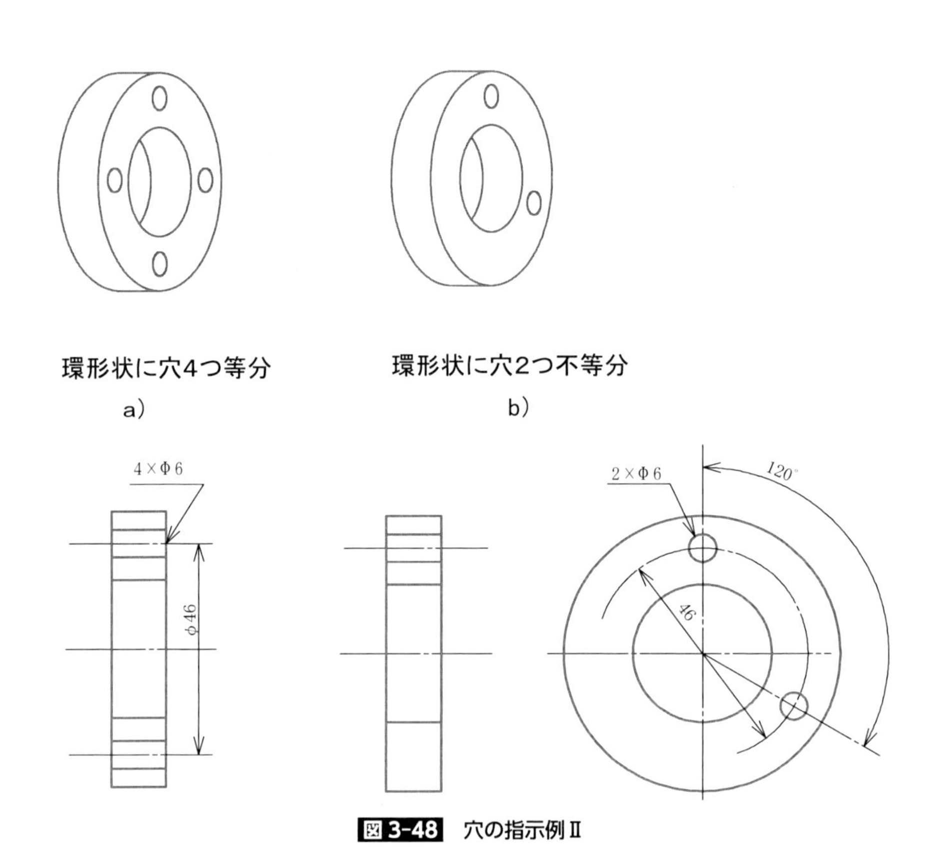

図 3-48 穴の指示例Ⅱ

3-3-2　かくれ線の描き方

かくれ線は実線で表現できない部分を表し、必要最小限にする。**図 3-49** のC矢示図は途中でかくれ線を中断しているが、主投影図が全長に渡って中間に板があることを示している。Aから見た矢示図には中間の板が見えことから、省略はできない。Bからみた矢示図は、Aから見た矢示図に指示されている中間の板の破線を省略できる。かくれ線は省略しても理解できる場合には描かない。

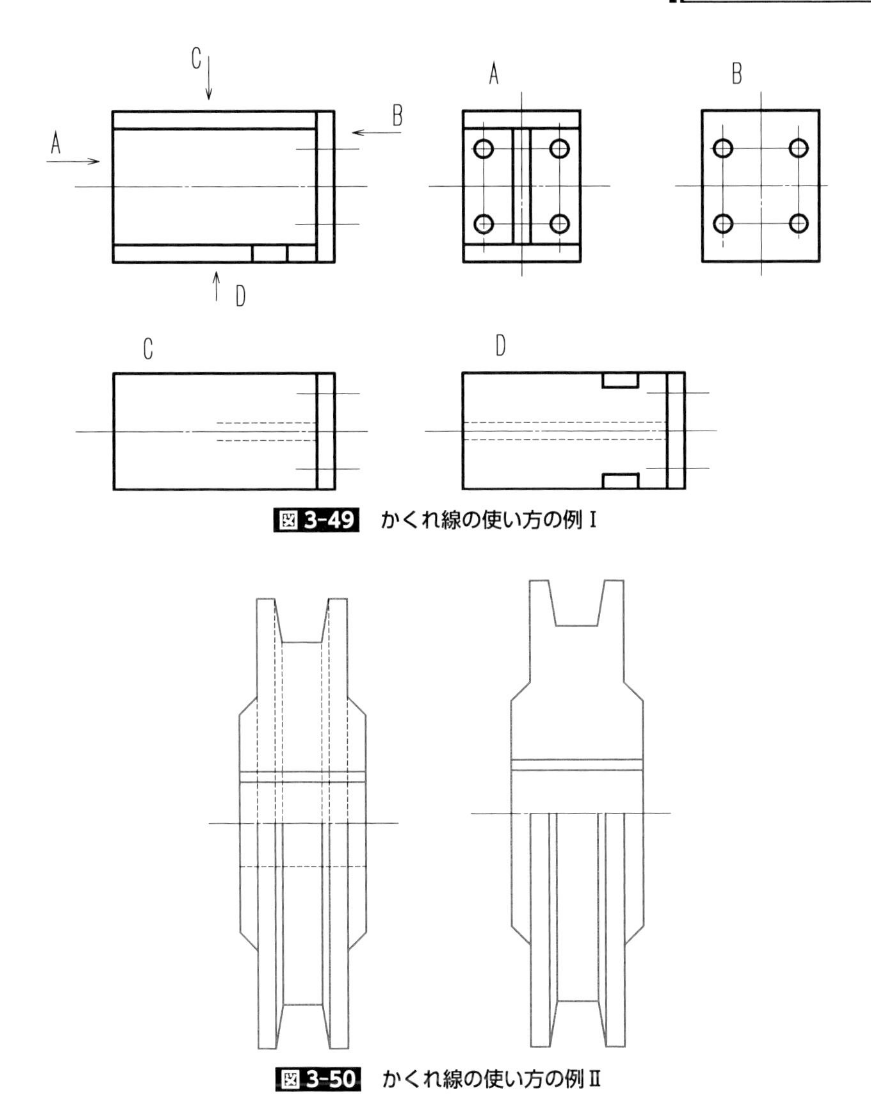

図 3-49　かくれ線の使い方の例Ⅰ

図 3-50　かくれ線の使い方の例Ⅱ

図 3-50 のプーリーの図の上側を断面にした片側断面図で描いた場合、右のように描く。左のように生真面目にかくれ線を描くと見にくくなることから、右のような表現を用いる。かくれ線の部分は中心線から下にある外形図に表れ

ている。

3-3-3　部分投影図の活用

図3-51 a）のように補足の投影図に、見える部分を全部描くとわかりにくい場合は、b）のように左側の面と右側の面を別々で、部分投影図で表すことにより、理解をスムーズにする。この2つの場合は、中心線の使い方が異なることに注意する。

図3-52 はフランジが3つついた配管部品で、右の図はフランジの様子をそれぞれの部分で、部分投影で表してある。**図3-53** は傾斜面にも補助投影図の活用ができる例である。

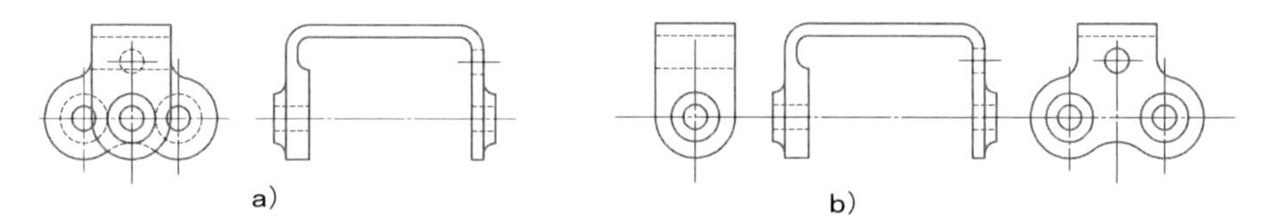

図3-51　部分投影図の活用

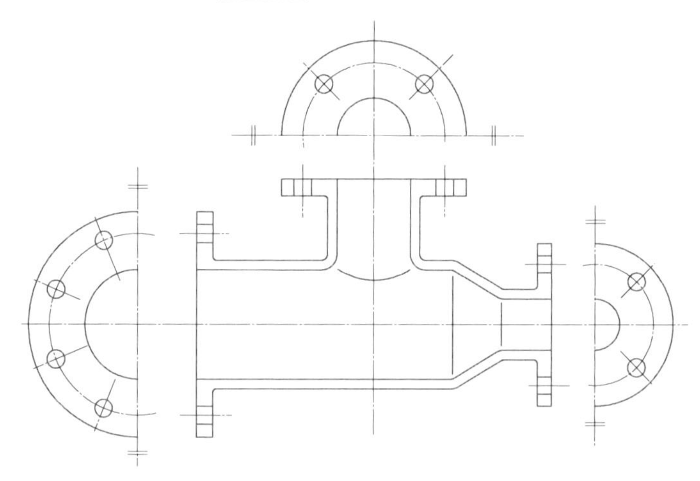

図3-52　局部投影図の活用 I

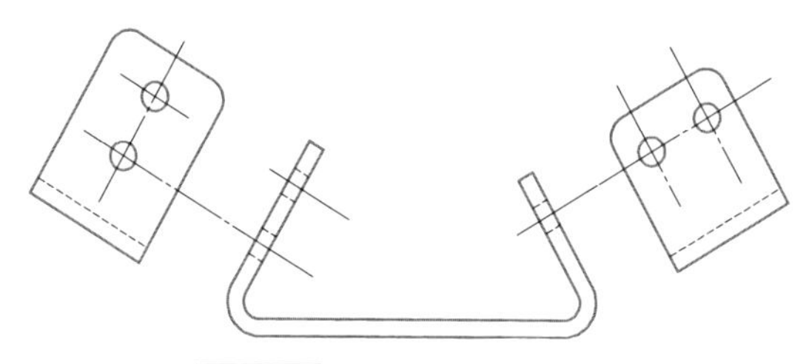

図 3-53　局部投影図の活用Ⅱ

3-3-4　特徴のある形状

一部に特徴の形を持つものはその部分が上側にくるように描く。**図 3-54** の a）はキー溝を上側に描いている。b）は穴形状を、c）はロール加工した後のつなぎ目を上側に描いている。

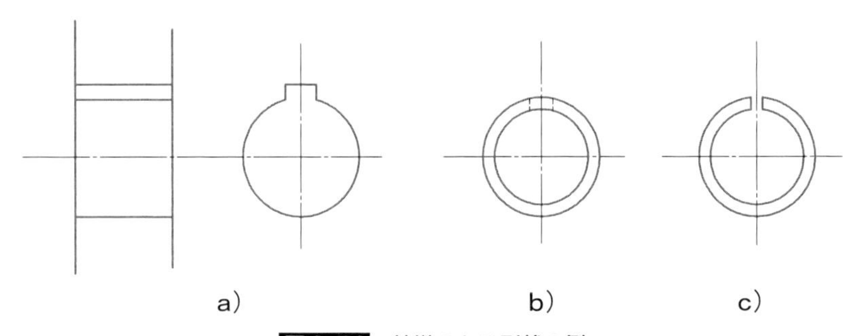

図 3-54　特徴のある形状の例

3-3-5　特徴のある形状と穴指示

図 3-55 に示したように、フランジに穴のあいた部品の場合、パイプの部分に特徴がなくて制限がない場合には、右側の図のように上下左右の中心線上に穴がくるように描く。これは作図工数の低減のためである。

図 3-56 にあるように、特徴のある形状を持つ場合には、前項で説明したようにその部分を上に描くことから、穴の配置はそのときの形状に合わせる。

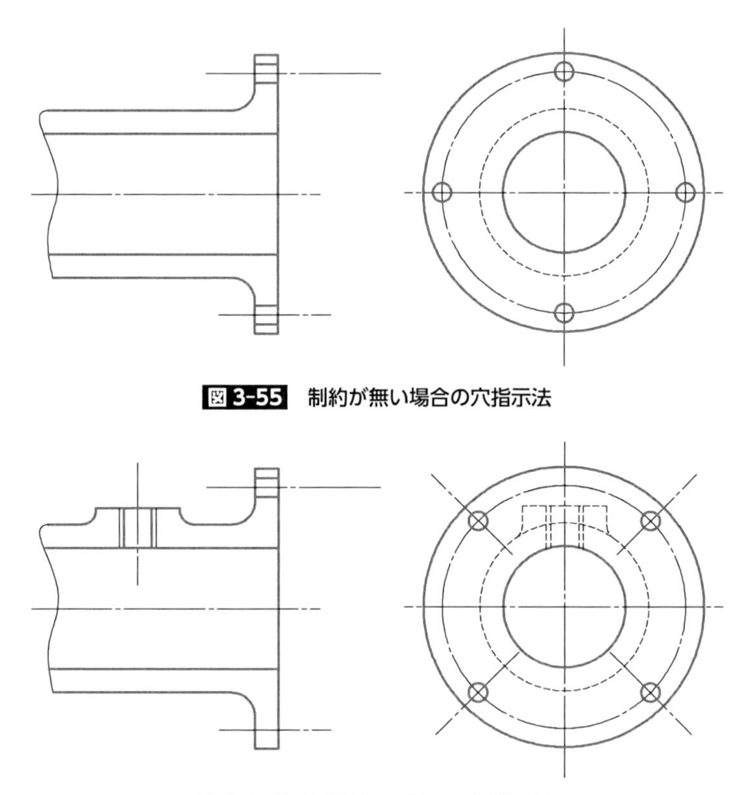

図 3-55　制約が無い場合の穴指示法

図 3-56　制約がある場合の穴指示例

3-3-6　対称図形の省略

図 3-57 に示すように、円筒形の部品は、垂直の切断面で断面にする場合と、水平の切断面で断面にする場合がある。片側を省略した図には、**図 3-58** に示したように対称図示記号を付記する。対称図形を片側省略すると、対称中心線付近の形状が理解しにくいときは、**図 3-59** に示したように、対称中心線を少し超えて描く方法がある。この場合には対称図示記号を付記しない。**図 3-60**、**3-61** に示したように、2つの方法が用いられており、表現上の優位差はない。

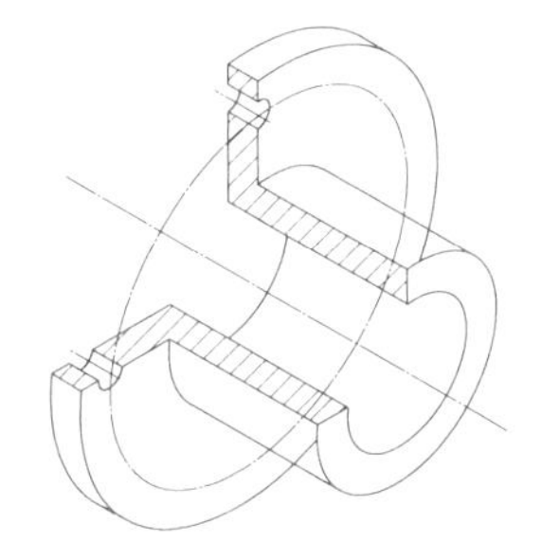
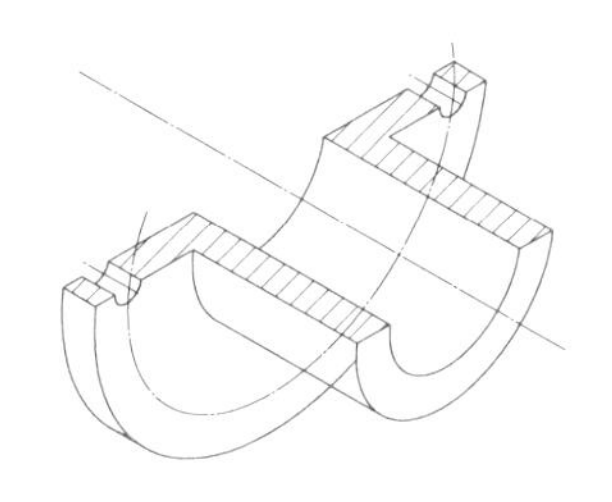
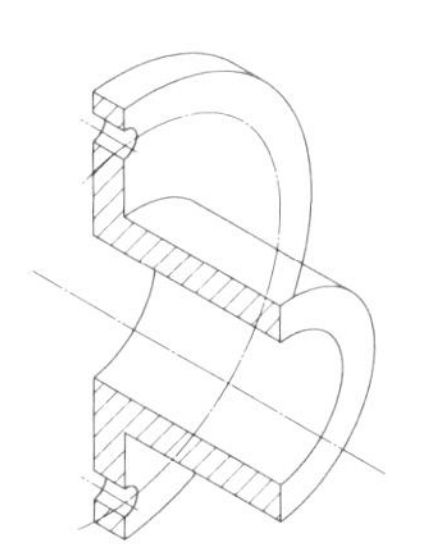

図 3-57　片側省略の選択例

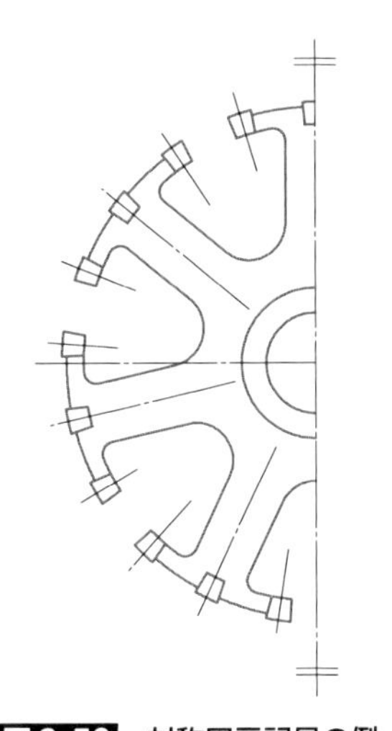

図 3-58　対称図示記号の例

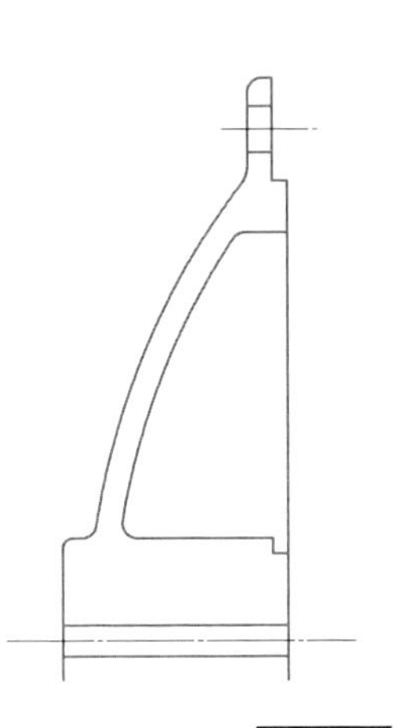
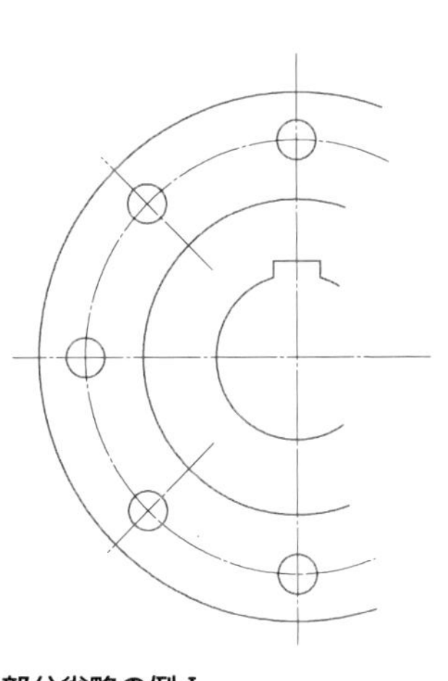

図 3-59　部分省略の例 I

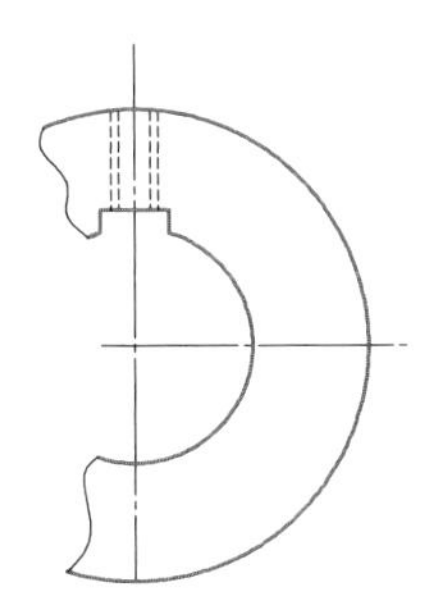
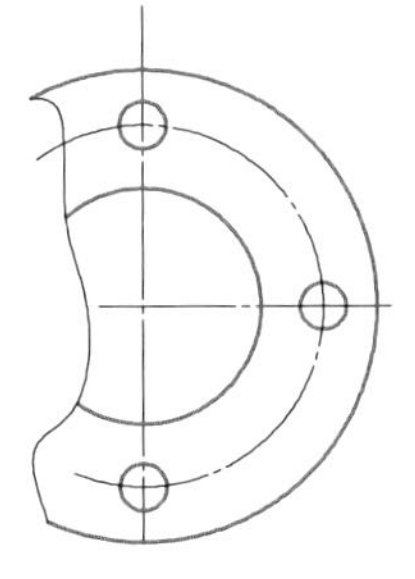

図 3-60　部分省略の例 II

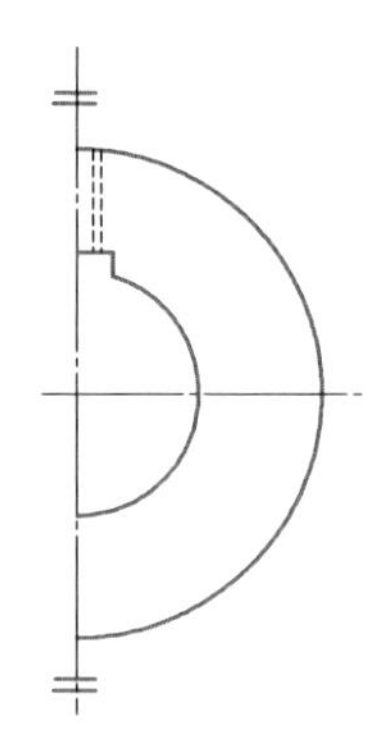

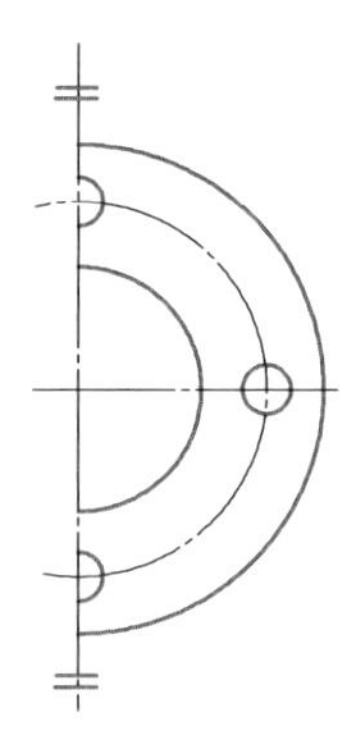

図 3-61　部分省略の例Ⅲ

3-3-7　繰返し図形の省略記号による表現

図 3-62 のように長穴がたくさん配置されている形状の部品の場合、長穴の図を全部描くのではなく、代表的な部分のみ描いてあとは記号で代用する。長穴の図形が図面にたくさん並んでいても図を読む人はありがたく思わない、という観点から省略が常識になっている。**図 3-63** に示したように、繰返し図形を省略した場合に、ピッチと繰返し数で配置長を表現する方法がある。図の例では“8×20（＝160)”とあり、8（繰返し数)、20（ピッチ)、(＝160)（配置長）で表現されている。

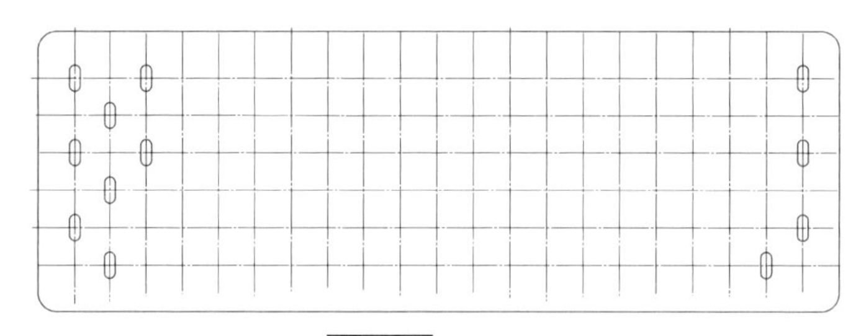

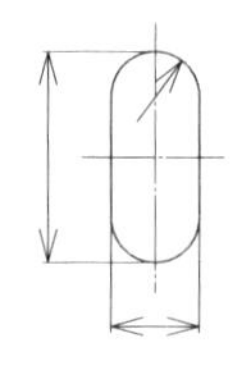

図 3-62　繰り返し図形の省略の例

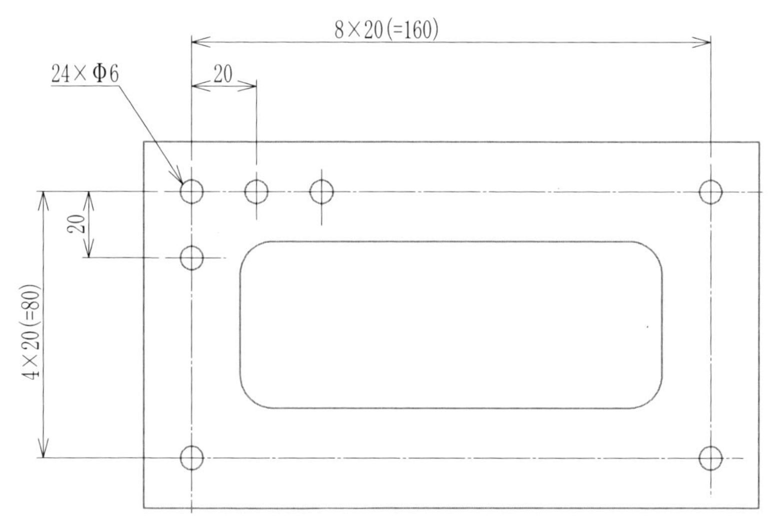

図 3-63　配置長の例

3-3-8　省略に用いる破断線

図3-64 に示したa）の例は、不規則な波型の細い実線の破断線を用いる。この場合には破断線は実体のあるところだけに描くことから、外形線の位置で破断線を止めている。b）の例ではジグザグ線の破断線を用いる。この場合には破断線を実体のない部分まで延長することが許されており、外形線を超えて描かれている。

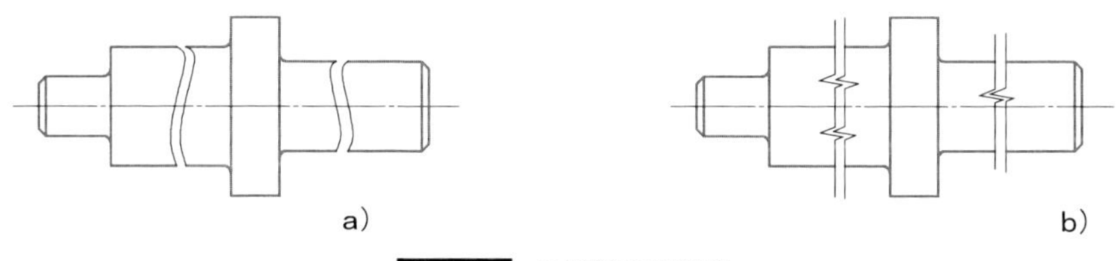

図 3-64　２種類の破断線

3-3-9　傾斜した図形の中間省略

図 3-65 に示したように、長い傾斜がある軸を破断する場合、傾斜が急な場合には傾斜にしたがった図を描き、傾斜がゆるい場合は傾斜を図示しないで寸法で表現をする。

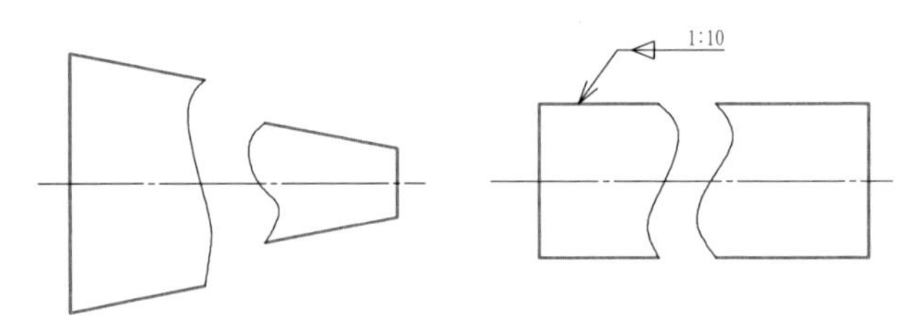

a）傾斜が急な場合　　b）傾斜が緩い場合

図 3-65　破断したテーパー軸の例

3-3-10　破断線の省略

図 3-66 は、誤解されないときにだけ用いる方法で、破断線を省略した例である。

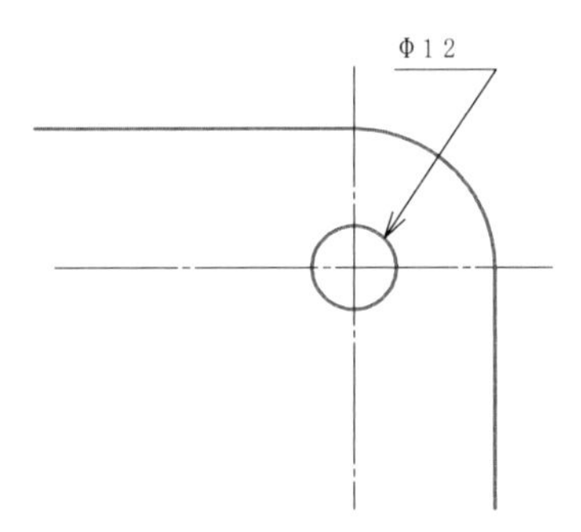

図 3-66　破断線を省略した例

3-4　特殊な図示法

図形を正しく厳密に表現にすると、図が煩雑になり読む人の時間を無駄にすることがあるため、製作に必要な情報を適切に伝える目的で、図形を簡略に描く。

3-4-1　面の交わり部の表示

矩形の板の折れ曲がった位置を表現するためには、2つの平面を表す線を延長してその交点を作り、交点を投影して折れ線として描く。(**図 3-67** 参照)

図 3-67 b) の図に示したように、折れ曲がった部材の断面形状のRの大きさを、折れ線の引き始めの位置に合わせる。

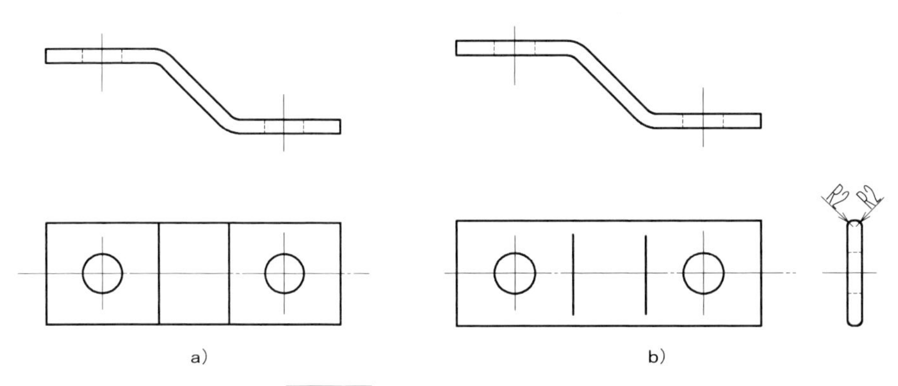

図 3-67　面の交わり部の表示の例

3-4-2　平面であることの表示

図 3-68 のように、円筒形状を基本とする部分から一部加工して平面を作った場合には、細い実線で平面を表す対角線を描く。b) の図は平面を表す図形が破線で表されているが、平面を表す対角線は実線で描く。

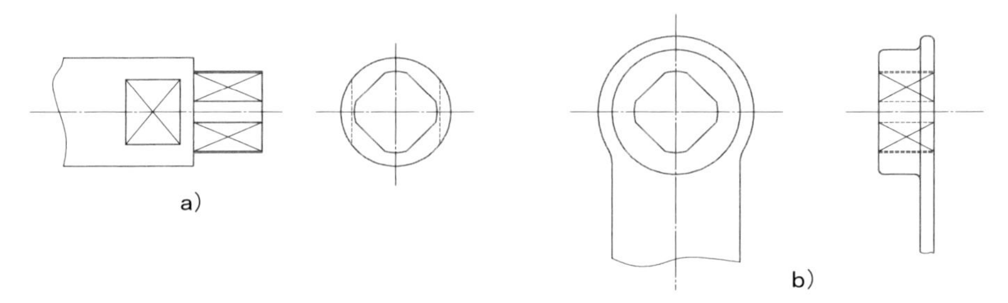

図 3-68　平面であることの表示の例

図 3-69 に示した例は、図形からは平面なのか円筒または穴が解読できないことから、a) に示す平面の場合には平面を表す対角線を描く。b) に示す円筒または穴の場合は、平面がないことから対角線は描かない。

図 3-70 に示す部品に平面を表す対角線は描かない。円筒を基本にした形体から作り出された場合にだけ平面を示す対角線を描く。

3-4-3　展開図

図 3-71 に示すパイプを斜めに切った形を作るときに、鉄板を展開図のような形で切断してカールをすると、左の円筒になる。この場合、展開図を指示することによってモノづくりの現場がスムーズに進む。**図 3-72** も同様で、鞍型の部品を作るときに展開図を与えておくことによって、よりスムーズなモノづくりが可能である。

3-4-4　加工・処理範囲の指示

部品の一部に特殊な加工を指示する場合には、その部位に平行に太い一点鎖線を引き、そこに具体的な加工内容を引き出し線で指示する。**図 3-73** の a) の例では部分的な高周波焼入れの指示で、b) は平面のある一領域を太い一点鎖線で囲って範囲を示し、絶縁塗装を指示している。

図 3-74 は加工前の形状や、加工後の形状を、想像線（2 点鎖線）で示したものである。**図 3-75** は加工工具を図示した例で、フライスの径と段差との干

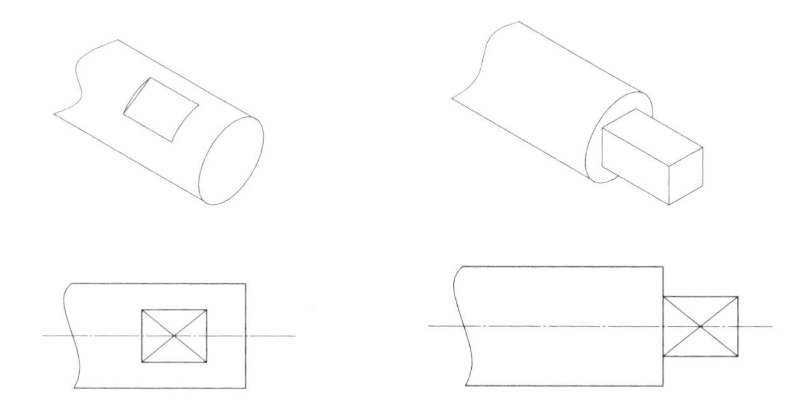

平面図示記号がある場合

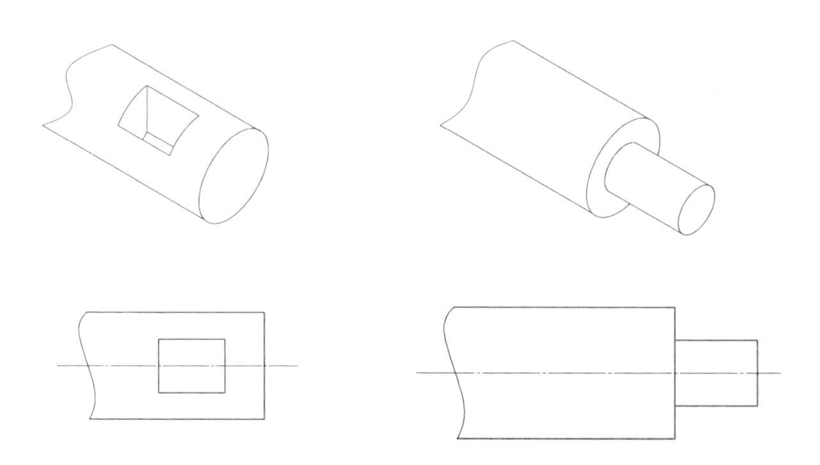

平面図示記号がない場合

図 3-69　平面を表す対角線

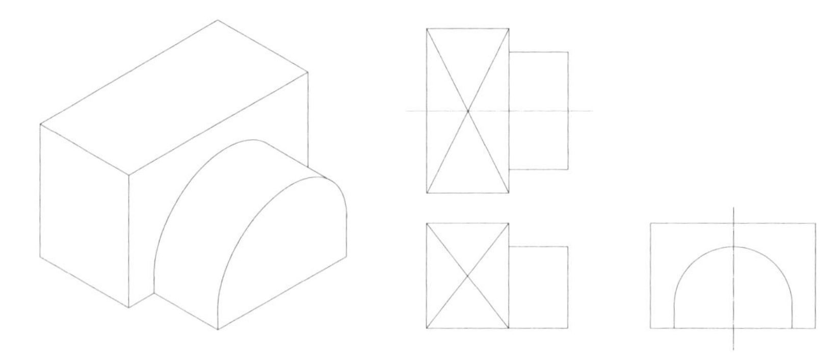

図 3-70　平面であることの表示しない例

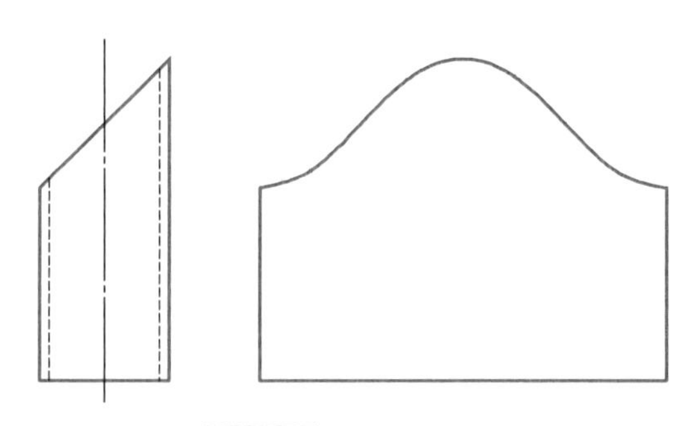

図 3-71　展開図の例 I

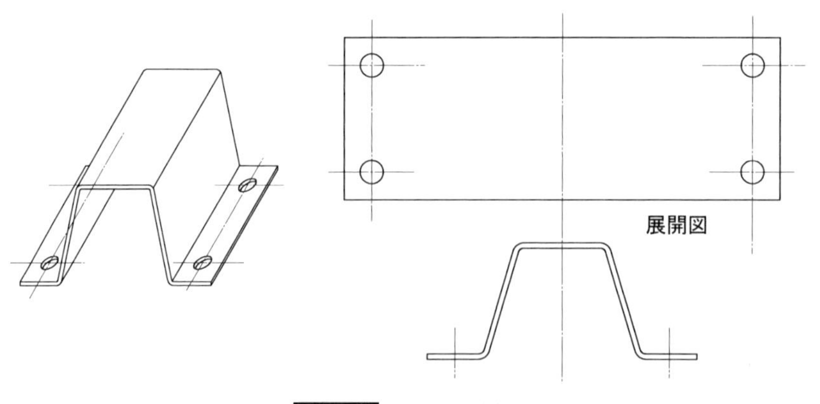

図 3-72　展開図の例 II

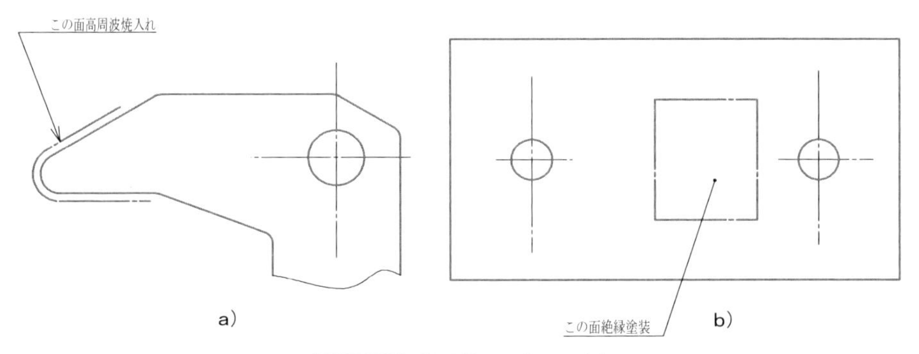

図 3-73　処理範囲の指示の例

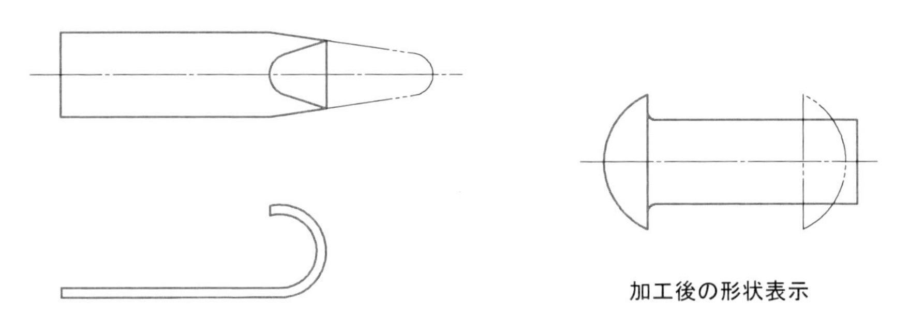

図 3-74　加工前後の形状指示の例

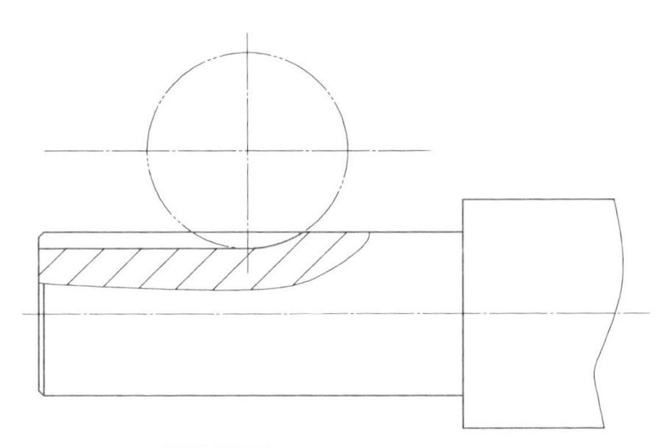

図 3-75　加工工具の指示の例

渉に関する検証となっている。

3-4-5　切断面の手前の指示

図 3-76 は、図示された断面の手間にある形状を示す図形を、想像線で示したものである。個別に局部投影図を描く方法もあるが、図形内に作図スペースがあれば想像線は有効である。**図 3-77** は隣接部の形状を想像線で示している。

3-4-6　隣接部の指示

隣接部分の対象物を描く必要がある場合に、細い二点鎖線で図示することができる。この場合は、隣接部分の対象物にかくれる部分も、かくれ線で描かな

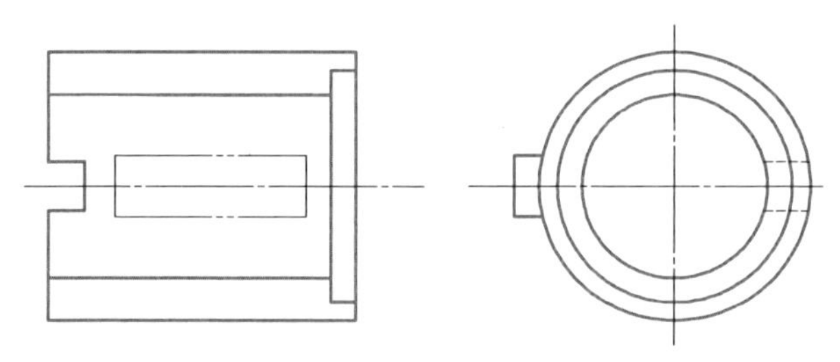

図 3-76　切断面の手前の指示例

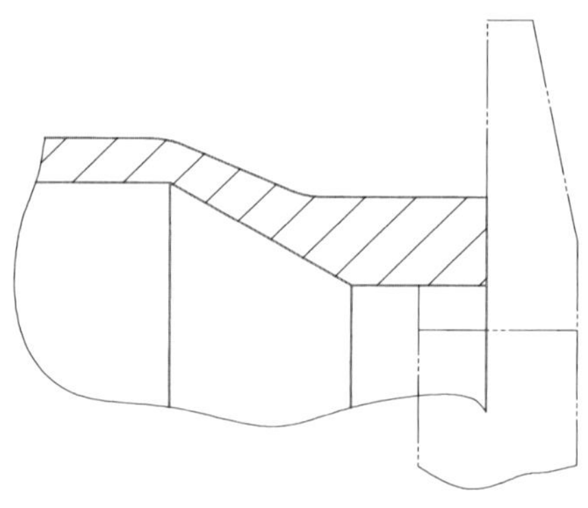

図 3-77　隣接部の指示例

い。（図 3-77 参照）

3-5　図形線は面を代表している

製図において線は形状を表す手段であり、多くの線は面を代表している。作図時に描いている線が、実形状のどこを表しているかを理解しながら進めることにより、作図上の不成立や、寸法記入時の重複や寸法未記入を防止することができる。また、表面性状の指示記号を描く場合には、対象となる面の機能と役割を理解する。図面上のどこの線に指示するかを判断するときに必要となる考え方である。**図 3-78** において、平面図の線“g”は立体図の面“D”を、主

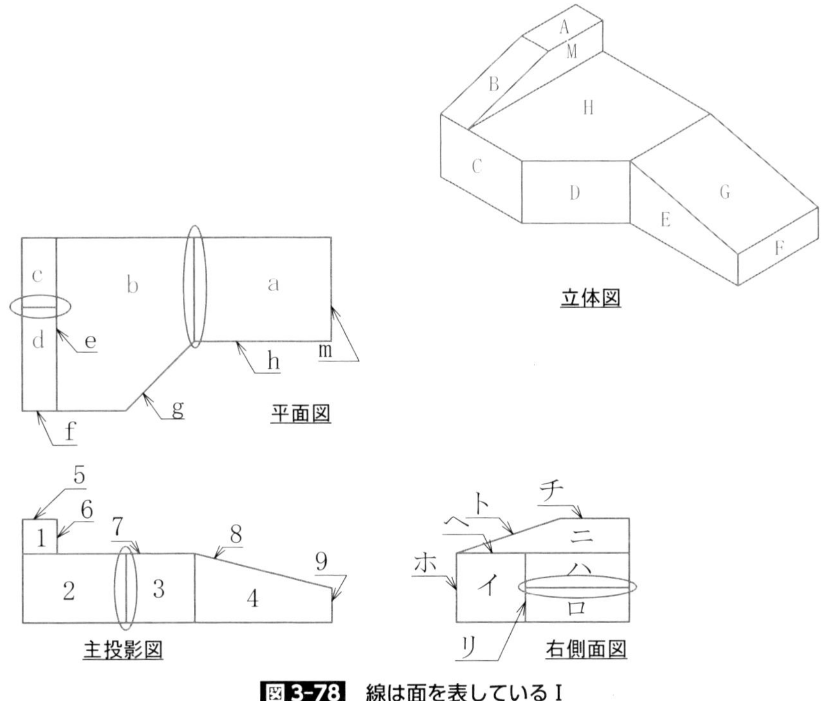

図 3-78　線は面を表している I

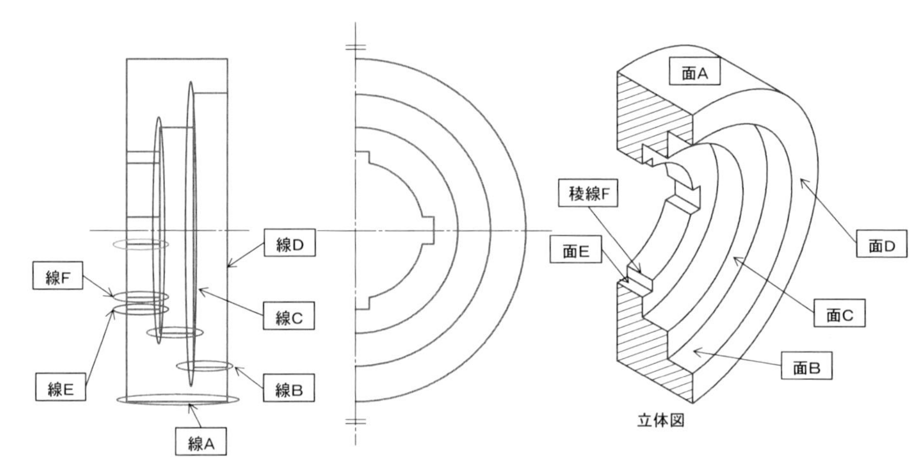

図 3-79 線は面を表しているⅡ

投影図の線“5”は立体図の面“A”を、右側面図の線“チ”は立体図の面“A”を示している。**図 3-79** において、線“A”は立体図の“円筒外面 A”を表し、線“B”は“円筒内面 B”を表している。線“C”は立体図の“平面 C”を表し、線“D”は“平面 D”を表している。

3-6 ねじ製図

ねじの実際の形状を投影図で描くことは、非常に手数がかかることから、「JIS B 0002-1　ねじ及びねじ部品」に製図上の表現方法が規格化されている。ねじの表現方法を学ぶことにより、ねじ関連の図面の解読が可能となり、間違いのない図面の作成が可能となる。

3-6-1　おねじの描き方（図 3-80 参照）

① おねじの山の頂を表す線　：　太い実線
② おねじの谷底を表す線　：　細い実線

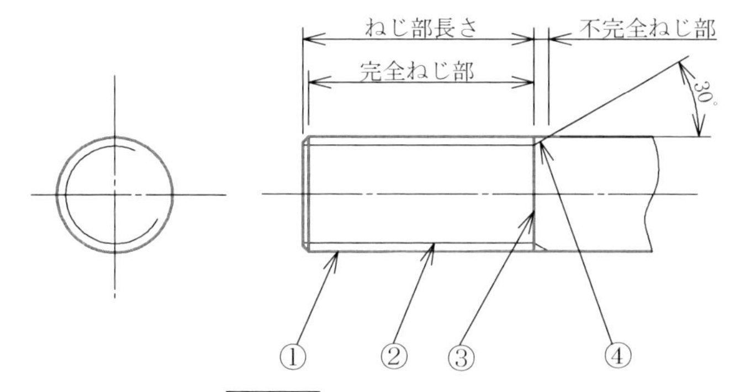

図 3-80　おねじの図示方法

端面からみた場合は円周の 270° にほぼ等しい円の一部で表す。

③　完全ねじ部と不完全ねじ部の境界を表す線　：　太い実線

④　不完全ねじ部の谷底を表す線　：　細い実線（省略してもよい）

図にはねじの先端の面取り部が描かれているが、省略する場合もある。

3-6-2　めねじの描き方（図 3-81 参照）

①　めねじの山の頂を表す線　：　太い実線

②　めねじの谷底を表す線　：　細い実線

端面からみた場合は円周の 270° にほぼ等しい円の一部で表す。中心線の片側を省略する場合には、描かない 90° の表現を残す。

③　完全ねじ部と不完全ねじ部の境界を表す線　：　太い実線

④　不完全ねじ部の谷底を表す線　：　細い実線（省略してもよい）

⑤　かくれて見えないねじ山の頂や谷底　：　細い破線

⑥　ねじきり下穴およびその行き止まり部　：　太い実線、先端角度 120° はドリルの先端角で、寸法は記入しない。

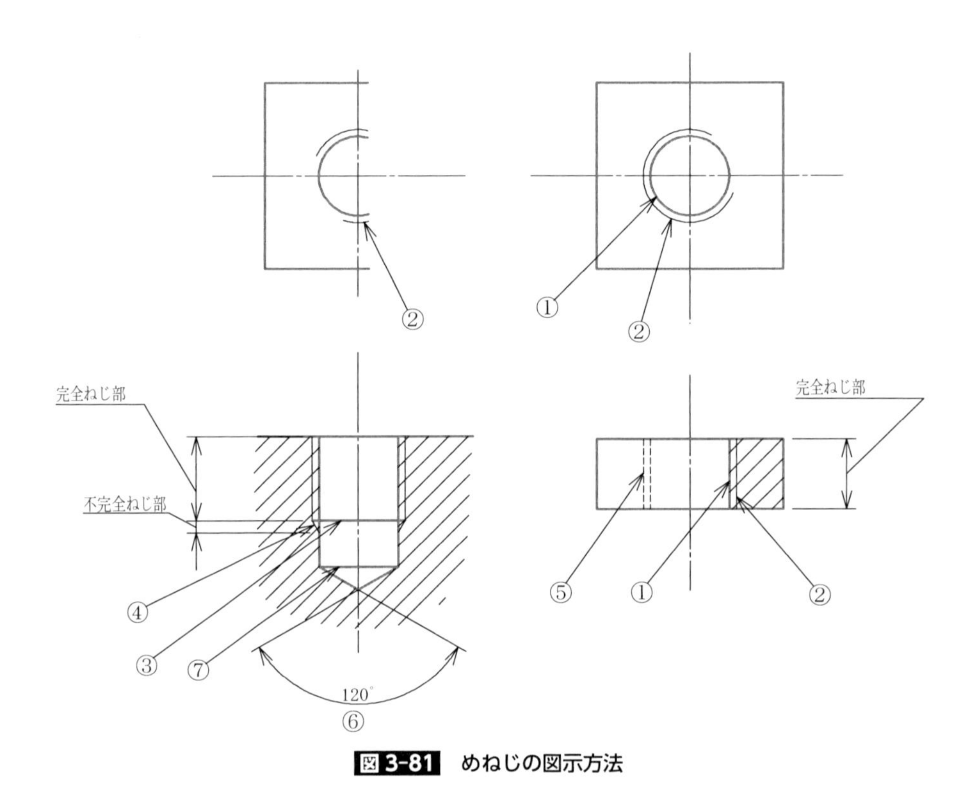

図 3-81　めねじの図示方法

3-6-3　おねじとめねじが組立てられた状態の描き方（図 3-82 参照）

めねじとおねじが組立てられた部分は、おねじを描く。

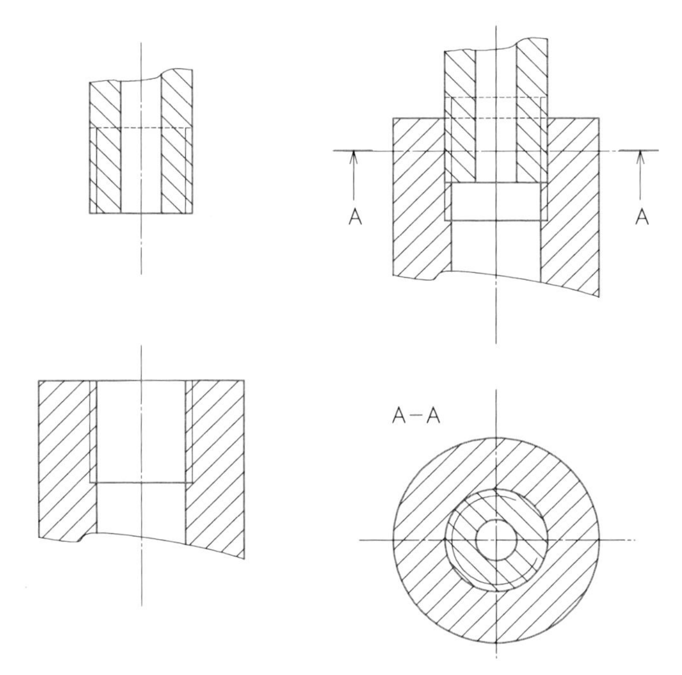

図 3-82　ねじの結合部の図示方法

3-6-4　ねじの寸法記入法（図 3-83 参照）

① 個別記入法ではねじの呼び径、ねじの有効深さ、下穴径、下穴深さを個別に記入する。
ドリルの先端角で出来る角度の指示はしない。

② 引出線を用いて必要な情報を示す方法で、多くの図面で用いられている。引出線を引きだす位置が、中心軸線断面図と端面図で異なることに注意する。

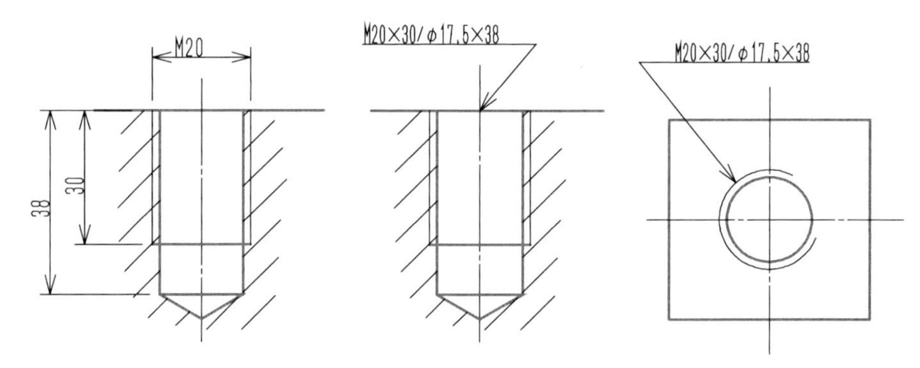

図 3-83　めねじの寸法記入方法

3-6-5　代表的なネジ締め方式（図 3-84 参照）

① 締付対象の部材に穴をあけて、ボルトを通してナットで締める方式で、建築、プラントなどで広く用いられている。

② 片側の部材にめねじを加工して、もう一つの部材に穴をあけて、ボルトで締め付ける方法で、工作機械や自動化装置などで広く使われている。

③ ②の方法の変形判で、六角穴付きボルトを用いて、通し穴の入り口を深ざぐりでボルトの頭を収納する方式で、金型分野で広く用いられている。

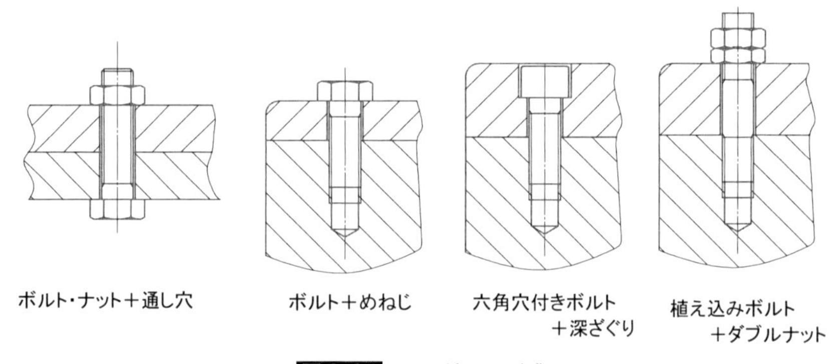

図 3-84　ねじ締めの形式

④　②の方式の変形判で、めねじに植え込みボルトを組込んで、通し穴の部材を組込んだ後に、ネットで締め付ける方式で、量産部品の組付けで使われている。

3-6-6　代表的なねじ記号と呼び方（表 3-1 参照）

ねじの呼び方はねじの種類を表す記号と、ねじサイズを表す数値を組み合わせて表す。

表 3-1　ねじの種類を表す記号及び呼び方の例（抜粋）

区分	ねじの種類		ねじの種類を表す記号	ねじの呼びの表し方の例
ピッチをmmで表すねじ	一般用メートルねじ	並目	M	M8
		細目		M8×1
	メートル台形ねじ		Tr	Tr10×2
ピッチを山数で表すねじ	管用テーパおねじ		R	R3/4
	管用テーパめねじ		Rc	Rc3/4
	管用テーパめじ用平行めねじ		Rp	Rp3/4
	管用平行ねじ		G	G1/2

第4章

寸法の表し方

4-1 基本事項

形状を定義するには、図形と寸法の2つの要素が必要である。図形表現は3次元CADの普及により、理解しやすく間違いのない表現ができるようになってきたが、寸法記入を助けてくれるCADはいまだに発売されていない。寸法記入は対象の部品の機能と役割により異なり、CADにプログラム化するには相当の困難がある。対象となる部品の機能と役割に適合した、正しい寸法記入法を解説する。

4-1-1 寸法と単位

寸法は**図4-1**に示したように、記入の単位はmmを用いるが、単位記号のmmを記入しない。図面に単位を記入しないだけでなく、ものづくりの現場で単位のない数値はmmと理解される。桁数の大きな数値に用いられる3桁毎のカンマもつけない。これは小数点と見間違わないためにカンマをつけないのが

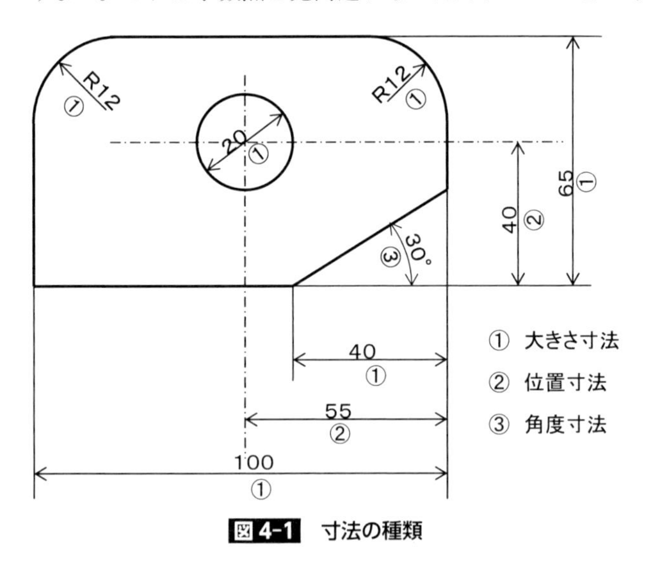

図4-1 寸法の種類

常識になっている。角度寸法については単位をつけないと角度と長さの区別がつかないので単位をつける。JISでは度、分、秒の単位を用い、ISOではラジアンが用いられている。寸法の種類を分類すると、大きさ寸法・位置寸法・角度寸法に分けることが出来る。寸法記入においてこの分類を念頭において、整理して記入すると、記入漏れや重複記入がなく読み取りやすい図面となる。

4-1-2　寸法記入の考え方

寸法記入にはいくつかの考え方があり、"JISB0001 機械製図の一般事項" に示されている。その寸法記入の考え方をどのように適用していくべきかついてはそれなりの経験が必要であり、どこで使ったらよいかというのを、自らが経験した具体例の中から、順次習得していく。

「一般事項（JIS B 0001　機械製図より抜粋）」

1. 対象物の機能、製作、組立などを考えて、図面に必要不可欠な寸法を明りょうに指示する。
2. 対象物の大きさ、姿勢及び位置を最も明らかに表すのに必要で十分な寸法を記入する。
3. 寸法は、寸法線、寸法補助線・寸法補助記号などを用いて、寸法数値によって示す。
4. 寸法は、なるべく主投影図に集中させる。
5. 図面に示す寸法は、特に明示しない限り、その図面に図示した対象物の仕上がり寸法を示す。
6. 寸法は、なるべく計算して求める必要がないように記入する。
7. 加工又は組立ての際に、基準となる形体がある場合には、その形体を基にして寸法を記入する。（**図 4-2**）
8. 寸法は、なるべく工程ごとに配列を分けて記入する。（**図 4-3**）
9. 関連する寸法は、なるべく１箇所にまとめて記入する。（**図 4-4**）
10. 円弧の部分の寸法は、円弧が180°までは半径で表し、それを超える場合には直径で表す。（**図 4-5**）だたし、円弧が180°以内であっても、機能上又

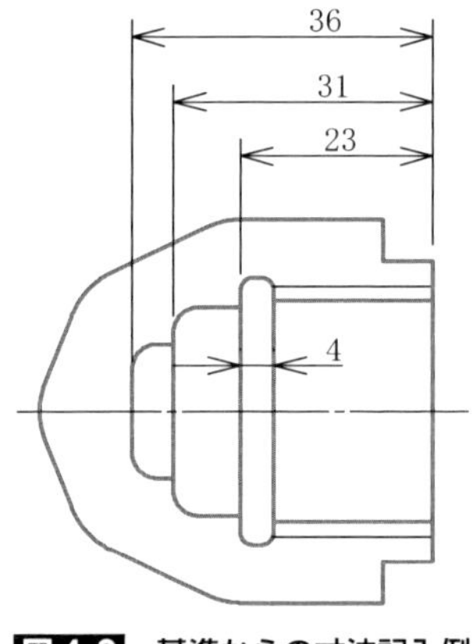

図 4-2　基準からの寸法記入例

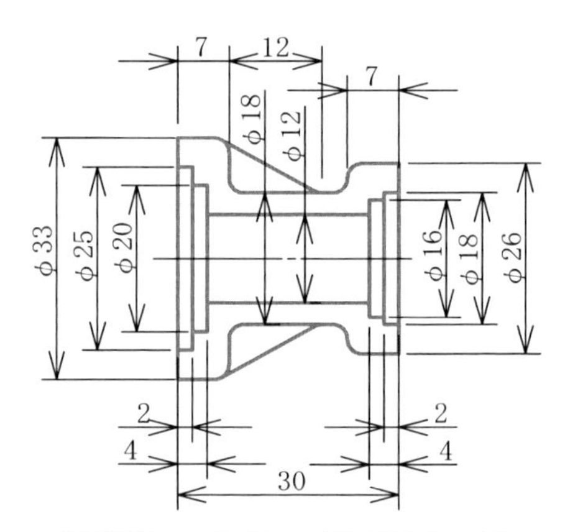

図 4-3　工程ごとに寸法を配置する例

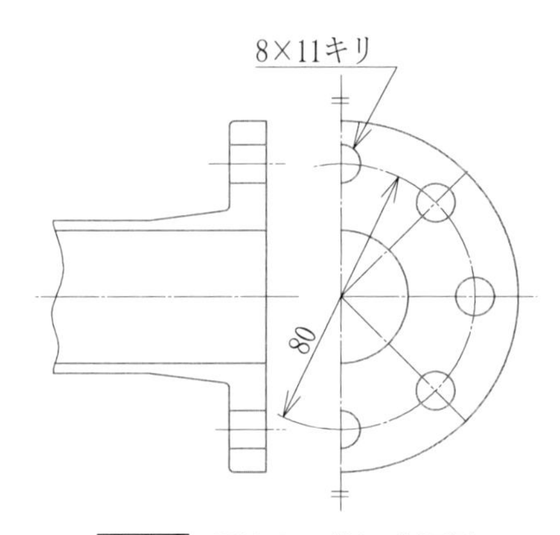

図 4-4　関連する寸法の指示例

は加工上、特に直径寸法を必要とするものに対しては、直径寸法を記入する。(**図 4-6**)

11. 機能上（互換性を含む）必要な場合、JIS Z 8318 によって寸法の許容限界値を指示する。ただし、理論的に正しい寸法を除く。
なお、寸法の許容限界の指示がない場合には、個々に規定する普通寸法許容差を適用する。その場合、適用する規格番号及び等級記号又は数値を表

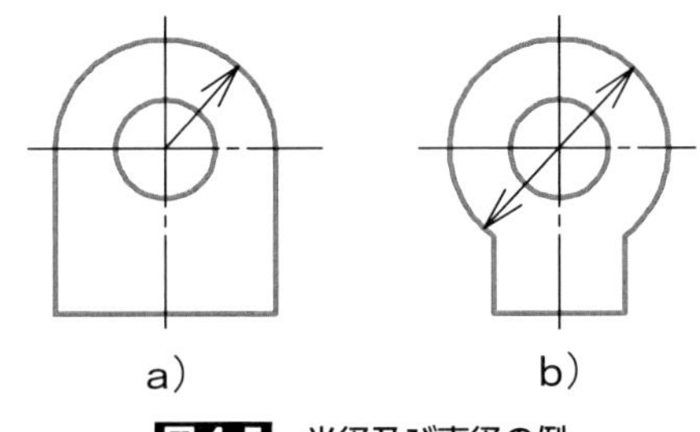

図 4-5　半径及び直径の例

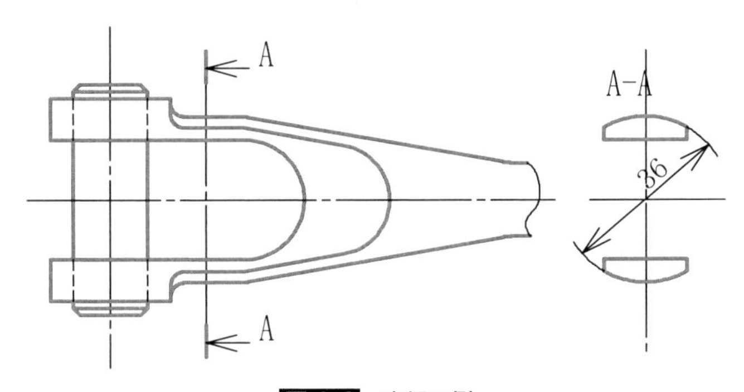

図 4-6　直径の例

題欄の中又はその付近に一括指示する。

12. 寸法のうち、理論的に正しい寸法については寸法数値を長方形の枠で囲み、参考寸法については、寸法数値に括弧を付ける。なお、参考寸法は加工品の検証の対象としない。

4-1-3　機能寸法の例

部品が機能するときに必要な寸法は必ず記入する。**図 4-7** においてボルト①を締め切った状態で、アーム②がスムーズに動くためには、ワッシャー③の厚さと、アーム②の厚さを合計したものが、ボルトの摺動部の長さ④を超えないことが必要である。摺動部の長さは機能寸法（図中の記号 F）であり、直接記入をすることが必要である。そのほかにもねじの深さがボルトのおねじの長さ

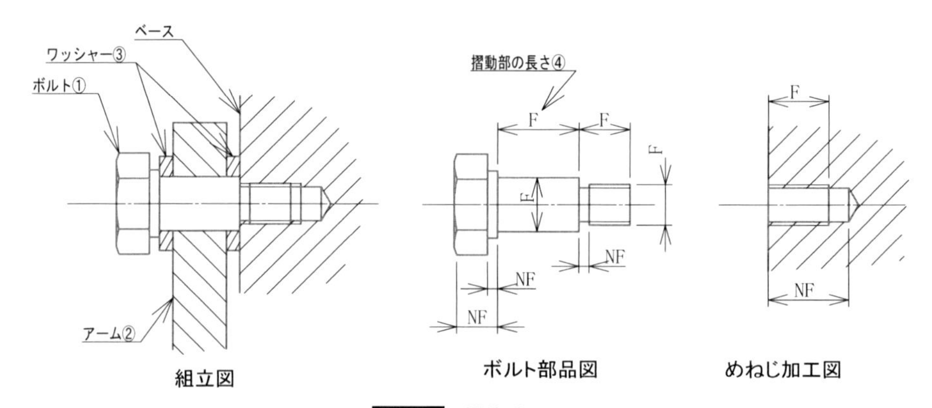

図 4-7 機能寸法 I

よりも浅かった場合には、ボルトが肩まで正しく組付けできなくなる。ボルトの長さも機能寸法であり、ねじの長さも機能寸法である。しかし、ねじの下穴の長さは、ねじを切るタップの種類が1～3番の3種類あり、複数の選択肢があり、それぞれ異なる長さとなることから、機能寸法ではない（図中の記号 NF）。

4-2 寸法補助線と寸法線

4-2-1 寸法補助線

寸法の記入は**図 4-8** に示すように寸法補助線を使うのが第一優先である。a）寸法線配置に示すように、寸法線の配置は図形から最初の寸法線と図形の間隔を20～50％広くとり、それ以降については等間隔に描き、その関係は寸法線が図形の右側にきても左側にきても下にきても上にきても同じである。これは寸法線群が図形と分かれて見えるようにするための工夫である。また、寸法補助線と一番外側の寸法線の位置関係は、寸法補助線を1～3mm程度長く引き出す。寸法補助線を使わないほうがすっきり表現できる場合は、b）寸法補助線に示したように、②の寸法補助線を用いた表現より、①のように寸法補助線を使わ

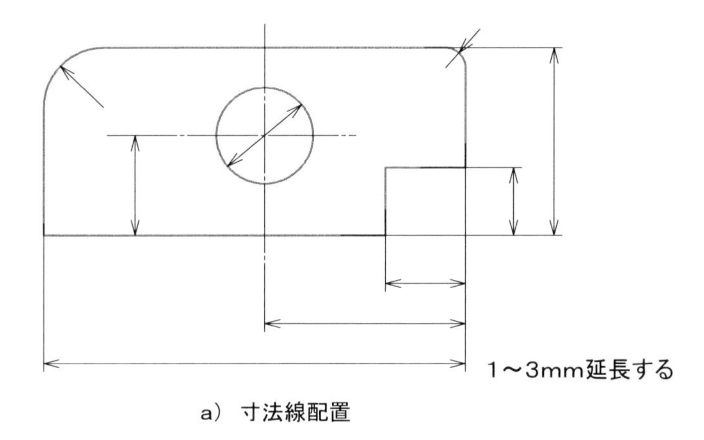

a） 寸法線配置

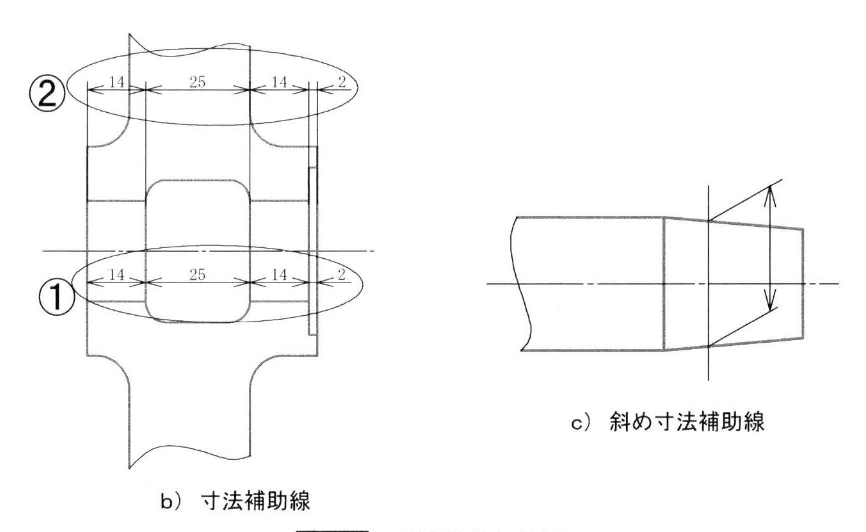

b） 寸法補助線

c） 斜め寸法補助線

図 4-8 寸法補助線と寸法線

ない記入法がすっきりしており、寸法補助線を用いない記入法も用いられている。寸法補助線は図形から垂直に引き出すというのが原則であるが、スペースの関係から c) 寸法補助線に示したように、テーパの図形に対しては水平垂直

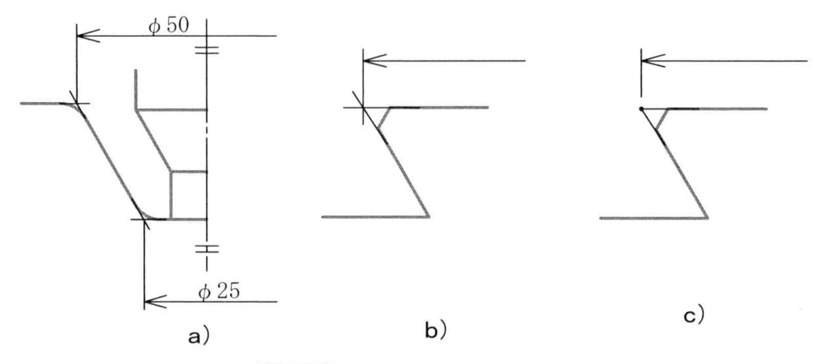

図 4-9　交わる面を示す補助線

に寸法補助線を引き出すと図が見にくくなる場合には、斜め 30 度・60 度・15 度・75 度などの角度をもって寸法補助線を引く表現方法が用いられている。

互いに傾斜する２つの面の間に丸みまたは面取りが施されているとき、２つの面の交わる位置を示すには、丸みまたは面取りを施す以前の形状を細い実線で表し、その交点から寸法補助線を引き出す〔**図 4-9** a)〕。

なお、この場合、交点を明確に示す必要があるときには、それぞれの線を互いに交差させるか、交点に黒丸を付ける〔図 4-9 b) 及び c)〕。

4-2-2　寸法線

図 4-10 は寸法の 4 種類のバリエーションを寸法補助線と寸法線の描き方で表したものである。辺の長さ寸法は辺と直角に寸法補助線を引き、辺と平行な寸法線で表す〔図 4-10 a)〕。弦の長さの寸法は円弧の法線と平行に描いた寸法補助線と法線と直角に引いた寸法線で表す〔図 4-10 b)〕。弧の長さは弦の長さと同じように法線と平行に寸法補助線を引き出し、寸法線は弧と同心の円弧を用いて表す〔図 4-10 c)〕。角度の寸法は角度を表す辺を延長した寸法補助線に円弧と同心の寸法線を用いて表す〔図 4-10 d)〕。解説のために描いた法線及び弦を表す線（図 4-10 b)、c) 及び d)）は、特に必要な場合のみ描き、通常は描かない。

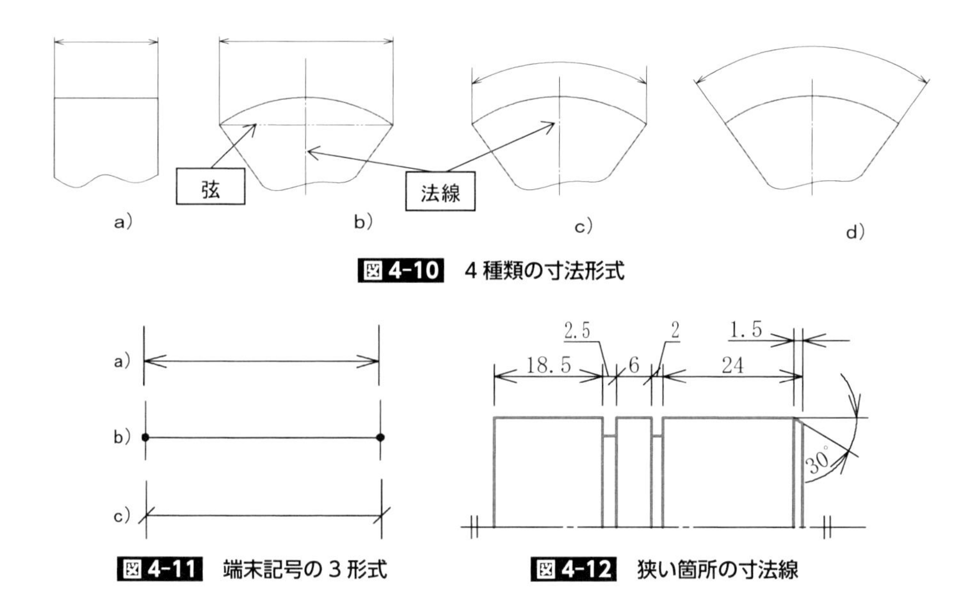

図 4-10　4種類の寸法形式

図 4-11　端末記号の3形式

図 4-12　狭い箇所の寸法線

図 4-11 に示すように寸法線の端末記号は a) b) c) 三つの形式があり、矢印の開き角は 90 度より小さい任意の角度と規定されているが、30 度がもっとも見栄えがよい。ただし、a) b) c) の3つの形式を一枚の図の中で混用することは許されてない。なお、スペースが小さくて a) の矢印を描くことが不可能な場合には b)、および c) を部分的に使うことが許されている。また、文字を描くスペースがない場合は**図 4-12** に示したように引き出し線を使って記入するが、引き出し線の端末記号は付けない。

寸法は原則として2点測定の結果と定義されている。弦は原則に従い測定が可能だが、孤は特別な測定方法が必要である。

寸法線の配置がバランスよくスマートにグループ分けをしてというのが原則で、まずは寸法線が横一列に配置できるときには横一列に配置する（**図 4-13**）。

引き出し線で面を指示する場合には、その面を表す外の線、内の線の間に黒丸をつけた端末記号で引き出しする（**図 4-14**）。

図 4-15 に示すように文字と寸法線の位置関係が示されており、文字が寸法

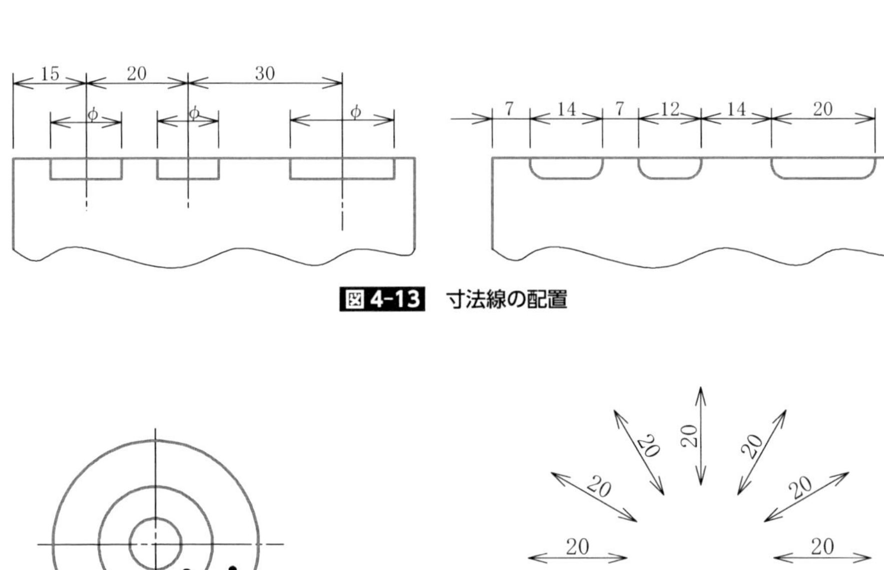

図 4-13　寸法線の配置

図 4-14　面を指示する引出線

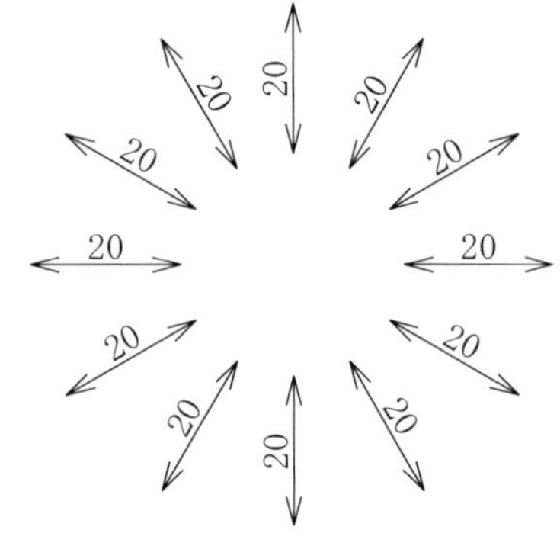

図 4-15　文字と寸法線

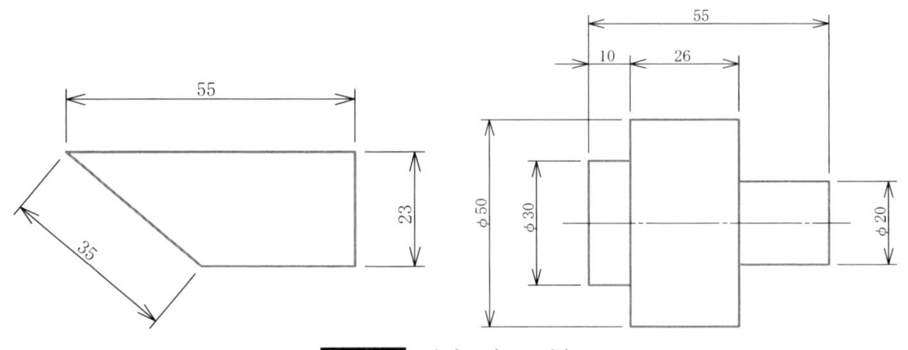

図 4-16　文字の向きの例 I

線の座布団を敷くような位置関係である。**図 4–16** に具体例を示す。

角度寸法の文字の向きは、**図 4–17** のように２つの方法が示されている。

図 4–18 に示すように、対象図示記号による図の省略や、片側断面図で図が半分しかない場合でも、実長を記入するように心がける。寸法線は実長を意識して、中心線を越える位置まで描く〔a)、b)〕。ただし、理解ができれば中心線を超えなくてよい。さらに理解ができれば、寸法線は必要最小限、数字の部分をカバーするだけでもよい〔図 4–18 c)〕。

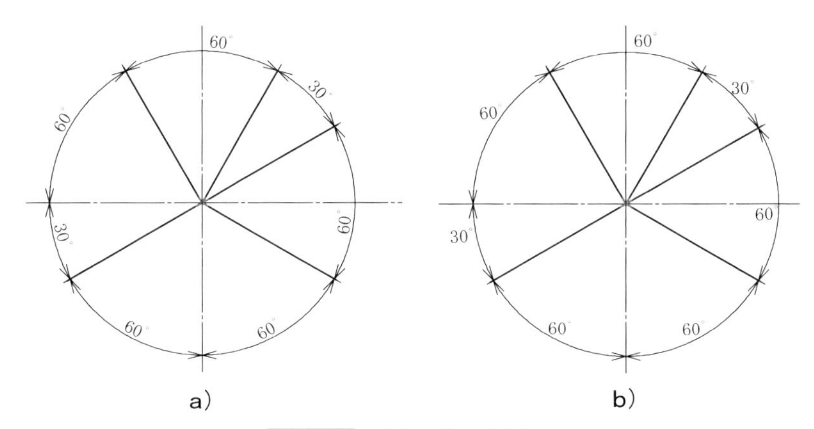

図 4-17　角度寸法文字の向き

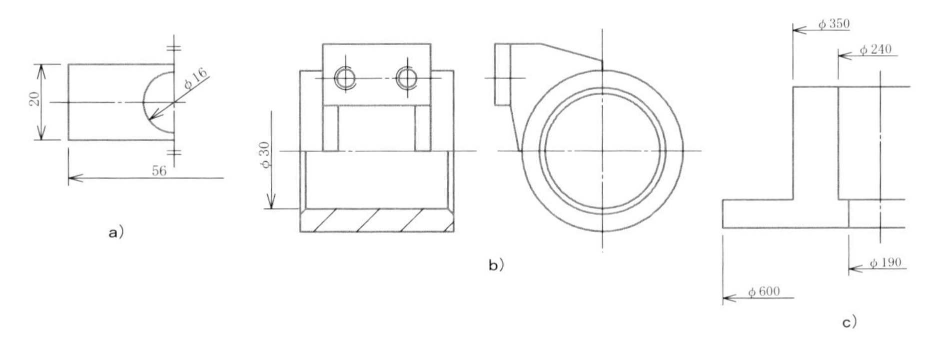

図 4-18　省略図形の寸法記入

寸法数字の位置は寸法線の中央に描くのを原則とするが、**図 4-19** に示すように寸法数字が図形にかかって読みにくくなる場合には、寸法を可能な範囲で中心からずらして描く。さらに、任意の場所に移動させても図形との干渉や被りが解消できないときには引き出し線を用いて描いてよい。

図 4-20 は直列記入法、並列記入法、累進記入法の例である。累進記入法は普通寸法公差の適用や、手法の混用の禁止などから、厳密に規格を適用すると問題点がありますが、特別なルールを別に定めて、省スペース化のために使っている例もある。

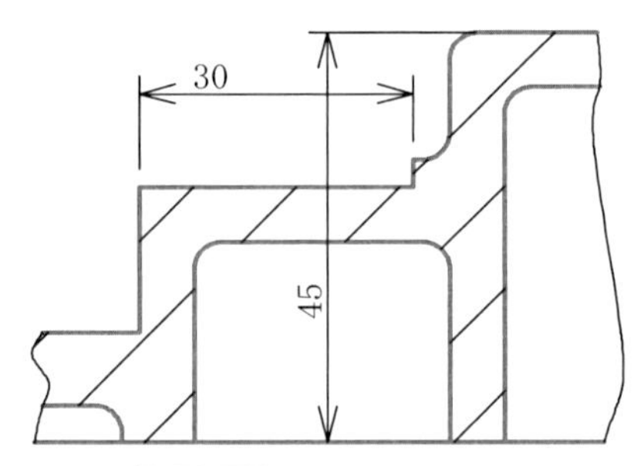

図 4-19 文字の位置の例

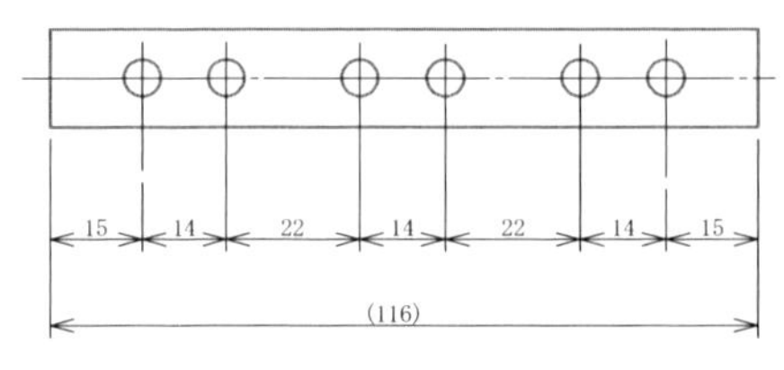

a） 直列寸法記入法

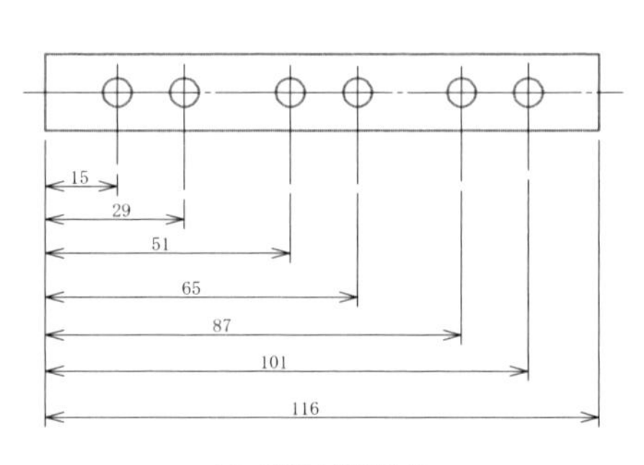

b） 並列寸法記入法

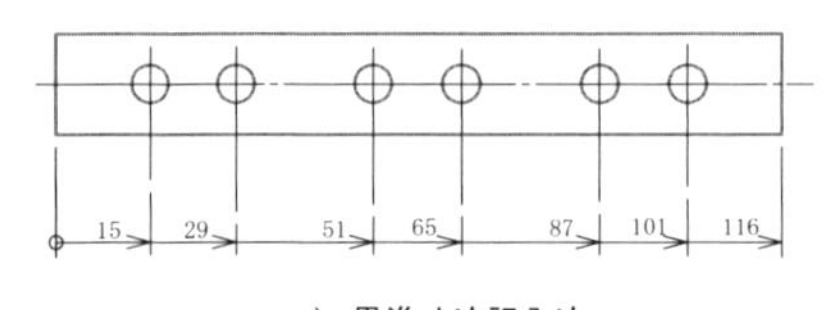

c） 累進寸法記入法

図 4-20 寸法配置の例

4-2-3　寸法補助記号

寸法補助記号の種類及びその呼び方は、**表 4-1** による。幾何公差の位置度を

表 4-1　寸法補助記号の種類及びその呼び方

記号	意味	呼び方
φ	180° を超える円弧の直径又は円の直径	“まる” 又は “ふぁい”
Sφ	180° を超える球の円弧の直径又は球の直径	“えすまる” 又は “えすふぁい”
□	正方形の辺	“かく”
R	半径	“あーる”
CR	コントロール半径	“しーあーる”
SR	球の半径	“えすあーる”
⌒	円弧の長さ	“えんこ”
C	45° の面取り	“しー”
t	厚さ	“てぃー”
⌴	ざぐり 深ざぐり 注記：ざぐりは、黒皮を少し削り取るものも含む	“ざぐり” “深ざぐり”
∨	皿ざぐり	“さらざぐり”
↧	穴深さ	“あなふかさ”

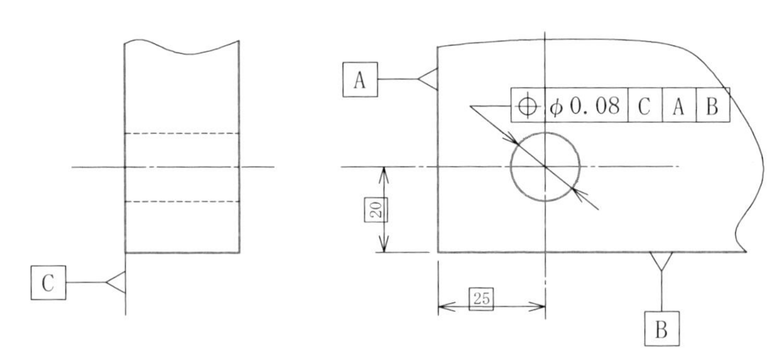

図 4-21　理論的に正確な寸法の例

指示する場合に、理論的に正確な寸法を指示するが、その例を**図 4-21** に示す。

4-2-4　半径の表し方

円弧に寸法記入する上で次の判断基準に基づいて、半径指示と直径指示を使い分ける。

- 180 度以下の円弧は原則として半径で表記する。半径寸法は円弧図形に記入する。
- 180 度を越える円弧は直径で表記する。直径の寸法記入位置は円筒の側面図形が望ましい。
- 円弧の大きさの判定は、描かれた図形ではなく、対象物の実際の大きさで判定する。対称図示記号で省略された図形は、省略前の大きさで判定する。

半径の表し方、直径の表し方が寸法記入の中で最も難しい内容である。180 度以下の円弧は原則として半径で表す。規格において原則としてという言葉が出て来た場合には、例外がある。180 度を超える円弧は直径で表す。この場合、「原則として」という言葉が入っていないので、180 度を超える円弧を半径で表さない。半径の寸法は円弧の図形に記入する。直径の寸法は円筒の側面図形が望ましい。

半径の表し方の基本形式は、**図 4-22** a) に示すように円弧の中心点から円弧の中央に向かって寸法線を引き、中心点側には端末記号を付けないで、円弧側のみ端末記号を付ける。数字の位置は原則として寸法線の真ん中に描く。図 4-

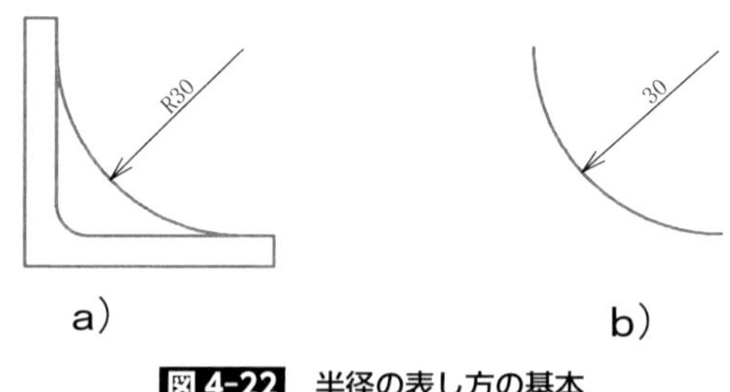

図 4-22　半径の表し方の基本

22 b）のように円弧の中心点から半径の寸法線を引いた場合には、半径を表す補助記号 R を省略してもよいと規定はされているが、手法の混用の話や、誤解を招く恐れなどから慎重な適用が望ましい。

円弧が小さくて原則が守れない場合には、**図 4-23** に示した 4 つの方法で描く。a）の方法は寸法線を半径の外側まで延長し、その上に寸法の数値を書く。b）の方法は、さらに円弧が小さくなって内側に端末記号を書けない場合は、端末記号も外に出して寸法の数値も外に延長した寸法線上に記入する。c）は b）の変形版で、記入スペースを水平に折り曲げて、数値を記入する。d）の方法は同じく b）の変形版で寸法数字を円弧の内側に記入する。

図 4-24 に示すように半径が大きくて、半径の中心が作図範囲にない場合、

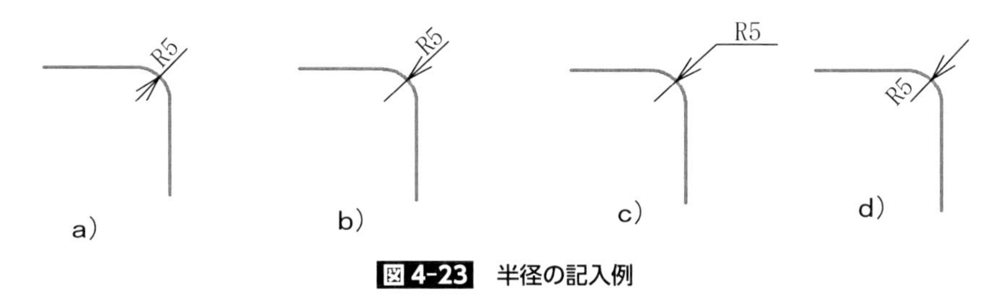

図 4-23　半径の記入例

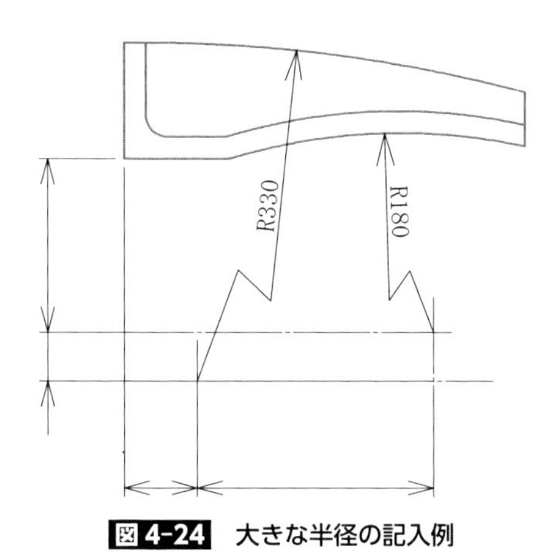

図 4-24　大きな半径の記入例

円弧の中心点を移動させて、半径の寸法線は折れ線を用いて記入する。必要に応じて円弧の中心点に寸法記入する。

円弧の寸法は実際の円弧の図形の書いてある部分に記入することを原則とす

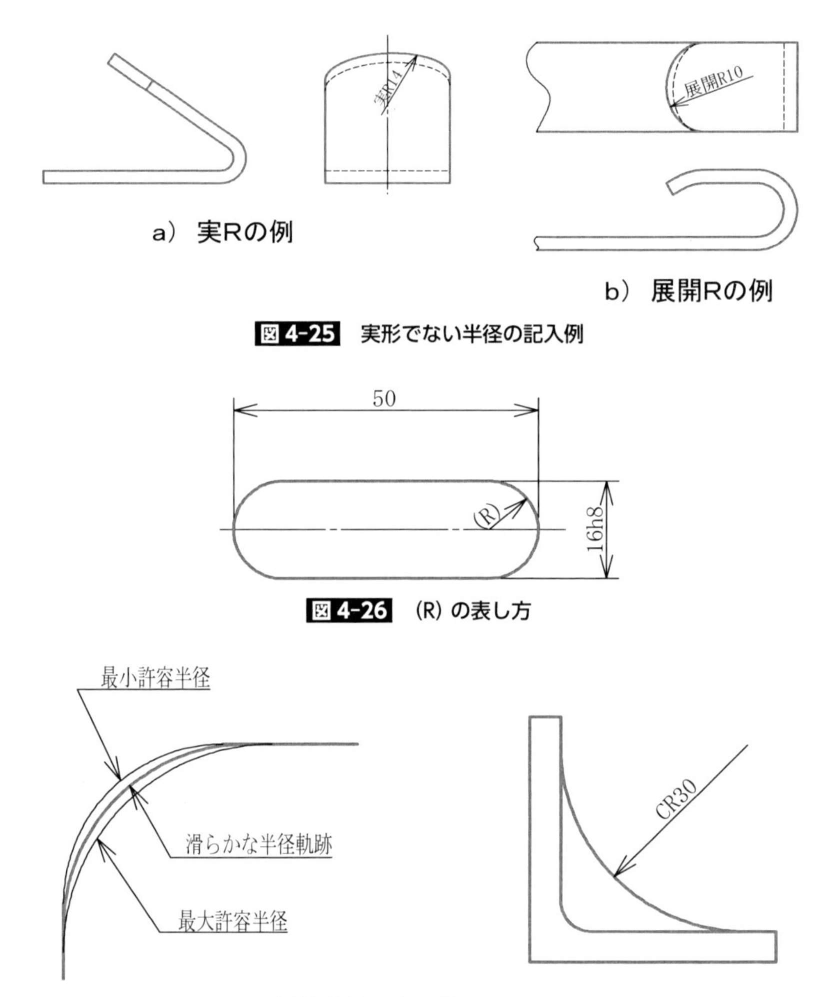

図 4-25 実形でない半径の記入例

図 4-26 (R) の表し方

図 4-27 CR の概念と表し方

るが、**図 4-25** のように円弧の実形が図で表現されていない場合、半径の数値の前に「実」という言葉を入れて、実 R30 というような表現をする。実際に図形は R30 で描かれていないが、実体は R30 であることを表現している。展開の状態で R を決めてその後カールをすることによって実形が表れない場合は、展開 R いくつと記入することが許されている。

半径の寸法数値が他の寸法から導かれる場合には、半径を示す寸法線及び数値なしの記号（R）によって指示する（**図 4-26**）。

図 4-27 に示すように、半径と平面又は円筒面との接続部に滑らかさを求められる場合には、表 4-1 に示したコントロール半径（CR）を指示する。

4-2-5　直径の表し方

図 4-28 に示すように、180° を超える円弧又は円形の図形に直径寸法を記入する場合で、寸法線の両端に端末記号がつく場合には、寸法数値の前に直径記号 ϕ を記入しない。円形の一部を欠いた図形で寸法線の端末記号が片側の場合は、半径の寸法と誤解しないように、直径の寸法数値の前に ϕ を記入する。ただし、引き出し線を用いて寸法を記入する場合には、直径記号 ϕ を記入する（**図 4-29**）。また、ボール盤などで穴あけをするドリルをモノづくりの現場では“キリ”と称することから、穴あけの指示で“10 キリ”などと穴の大きさを表す数値の後に“キリ”を付けて表現する。キリで加工する場合には、円形の穴となることから、“ϕ10 キリ”と描かない。

図 4-30 は直径の表し方で、180 度以下の図形に直径を指示する例である。

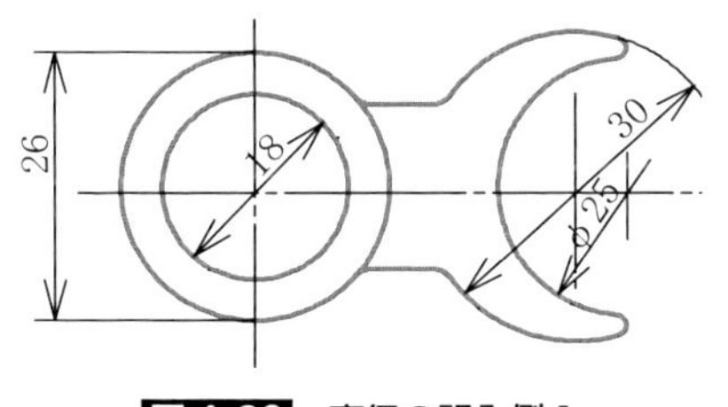

図 4-28　直径の記入例 I

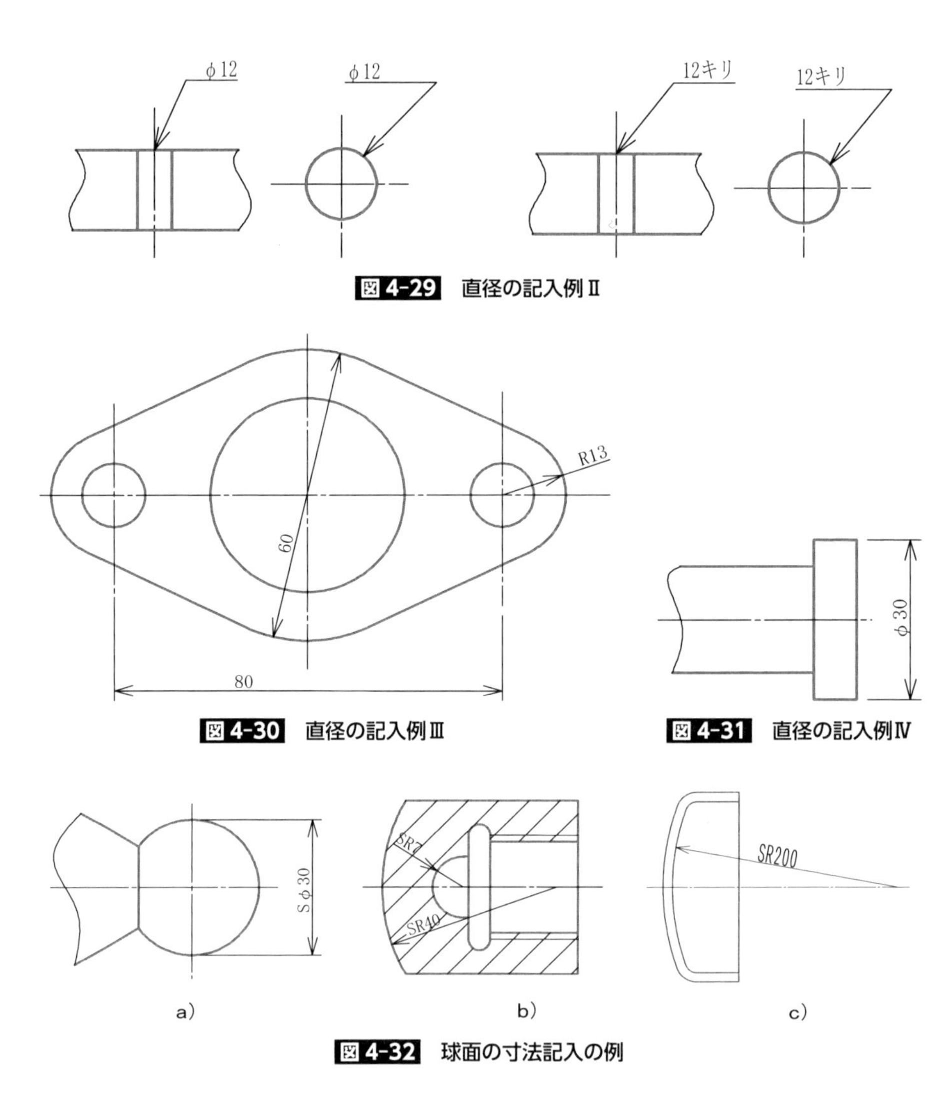

図 4-29 直径の記入例Ⅱ

図 4-30 直径の記入例Ⅲ

図 4-31 直径の記入例Ⅳ

図 4-32 球面の寸法記入の例

対象物は菱フランジといわれるもので、上の円弧と下の円弧を合計しても 120 度程度しかないが、配管（パイプ：円筒形）の接続を目的に作られた部品で、上下の円弧の中心が同じであることを含めて、両矢の寸法線で数値前の ϕ を付けない状態で60と描く。

対象とする部分の断面が円形であるとき、その形を図形に表さないで、円形であることを示す場合には、直径記号ϕを寸法数値の前に、寸法数値と同じ文字高さで記入する（**図4-31**参照）。球の直径または半径の寸法は、その寸法数値の前に寸法数値と同じ文字高さで、球の記号Sϕまたは、SRを記入して表す（**図4-32**）。

4-2-6　グループ分け寸法記入

図4-33のa）は直列記入法、b）は累進記入法、c）はグループ分け記入法である。隣り合う2つの穴（14mmピッチ）が一組で役割を果たすとすると、直列記入法a）、累進記入法はb）の2つの方法は、ともに機能寸法を表現できていない。14mmピッチで隣り合う、AグループとBグループの距離（36mm）が機能とすると、直列記入法、累進記入法ともに複数の寸法を計算しないと、求めることができないことから、許容差はグループ分け記入法より大きくなる。c）に示したようなグループ分け記入法を適用すると、原則として全長①の116mmを記入し、組内の穴位置寸法②の14mmを記入し、組間の位置寸法③36mmを記入し、穴が全体に対する位置寸法④の15mmを記入する。これが機能を考慮した、機能寸法を直接記入する、グループ分け記入法である。

4-2-7　正方形の指示

対象とする部分の断面が正方形であるとき、その形を図に表さないで、正方形であることを表す場合には、その辺の長さを表す数値の前に、寸法数値と同じ大きさで、正方形の一辺であることを示す記号□を記入する〔**図4-34** a)〕。正方形を正面から見た場合のように、正方形の図が現れる場合には、正方形であることを表す記号□を付けずに、両辺に寸法を記入しなければならない（図4-34 b)）。

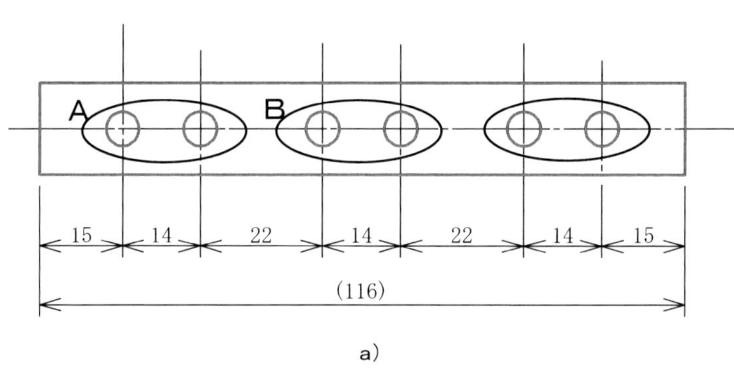

a）

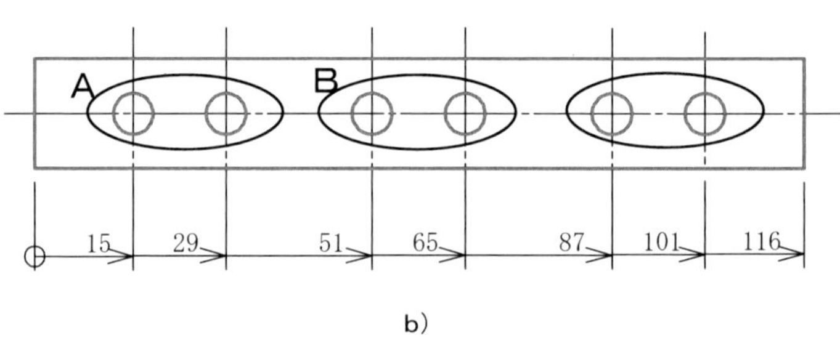

b）

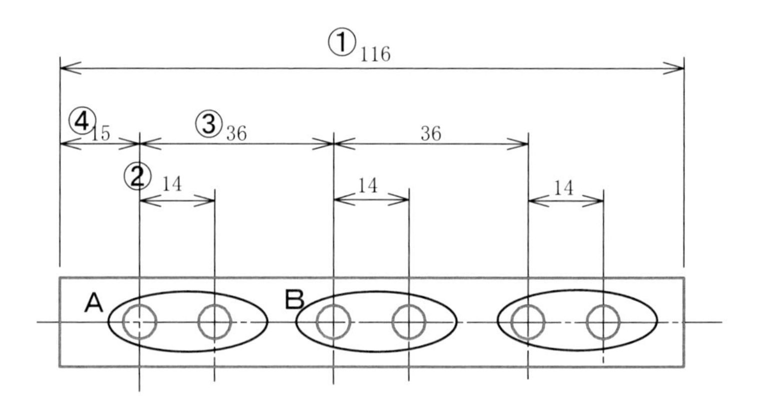

c）

図 4-33　グループ分け寸法

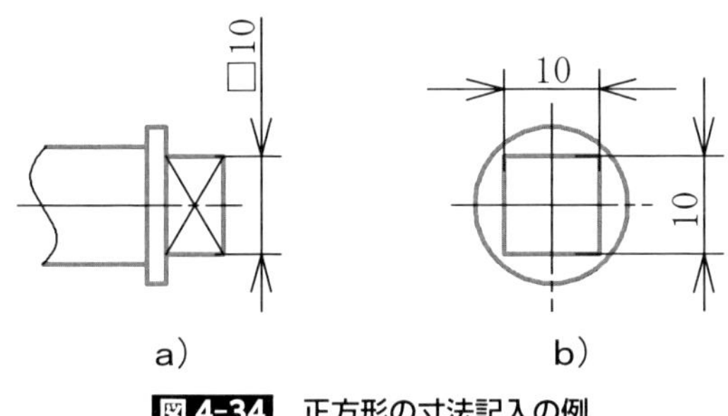

図 4-34　正方形の寸法記入の例

4-2-8　面取り指示

図 4-35 に稜線の面取りの例を示す。**図 4-36** に円筒及び円筒穴の面取り指示の例を示す。これらの寸法表示は、機能のある部位に個別に寸法表示する考え方から、多くの指示形式があるが、ここではその一例を示した。**図 4-37** に JIS 方式の面取り記号を用いた面取り指示方式を示した。この指示方式は日本のローカルルールで、世界標準は**図 4-38** に示した ISO 方式である。

面取り寸法の寸法線は、**図 4-39** a)、b) に示したように、空間から実態に向けて寸法線を引き、実態と接した側に端末記号を具ける。補助線を使用して寸法記入する場合にもその向きは同じである。図 4-39 c)、d) に示した指示方法は逆指示で、気持ちは伝わるが、製図上は間違いである。

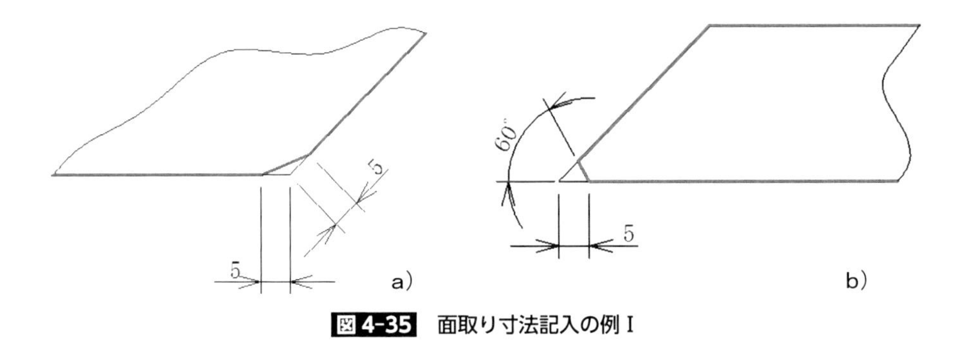

図 4-35　面取り寸法記入の例 I

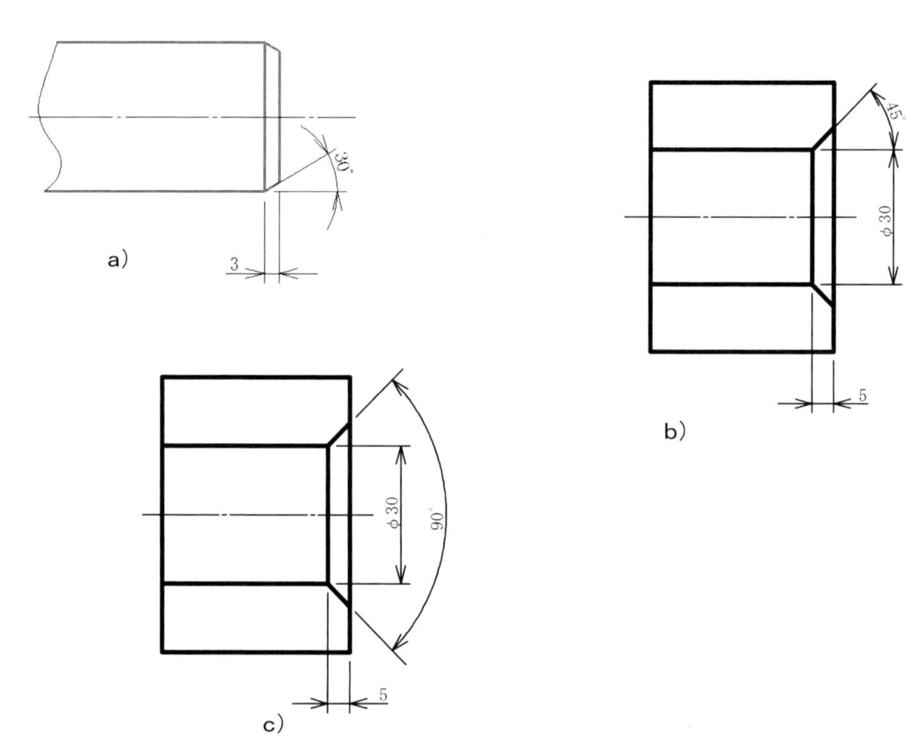

図 4-36　面取り寸法記入の例Ⅱ

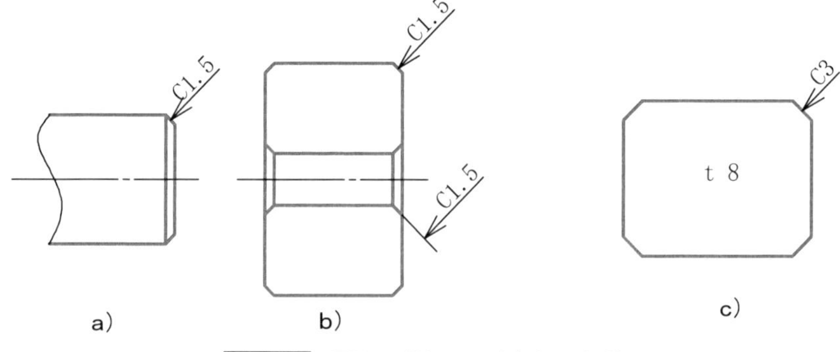

図 4-37　面取り寸法記入の例（JIS 方式）

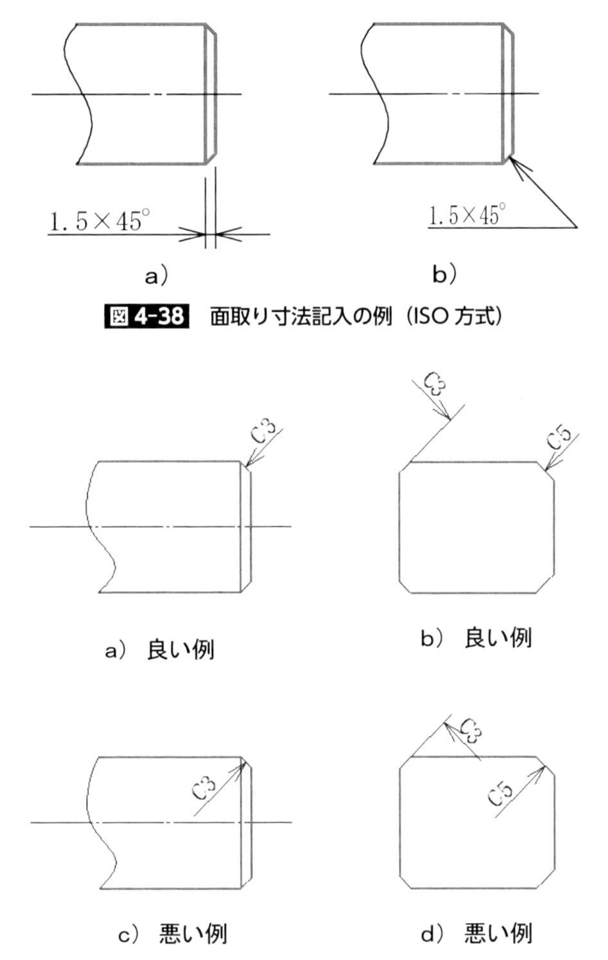

図 4-38　面取り寸法記入の例（ISO 方式）

図 4-39　面取り寸法記入の注意事項

4-3 穴の寸法の表し方

4-3-1 穴の寸法

キリ穴、打抜き穴、鋳抜き穴、など、穴の加工法による区分を示す必要がある場合には、工具の呼び寸法又は基準寸法を示し、それに続けて加工法の区分を、加工法の用語を規定している日本工業規格によって指示する（**図 4-40、4-41**）。1つのピッチ線、ピッチ円上に配置される一群の同一寸法のボルト穴、

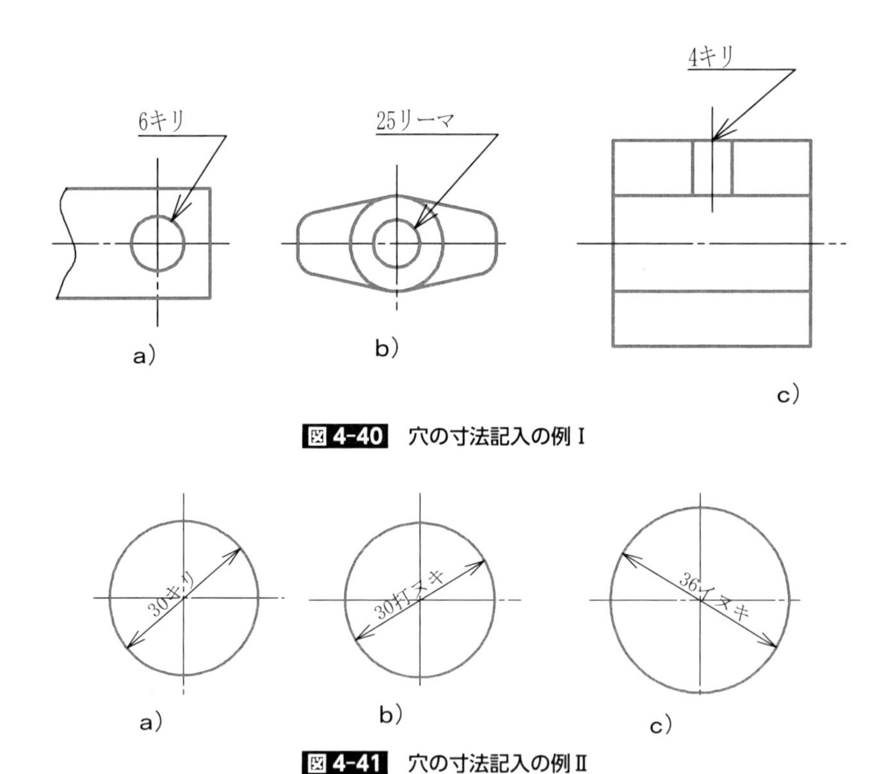

図 4-40 穴の寸法記入の例 I

図 4-41 穴の寸法記入の例 II

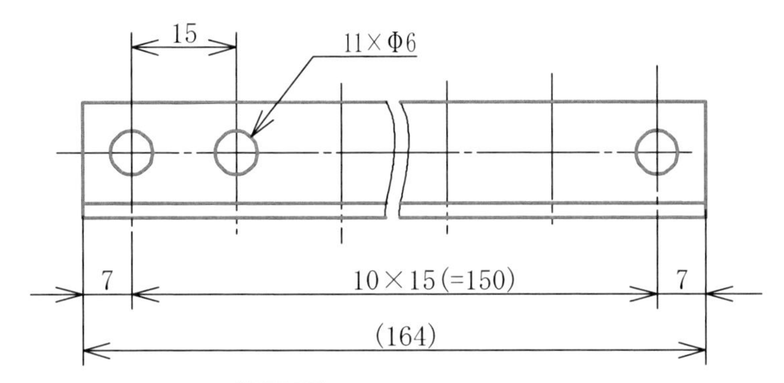

図 4-42　連続穴の寸法記入の例

小ねじ穴、ピン穴、リベット穴などの寸法は、穴から引き出し線を引き出して、参照線の上側にその総数を示す数字の次に×をはさんで穴の寸法を指示する（**図 4-42**）。

4-3-2　穴の深さ寸法

穴の深さを指示するときは、穴の直径を示す寸法の次に、穴の深さを示す記号を付け（表 4-1）、続けて深さの数値を記入する〔**図 4-43** a)〕。ただし、貫通穴に深さを記入しない〔図 4-43 b)〕。なお、穴の深さはドリルの先端で創成される円すい部分や、リーマの先端の面取り部分などを含まない円筒部の深さである〔図 4-43 c)〕。

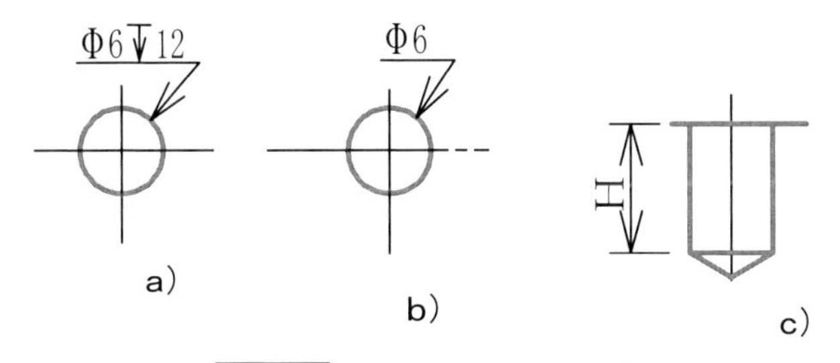

図 4-43　穴の深さ寸法記入の例

4-3-3　ざぐりの指示

鋳肌面や鋼板の黒皮面を除去して、ボルトなどの据わりをよくする加工が“ざぐり”である。ざぐりの表し方は、ざぐりを付ける穴の寸法数値の後に、ざぐりを示す記号（表 4-1）に続けてざぐりの直径を表す数値を直径記号を付けて記入し、標準ざぐり深さを、穴深さ記号を用いて記入する（**図 4-44**）。この場合に、ざぐりの直径を表す円の図形を深さを表す図形とともに描いてはいけない。

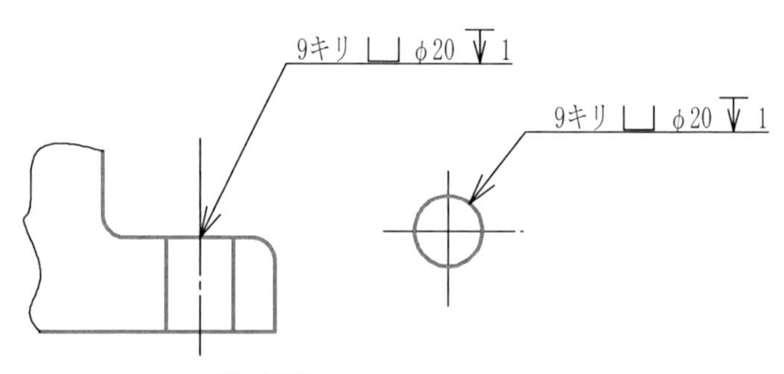

図 4-44　ざぐりの寸法記入の例

4-3-4　深ざぐりの指示

六角穴付ボルトの頭部や、六角ナットなどが部材から突出する量を減らす、またはなくす目的の円筒形の加工が“深ざぐり”である（**図 4-45**）。深ざぐりの表し方は、深ざぐりを付ける穴の寸法数値の後に、深ざぐりを示す記号（表 4-1 参照）に続けて深ざぐりの直径を表す数値を直径記号を付けて記入し、深ざぐり深さを穴深さ記号を用いて記入する（**図 4-45**）。この場合にざぐりの直径を表す図形と、深さを示す図形を必ず描く。対象とする部材の厚さが部位により変化する場合に、締付けボルトの首下寸法を同一のするために、ざぐり面の反対側の面から寸法を規制する必要がある場合には、図 4-45 c）に示すように寸法記入する。ボルトの頭を埋め込む方式の深ざぐりの構造図を、**図 4-46**

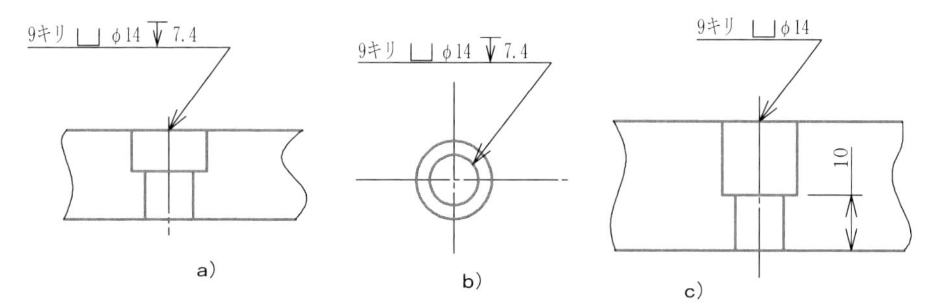

図 4-45　深ざぐりの寸法記入の例

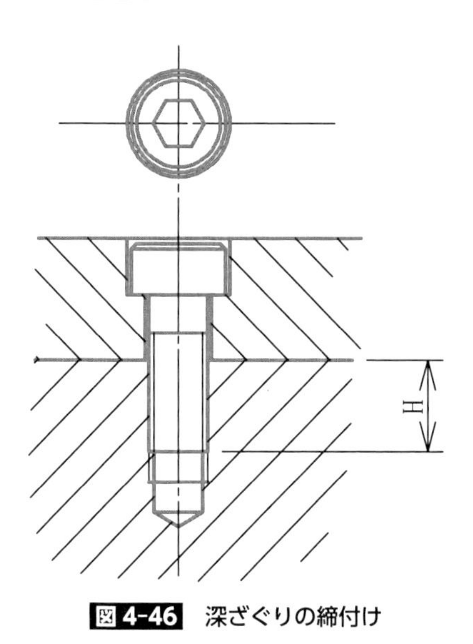

図 4-46　深ざぐりの締付け

に示した。

第5章

指示事項（粗さと許容差の指示）

粗さと寸法公差、幾何公差は、部品の性能を左右する重要な要件である。ただし、より滑らかに、より精密に作り上げることで、性能と一緒にコストが上昇する。性能とコスト競争力が両刃の刃であり、妥協点を探ることは設計者に必要な能力であるが、そのために必要なことは、正しく図示し、考えることができる能力である。

5-1　表面性状（粗さ）の指示記号

モノづくりの工程ごとに完成したものの表面の凹凸状態はさまざまであり、その状態をものの機能と役割にあわせた凹凸状態に指示する方法が、表面性状の指示記号と表面性状パラメータである。

5-1-1　基本原則

表面性状の指示記号は**図 5-1** に示したように、

a）　除去加工を問わない　：　表面性状パラメータを達成する

b）　除去加工をする　　　：　除去加工後に表面性状パラメータを達成する

c）　除去加工をしない　　：　素材状態で表面性状パラメータを達成する

以上の 3 つを目的に合わせて使い分ける。実用的には**図 5-2** にあるように、a～e の指示事項を必要に応じて記入する。表面性状に指示は部品の完成状態に指示するものであるが、**図 5-3** に示すように中間工程に指示することもできる。

図 5-1　基本記号

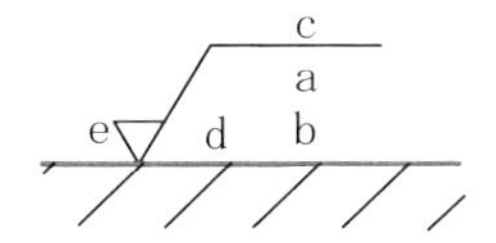

a ：通過帯域又は基準長さ、表面性状パラメータの上限値
b ：通過帯域又は基準長さ、表面性状パラメータの下限値
c ：加工方法
d ：筋目とその方向
e ：削り代

図 5-2　実用指示記号

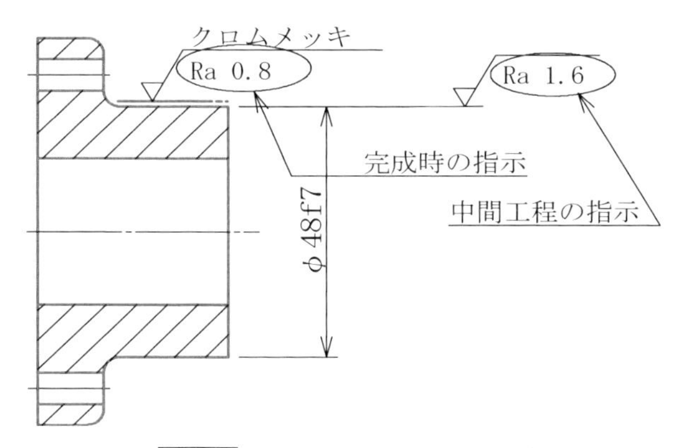

図 5-3　中間工程の表面性状指示例

5-1-2　表面性状指示記号の図示方法

表面性状の指示記号は**図 5-4** に示したように、図面の下辺又は右辺から読める方向に描く。**図 5-5** に示すように、それ以外の面に指示する場合には、引き出し線を用いて図面の下辺から読める方向に記入する。同じ表面性状を指示する場合には、引き出し線を途中から分岐して複数の面を指示することができる。表面性状の指示記号と表面性状の指示記号を指示する引き出し線は、**図 5-6** に

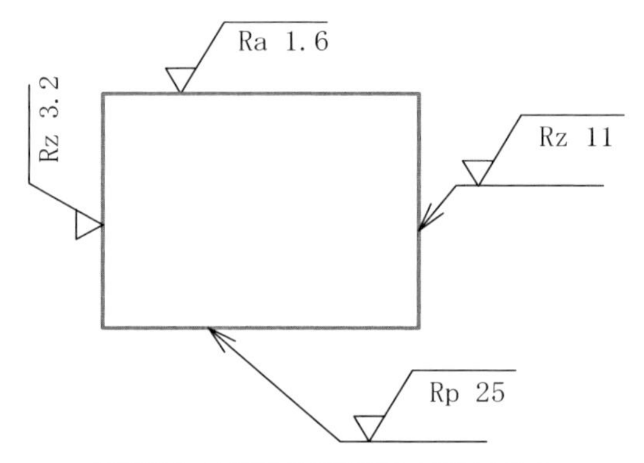

図 5-4 表面性状指示記号の図示方法 I

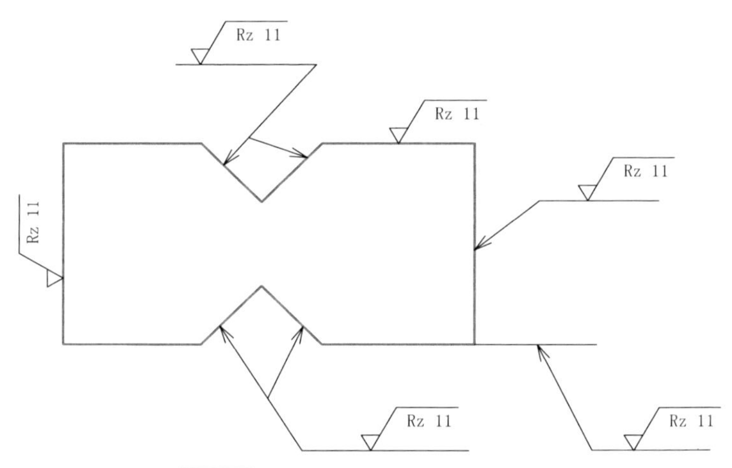

図 5-5 表面性状指示記号の図示方法 II

示したように、空間側から実態側に向けて指示する。

引き出し線による表面性状の指示は、**図 5-7** a) に示すように、面を指示する引き出し線に指示することができる。また、図 5-7 b) に示すように、直接に表面性状の指示記号を記入できる方向の場合でも、記入スペースから引き出し線を用いたほうが見やすい場合には、引き出し線を用いることができる。

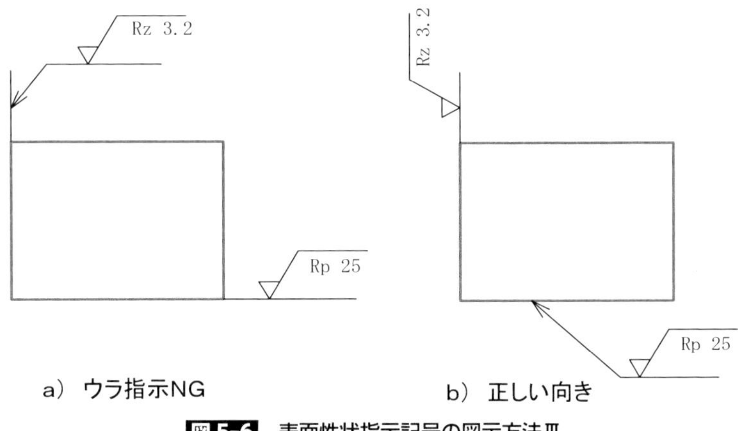

図 5-6　表面性状指示記号の図示方法Ⅲ

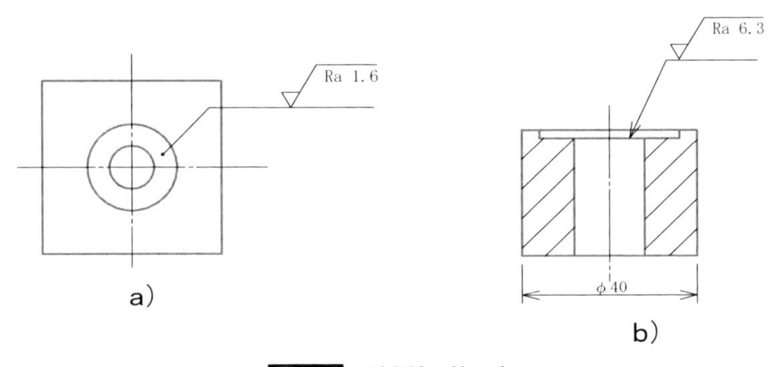

図 5-7　引出線の使い方

図 5-8 に示したように、誤解を招く恐れがない場合には、寸法線に指示することができる。穴の寸法 φ120H7 の寸法線に指示した表面性状の指示記号は、穴の表面性状を指示している。また、特定の面を指示する幾何公差の記入枠などに、表面性状を指示することができる（**図 5-9** 参照）。

寸法補助線またはそれに類する線に、直接または引き出し線を用いて表面性状の指示記号を記入することができる。円筒面への表面性状の指示は、1つの

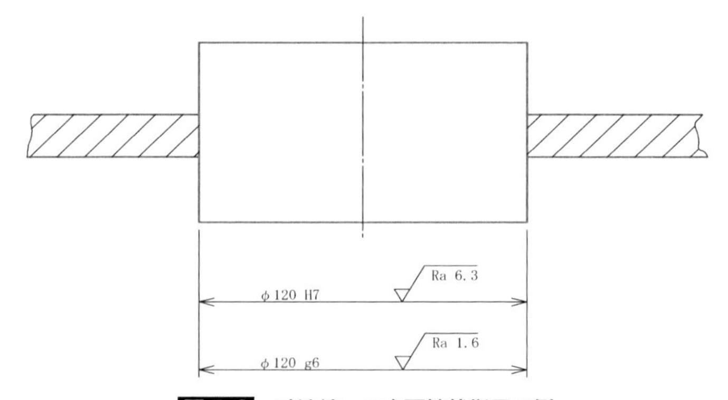

図5-8　寸法線への表面性状指示の例

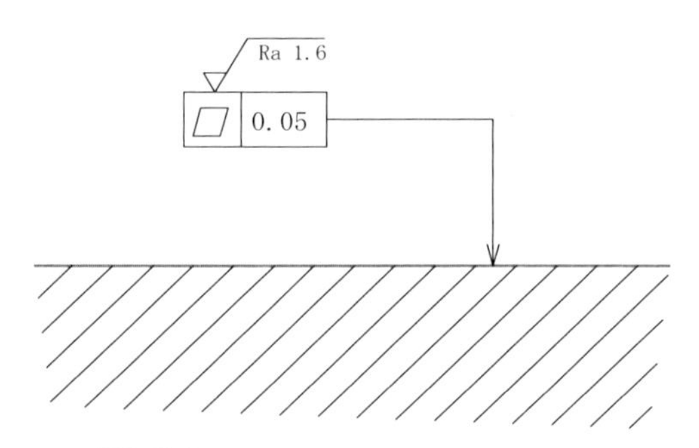

図5-9　幾何公差への表面性状指示の例

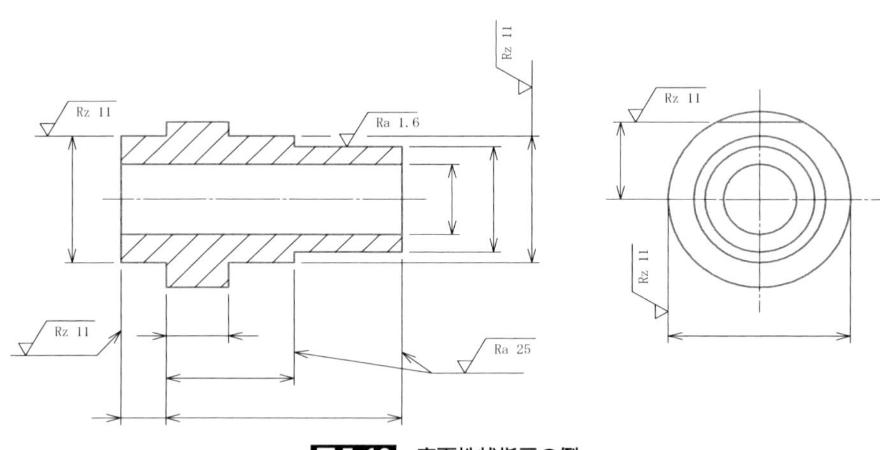

図5-10　表面性状指示の例

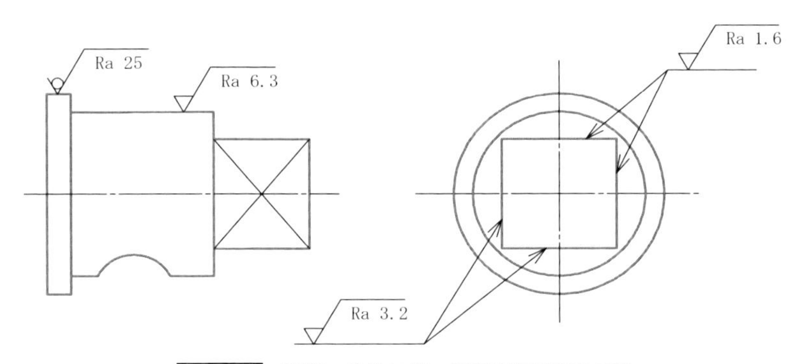

図 5-11　円筒、角柱などへの表面性状指示の例

円筒面に１箇所だけ記入する（**図 5-10、5-11**）。角柱面の各表面に異なる表面性状の指示する場合は、各表面に個々に指示する（図 5-11）。

大部分に同じ表面性状の指示をする場合には、表題欄や照合番号の近くなど表面性状を指示し、個別の指示を省略できる。この場合に、一部に異なる表面性状の指示をする場合、個別に必要箇所に表面性状を指示し、個別箇所があることを括弧内に示す（**図 5-12、5-13**）。表面性状の指示内容が多くて、必要

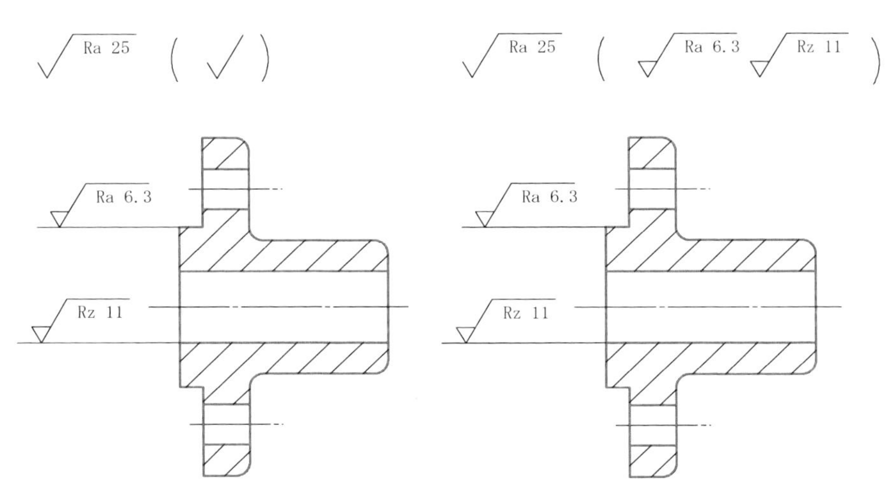

図 5-12　大部分が同じ表面性状の簡略指示Ⅰ　**図 5-13**　大部分が同じ表面性状の簡略指示Ⅱ

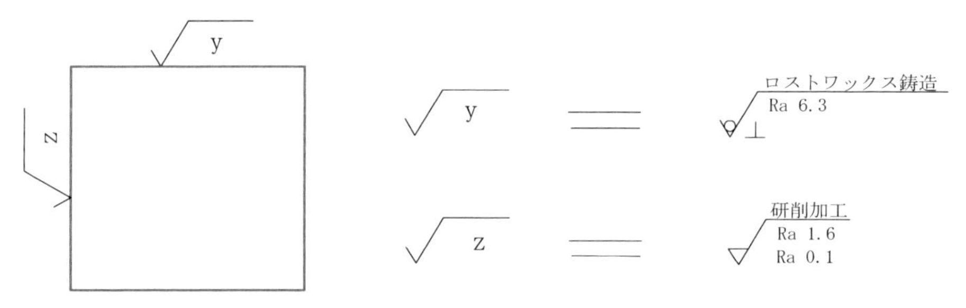

図 5-14　表面性状の参照指示

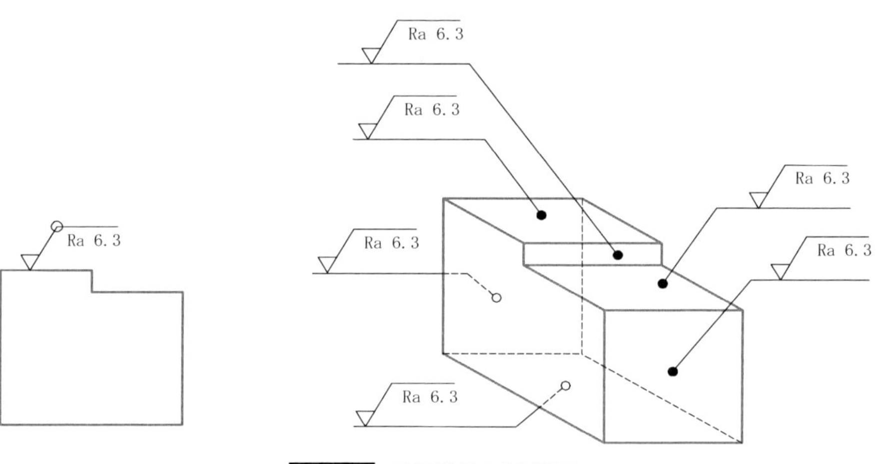

図 5-15　表面性状の全周指示

箇所に個別に記入する際に、スペース不足や記入が煩雑になる場合には、参照記号を個別に定義して使用することができる（**図 5-14**）。表面性状の指示を図形の外周に指示する場合には、**図 5-15** に指示するように、表面性状の指示記号の折れ曲がり部に“○”を付けて指示することができる。

図 5-16 に表面性状の指示記号の例を示す。一連の図面には同じ表面性状の指示記号を使用するのが望ましい。

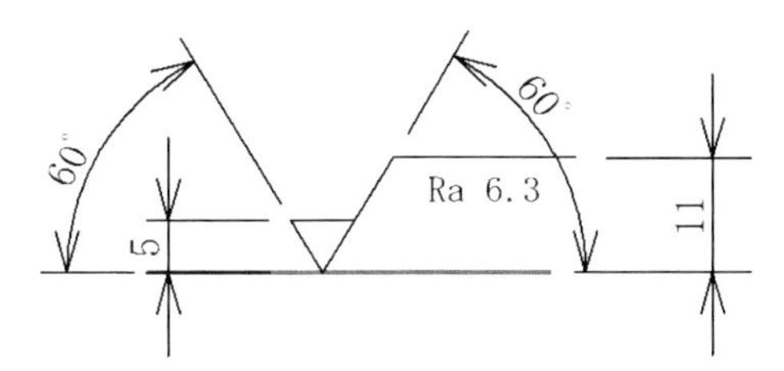

図5-16　表面性状指示記号の形状の例

5-1-3　算術平均粗さの概要と使用例

図5-17は、算術平均粗さを表す輪郭曲線の例を示したもので、輪郭曲線の高さ（谷底から中心線までの距離の絶対値と、山の頂から中心線までの距離距離の絶対値）を合算し、平均値を取出したものが“Ra：算術平均粗さ”である。**表5-1**は算術平均粗さの適用レベルを表しており、**表5-2**はその使用例を示している。

表5-1　粗さの許容値の例

適用	算術平均粗さ Ra（μm）	最大高さ粗さ Rz（μm）
超精密仕上げ面	0.025	0.1
	0.05	0.2
非常に精密な仕上げ面	0.1	0.3
精密仕上げ面	0.2	0.8
部品の機能上滑らかさを重要とする面	0.4	1.6
	0.8	3.2
良好な機械仕上げ面	1.6	6.3
中級の機械仕上げ面	3.2	12.5
経済的な機械仕上げ面	6.3	25
重要でない仕上げ面	12.5	50
機能要求のない荒仕上げ面	25	100

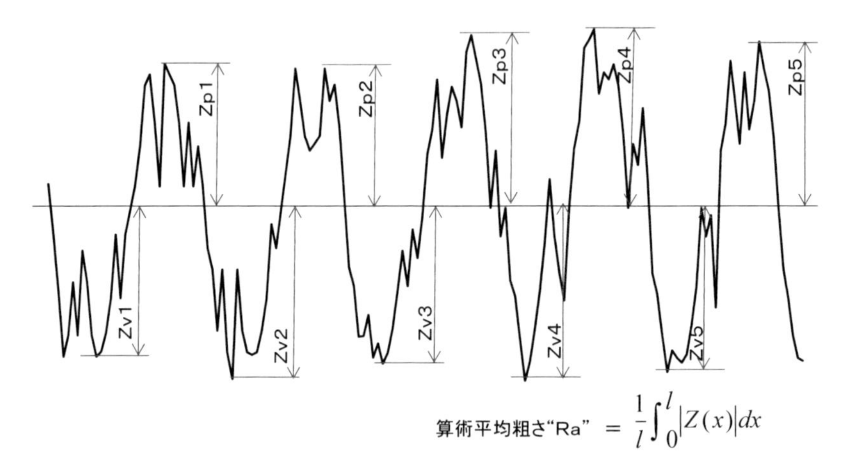

図 5-17　算術平均粗さ"Ra"の概要

表 5-2　算術平均粗さの適用例

<table>
<tr><th>あらさの
標準数列</th><th>記号</th><th>主な加工法</th><th colspan="2">主な加工面・部品</th></tr>
<tr><td>規定なし</td><td></td><td>鋳造、鍛造、圧延
砂吹き、溶接
溶断、打ち抜き</td><td colspan="2">ケーシング、弁本体外面、ハンドル車、座金、コイルバネ、レバーなど</td></tr>
<tr><td>25</td><td>Ra 25</td><td>切削時の荒削り</td><td colspan="2">一般機械部品の外面又は非接触面</td></tr>
<tr><td>6.3</td><td>Ra 6.3</td><td>一般の切削加工</td><td colspan="2">一般機械部品の組合せ部</td></tr>
<tr><td rowspan="4">1.6</td><td rowspan="4">Ra 1.6</td><td rowspan="4">研削、
精密な切削
旋盤、フライス、
中ぐりなど
精密な手仕上げ
やすり掛け、ペーパー仕上げなど
ホーニング
パフ仕上げなど</td><td>回転摺動部</td><td>軸受ブッシュ、歯車のボス、ジャーナル、軸受メタル、精密ネジなど</td></tr>
<tr><td>摺動部</td><td>旋盤のベット、シリンダー、スライドメタル、オイルシール組立部</td></tr>
<tr><td>はめあい</td><td>ベアリングのはめあい部、一般のはめあい部</td></tr>
<tr><td>その他</td><td>歯車の歯、プーリーなど</td></tr>
<tr><td rowspan="2">0.2</td><td rowspan="2">Ra 0.2</td><td rowspan="2">ラップ加工、
電解研磨、
パフ仕上げなど</td><td>摺動部</td><td>油圧切替弁のスプール、など</td></tr>
<tr><td>その他</td><td>ゲージ類、など</td></tr>
</table>

5-2　サイズ公差（旧：寸法公差）

図面に指示された寸法数値を、サイズ公差の分野では図示サイズ（旧：基準寸法）という。これに適正なサイズ公差（許容差）を指示して、目的とする機能とコストを達成する。

（注　記）

この項に限り、2016年のJIS規格の改正により、JIS B 0401-1、-2「製品の幾何特性仕様（GPS）―長さにかかわるサイズ公差のISOコード方式―第1部及び第2部」示された用語を使用する。

5-2-1　サイズ公差の基本

サイズを**図5-18**のように図示サイズだけを指示した場合は、普通公差（JIS B 0405）が適用され、普通公差の範囲の製作誤差が許される。サイズ公差の指示がない場合は普通公差（**表5-3**参照）を適用し、図5-18の例に普通公差中級を適用すると“50±0.3”となる。機械の摺動部や、ゲージ類は普通公差では

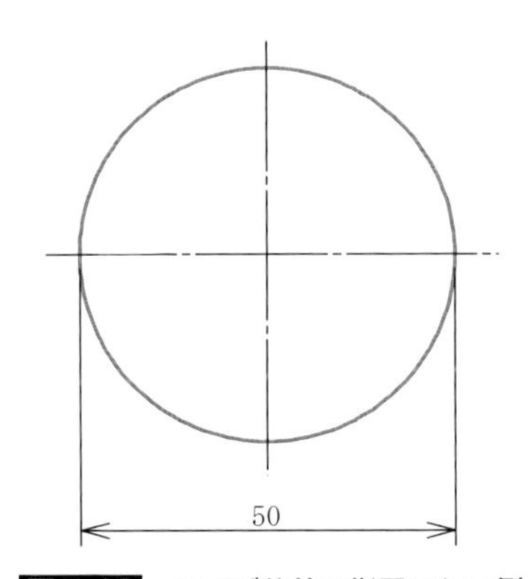

図5-18　サイズ公差の指示のない例

表 5-3 JIS B 0405 普通公差（抜粋）

公差等級		基準寸法の区分			
記号	説明	3 を超え 6 以下	6 を超え 30 以下	30 を超え 120 以下	120 を超え 400 以下
		許容差			
f	精級	± 0.05	± 0.1	± 0.15	± 0.2
m	中級	± 0.1	± 0.2	± 0.3	± 0.5
c	粗級	± 0.3	± 0.5	± 0.8	± 1.2

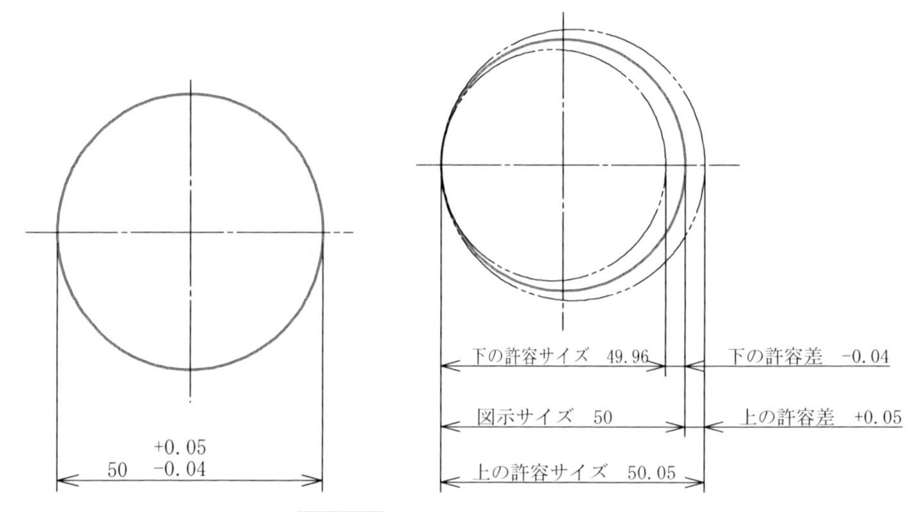

図 5-19 サイズ公差を指示した例

許容差が大きすぎて不都合が発生することから、個別にサイズ許容差を指示することができる。サイズ許容差は直接数値で指示する方法と、サイズ公差記号と公差等級を組み合わせた記号で指示する方法が用いられており、直接数値で指示する場合は、サイズ許容差を指示しているが、一般的にはこの場合も含めて、“公差を指示する”という。**図 5-19** に示すように、下の許容差を下に、上の許容差を上にと、重ねて記入する。このとき“50”を図示サイズ、図示サイズに下のサイズ許容差を足したサイズを下の許容サイズ、図示サイズに上にサイズ許容差を足したサイズを上の許容サイズと呼び、上の許容サイズから下の許容サイズを引いたサイズがサイズ公差である。図5-19のサイズ公差は

サイズ公差　＝　上の許容サイズ　－　下の許容サイズ

＝　50.05　－　49.96

＝　0.09　　である。

サイズ許容差を記入する上で、許容差が“0”の場合には“＋、－”の記号を付けない。下のサイズ許容差、上のサイズ許容差共に“＋”の場合や、下のサイズ許容差、上のサイズ許容差共に“－”の場合もある。

5-2-2　用語の説明

用語はコミュニケーションの手段であり、厳密に考えるためにも欠かせない要素で、正しく理解する必要がある。**図5-20**において

①　図示サイズ　：　図面で指示された基準となるサイズ

②　上の許容サイズ　：　図面指示で許されたもっとも大きなサイズ

③　下の許容サイズ　：　図面指示で許されたもっとも小さなサイズ

（上の許容サイズと下の許容サイズを許容限界サイズという）

表5-4　JIS B 0401　用語対照表

旧名称	新名称
基準寸法	図示サイズ
最小許容寸法	下の許容サイズ
最大許容寸法	上の許容サイズ
下の寸法許容差	下の許容差
上の寸法許容差	上の許容差
寸法公差	サイズ公差
最小許容寸法	下の許容サイズ
最大許容寸法	上の許容サイズ

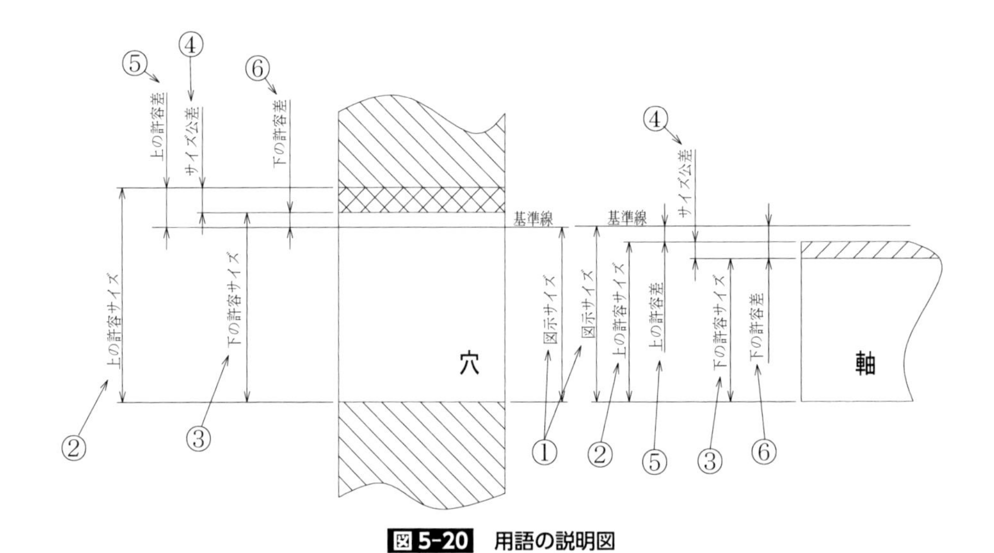

図 5-20 用語の説明図

④　サイズ公差　：　上の許容サイズから下の許容サイズを引いたサイズ
⑤　上の許容差　：　上の許容サイズから図示サイズを引いたサイズ
⑥　下の許容差　：　下の許容サイズから基準サイズを引いたサイズ
である。

5-2-3　製図上の表現方法

サイズ許容差をサイズで記入する方向は、**図 5-21** に示したいくつかの方法がある。(a)（b）の方法はすでに説明をした、上のサイズ許容差、下のサイズ許容差を個別に記入する方法である。(c）は上のサイズ許容差と下のサイズ許容差が等しい場合で、"±"の記号を用いて、許容差を表す1つのサイズを記入する。(d）は下の許容サイズ、上の許容サイズを直接記入する方法である。(e)（f）は下の許容サイズ（又は上の許容サイズ）のみを指示する方法で、日本語表記と英語表記があり、図のように記入し、指示のない側の許容差は普通公差を適用する。

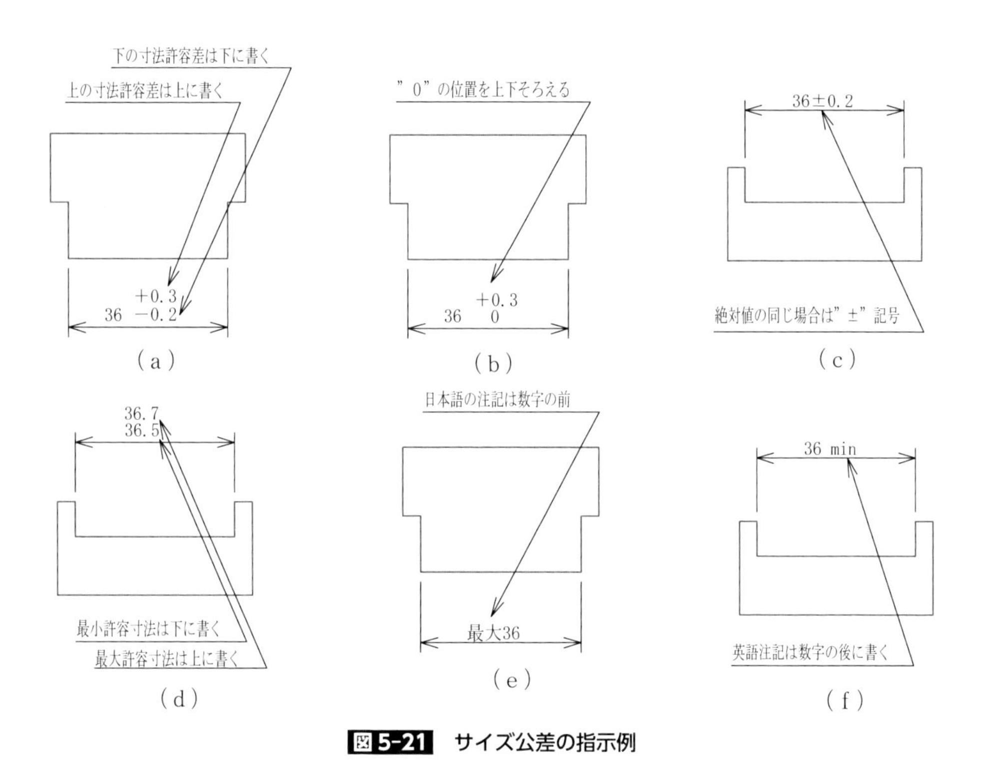

図 5-21　サイズ公差の指示例

5-2-4　はめあい

穴と軸を組み合わせる場合に、**図 5-22** に示したように、穴が軸より大きくて隙間ができる場合と、穴が軸より小さくてしめしろができる場合がある。この関係を用いて部品間を摺動や固定にする方法が“はめあい”で、製図においてこの関係を適宜適正に指示する能力が求められている。

(1) すきまばめ

図 5-23 の例に示すように、穴の下の許容サイズが軸の上の許容サイズより大きく、必ず隙間ができる組み合わせで、滑り軸受と軸の関係等に用いられている。

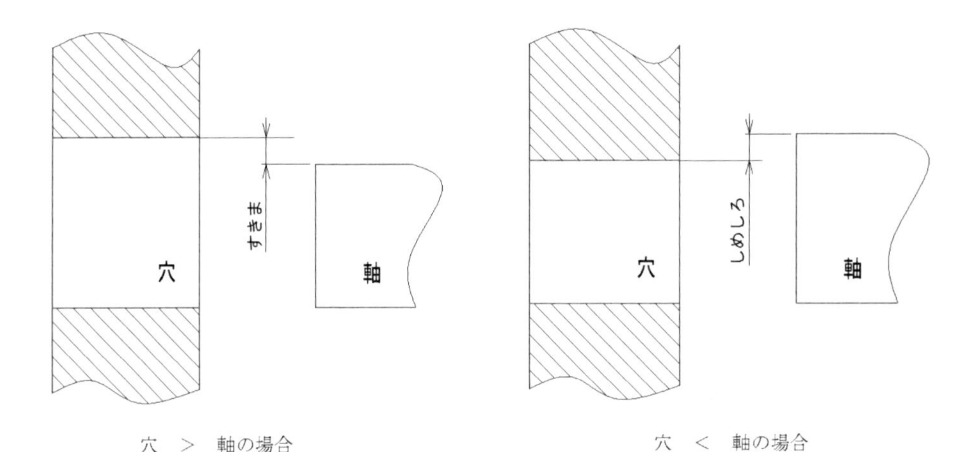

図 5-22 はめあいの基本概念

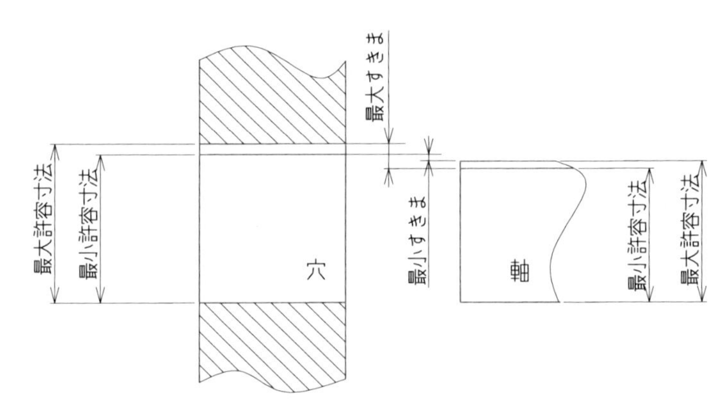

図 5-23 すきまばめの例

(2) しまりばめ

図 5-24 の例に示すように、穴の上の許容サイズが軸の下の許容サイズより小さく、必ずしめしろができる組み合わせで、組立後は分解することのない車軸と車輪の組立等に用いられている。しめしろのある軸と穴の組立には、ハンマーやプレス、温度差、遠心力などが利用されている。

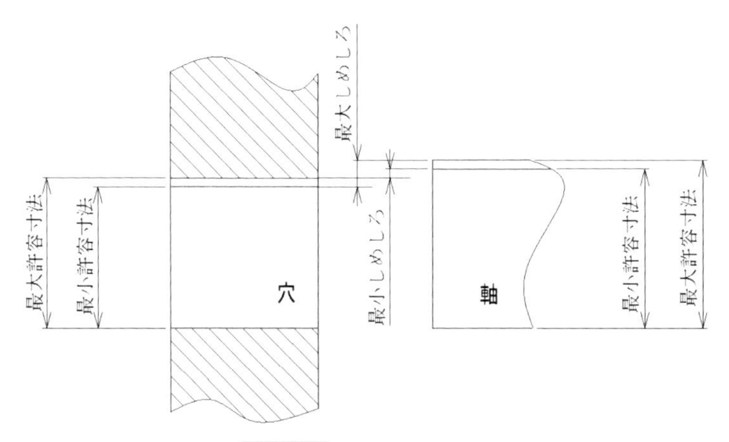

図 5-24　しまりばめの例

(3) 中間ばめ

図 5-25 の例に示すように、穴と軸のサイズ関係にすきまができたり、しめしろができたりする関係をいう。組立分解の再現性を要求される機械組立や、転がり軸受の組立等に使われている。

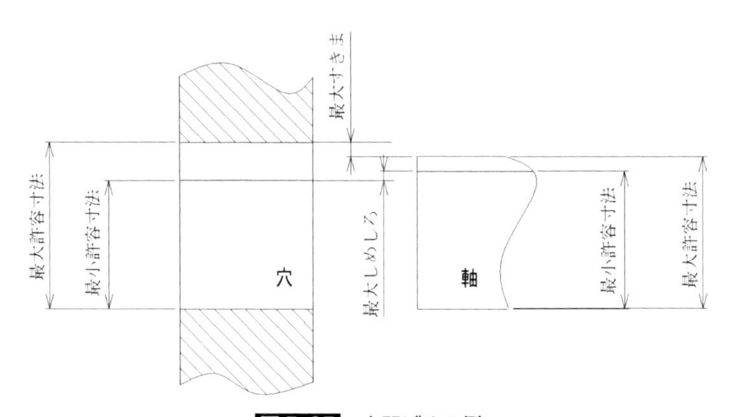

図 5-25　中間ばめの例

5-2-5　IT基本公差

サイズ公差を記入する上で、その都度最適な数値を選択するには多くの試験を繰り返す必要があるが、試験しなくても“IT基本公差”（**表5-5**）がJISに規定されており、これを活用することにより、対象とする基準サイズが変わっても、同等の等級の組み合わせを用いることにより、同等の結果を達成することが可能である。**図5-26**はIT基本公差でサイズ指示をしたものである。

IT基本公差は表5-5に示したように、穴や軸のサイズをいくつかに区分し、これに対応してサイズ公差を1級から18級までの等級を組み合わせ、それに相当のサイズ公差を定めている。1～4級はゲージ類などの高い精度を要求分野に、5～10級は一般的なはめ合いの分野に、11～18級ははめ合いのない分野に適用されている。表の読み方は100mm（基準サイズの区分80～120）の7級（公差

表5-5　IT基本公差の例

基準寸法の区分（mm）		公差等級（IT）									
		1	2	3	4	5	6	7	8	9	10
を越え	以下	基本公差の数値（μm）									
	3	0.8	1.2	2	3	4	6	10	14	25	40
3	6	1	1.5	2.5	4	5	8	12	18	30	48
6	10	1	1.5	2.5	4	6	9	15	22	36	58
10	18	1.2	2	3	5	8	11	18	27	43	70
18	30	1.5	2.5	4	6	9	13	21	33	52	84
30	50	1.5	2.5	4	7	11	16	25	39	62	100
50	80	2	3	5	8	13	19	30	46	74	120
80	120	2.5	4	6	10	15	22	35	54	87	140
120	180	3.5	5	8	12	18	25	40	63	100	160
180	250	4.5	7	10	14	20	29	46	72	115	185
250	315	6	8	12	16	23	32	52	81	130	210

JIS B 0401-1　1998より抜粋

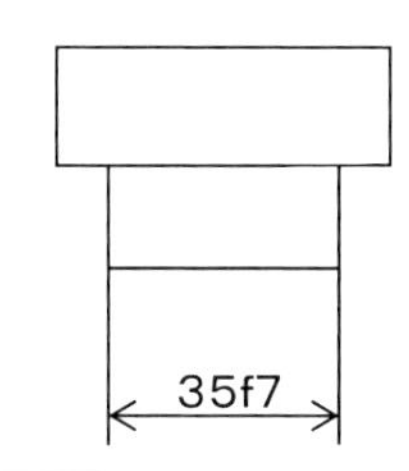

図 5-26　IT 基本公差の指示例

等級）のサイズ公差は表 5-5 から 35μm と読み取ることができる。この表から読み取ることができるのはサイズ公差で、下の許容サイズや上の許容サイズはサイズ公差記号と組み合わせて読み取る。

5-2-6　サイズ公差記号

サイズ公差を指示するには、IT 基本公差の等級分けを示す数字の前にサイズ公差記号を付ける。穴のサイズ公差記号は図5-26に示すように、記号により基準サイズからの位置が規定されており、その位置から図に示す方向に IT 基本公差の数値分の範囲が公差域となる。

図 5-27 は大文字のアルファベットを用いた穴のサイズ公差記号である。ア

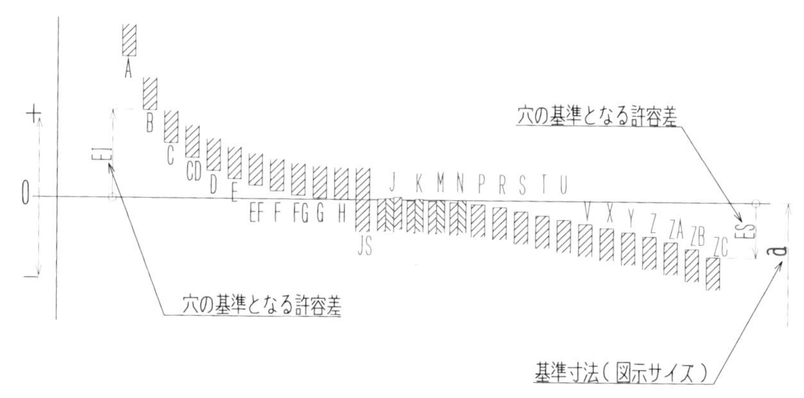

図 5-27　穴用のサイズ公差記号

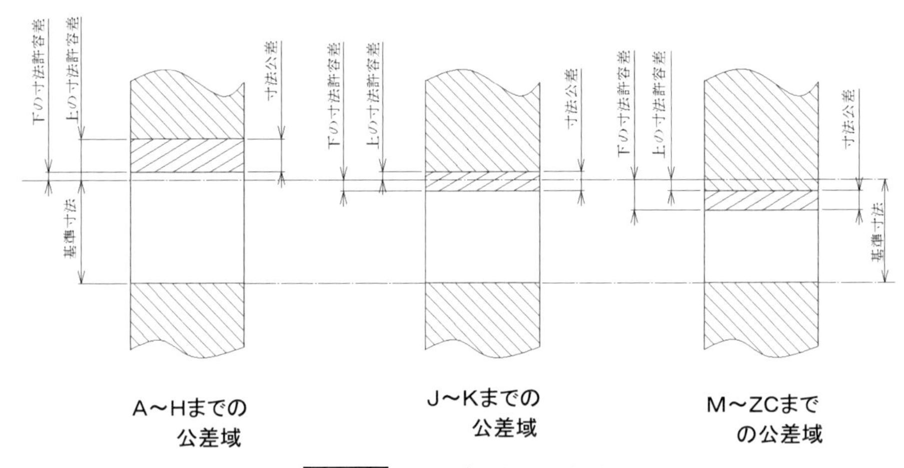

図 5-28 サイズ公差記号の概念

ルファベットがAからB、Cと進むに従って穴径は小さくなっていき、サイズ公差記号A～Gまでは、サイズ公差記号で示された数値が"＋側"にあり、下のサイズ許容差となる。サイズ公差記号Hでは、サイズ公差記号で示された数値が"0"で、下のサイズ許容差となり、そこからIT基本公差の級分けに従って公差値分を足した値が上の許容値である。

下の容差が"0"となるサイズ公差記号"H"を用いたはめあいを穴基準はめあいといいい、広く用いられている。穴基準はめあいの場合に、軸の公差記号a～hはすきまばめ用、j～nは中間ばめ用、p～zcはしまりばめ用に用いられている。

図 5-29 は小文字のアルファベットを用いた軸のサイズ公差記号で、記号により基準サイズからの位置が規定されており、その位置から図に示す方向にIT基本公差の数値分の範囲が公差域となる。考え方は穴と同様であるが、軸の場合はアルファベットがaからb、cと進むにつれて軸が太くなっていく。サイズ公差記号a～gは上のサイズ許容差を指示し、サイズ公差記号hでは上のサイズ許容差が"0"となる。そこからIT基本公差の等級で、指示された数値を

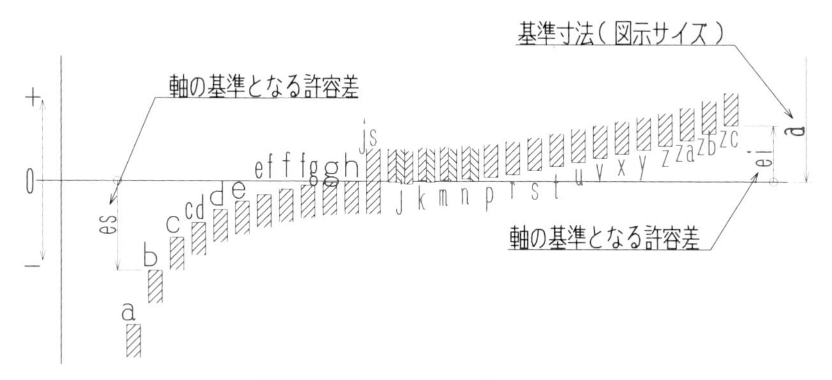

図 5-29　軸用のサイズ公差記号

引いた値が下の許容差となる。サイズ公差記号 j～k は個別に決められている。サイズ公差記号 m～zc は下の許容差を指示しており、そこから IT 基本公差の等級で、指示された値を足したものが上のサイズ許容差である。軸基準はめあいにおいて、サイズ公差記号 A～H はすきまばめ用、J～M は中間ばめ用、P～ZC はしまりばめ用に用いられている。サイズ公差記号 h を基準にしたはめあいを、軸基準はめあいという。

5-2-7　サイズ許容差の読取り

穴のサイズ許容差の読み取りを**表 5-6** に示す。軸のサイズ許容差の読み取り方法を**表 5-7** に示す。

5-2-8　穴基準はめあいの例

図 5-30 に示した、穴基準はめあいのすきまばめの例“Φ50H7/f7”、中間ばめの例“Φ50H7/js6”、しまりばめの例“Φ50H7/p6”を、表 5-6、5-7 から数値を読み取ってすきま、しめしろを算出する。小径の穴加工はリーマによることが多く、等級分けに従って小さなサイズ差のリーマを大量に所有することは、コスト面で不利なことから、穴基準はめあいをすることにより、リーマの在庫

表5-6　代表的な穴のサイズ許容差（単位：μm）

寸法の区分（mm）		F			G		H				
		6	7	8	6	7	5	6	7	8	9
を越え	以下										
	3	＋12 ＋6	＋16 ＋6	＋20 ＋6	＋8 ＋2	＋12 ＋2	＋4 0	＋6 0	＋10 0	＋14 0	＋25 0
3	6	＋18 ＋10	＋22 ＋10	＋28 ＋10	＋12 ＋4	＋16 ＋4	＋5 0	＋8 0	＋12 0	＋18 0	＋30 0
6	10	＋22 ＋13	＋28 ＋13	＋35 ＋13	＋14 ＋5	＋20 ＋5	＋6 0	＋9 0	＋15 0	＋22 0	＋36 0
10	14	＋27	＋34	＋43	＋17	＋24	＋8	＋11	＋18	＋27	＋43
14	18	＋16	＋16	＋16	＋6	＋6	0	0	0	0	0
18	24	＋33	＋41	＋53	＋20	＋28	＋9	＋13	＋21	＋33	＋52
24	30	＋20	＋20	＋20	＋7	＋7	0	0	0	0	0
30	40	＋41	＋50	＋64	＋25	＋34	＋11	＋16	＋25	＋39	＋62
40	50	＋25	＋25	＋25	＋9	＋9	0	0	0	0	0
50	65	＋49	＋60	＋76	＋29	＋40	＋13	＋19	＋30	＋46	＋74
65	80	＋30	＋30	＋30	＋10	＋10	0	0	0	0	0

例1
15H6の場合の下のサイズ許容差、
　上のサイズ許容差を求める場合
　①　サイズの区分は“14を越え18以下”
　②　サイズ公差記号は“H”
　③　IT基本公差の級分け“6”答えは
上の許容差　＋0.011（11μm）
下の許容差　　0

例2
55F8の場合の下のサイズ許容差、
　上のサイズ許容差を求める場合
　①　サイズの区分は“50を越え65以下”
　②　サイズ公差記号は“F”
　③　IT基本公差の級分け“8”答えは
上の許容差　＋0.76（76μm）
下の許容差　＋0.030（30μm）

表5-7　代表的な軸のサイズ許容差（単位：μm）

寸法の区分 (mm)		e			f			g			h					
		7	8	9	6	7	8	4	5	6	4	5	6	7	8	9
を越え	以下															
	3	−14	−14	−14	−6	−6	−6	−2	−2	−2	0	0	0	0	0	0
		−24	−28	−39	−12	−16	−20	−5	−6	−8	−3	−4	−6	−10	−14	−25
3	6	−20	−20	−20	−10	−10	−10	−4	−4	−4	0	0	0	0	0	0
		−32	−38	−50	−18	−22	−28	−8	−9	−12	−4	−5	−8	−12	−18	−30
6	10	−25	−25	−25	−13	−13	−13	−5	−5	−5	0	0	0	0	0	0
		−40	−47	−61	−22	−28	−35	−9	−11	−14	−4	−6	−9	−15	−22	−36
10	14	−32	−32	−32	−16	−16	−16	−6	−6	−6	0	0	0	0	0	0
14	18	−50	−59	−75	−27	−34	−43	−11	−14	−17	−5	−8	−11	−18	−27	−43
18	24	−40	−40	−40	−20	−20	−20	−7	−7	−7	0	0	0	0	0	0
24	30	−61	−73	−92	−33	−41	−53	−13	−16	−20	−6	−9	−13	−21	−33	−52
30	40	−50	−50	−50	−25	−25	−25	−9	−9	−9	0	0	0	0	0	0
40	50	−75	−89	−112	−45	−50	−64	−16	−20	−25	−7	−11	−16	−25	−39	−62
50	65	−60	−60	−60	−30	−30	−30	−10	−10	−10	0	0	0	0	0	0
65	80	−90	−106	−134	−49	−60	−76	−18	−23	−29	−8	−13	−19	−30	−46	−74

例3

12h5の場合の下のサイズ許容差、
　上のサイズ許容差を求める場合
　①　サイズの区分は“10を越え14以下”
　②　サイズ公差記号は“h”
　③　IT基本公差の級分け“5”答えは

上の許容差　0
下の許容差　−0.008（8μm）

例4

45e8の場合の下のサイズ許容差、
　上のサイズ許容差を求める場合
　①　サイズの区分は“40を越え50以下”
　②　サイズ公差記号は“e”
　③　IT基本公差の級分け“8”答えは

上の許容差　−0.050（50μm）
下の許容差　−0.089（89μm）

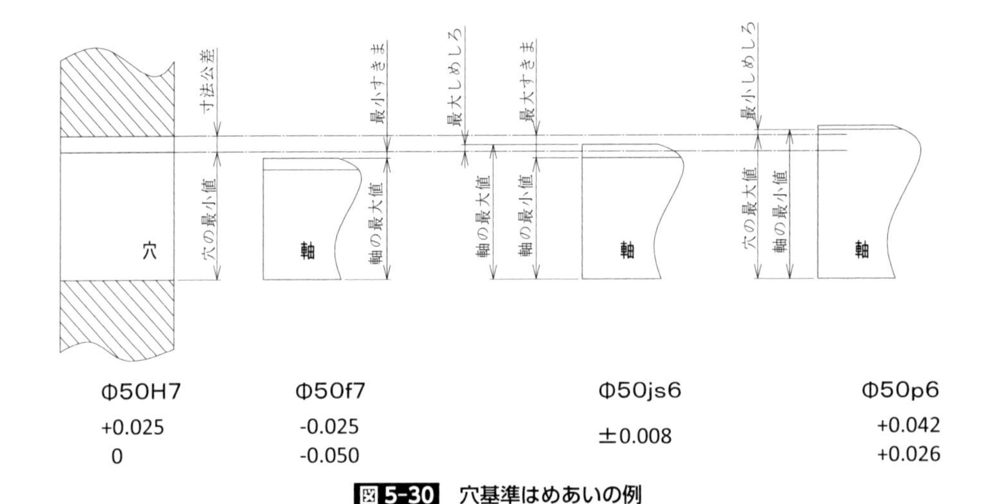

図 5-30 穴基準はめあいの例

を少なくしている。軸は旋盤で加工することから、作業者の機械操作で自由な径に加工が可能であり、これが穴基準はめあいが多用される理由である。

5-2-9 はめあいの種類と使われ方

表 5-8 は、穴基準はめあいの、種類と使われ方の代表例を示したものである。**表 5-9** は、代表的な穴基準はめあいの適用例を示している。

表5-8　代表的な穴基準はめあい

基準穴	軸の公差域クラス											
	すきまばめ						中間ばめ			しまりばめ		
H6					g5	h5	js5	k5	m5			
				f6	g6	h6	js6	k6	m6	n6	p6	r6
H7				f6	g6	h6	js6	k6	m6	n6	p6	r6
				f7		h7	js7					
H8				f7		h7						
			e8	f8		h8						
		d9	e9									
H9		d8	e8			h8						
	c9	d9	e9			h9						

表5-9　代表的な穴基準はめあいの適用例

基準穴	はめあいの種類		穴と軸の加工法	組立・分解作業およびすきまの状態	適用例
6級穴	H6/n5	しまりばめ	研削、ラップみがき、すり合せ、極精密工作	プレス、ジャッキなどによる軽圧入	各種計器、航空機関およびその付属品、高級工作機械、ころ軸受け、その他精密機械の主要部分
	H6/m5 H6/m6	中間ばめ		手槌などで打ち込む	
	H6/k5 H6/k5				
	H6/j5 H6/j6				
	H6/h5 H6/h6	すきまばめ		滑潤油の使用で容易に手で移動できる	

<table>
<tr><td rowspan="9">7・8級穴</td><td>H7/u6
〜H7/r6</td><td rowspan="3">しまりばめ</td><td rowspan="9">研削または精密工作</td><td rowspan="2">水圧機などによる強力な圧入、焼ばめ</td><td rowspan="2">鉄道車両の車輪とタイヤ、軸と車輪大型発電機の回転子と軸などの結合部分</td></tr>
<tr><td>H7/t7
〜H7/r7</td></tr>
<tr><td>H7/r6
H7/p6
(H7/p7)</td><td>水圧機、プレスなどによる軽圧入</td><td>鋳鉄車心へ青銅または鋼製車周をはめる場合</td></tr>
<tr><td>H7/m6
H7/h6</td><td rowspan="2">中間ばめ</td><td>鉄槌による打込、抜出</td><td>あまり分解しない軸と歯車、ハンドル車、フランジ継手、はずみ車、球軸受などのはめあい</td></tr>
<tr><td>H7/j6</td><td>木槌、鉛槌などで打ち込む</td><td>キーまたは押ねじで固定する部分のはめ合い、球軸受けのはめ込み、軸カラー、替歯車と軸</td></tr>
<tr><td>H7/h6
(H7/h7)</td><td rowspan="8">すきまばめ</td><td>潤滑油を供給すれば手で動かせる</td><td>長い軸へ通すキー止め調車と軸カラー、たわみ軸継手と軸、油ブレーキのピストンとシリンダ</td></tr>
<tr><td>H7/g6
(H7/g7)</td><td>すきまが僅少で、潤滑油の使用でたがいに運動</td><td>研削機のスピンドル軸受など、精密工作機械などの主軸と軸受、高級変速機における主軸と軸受</td></tr>
<tr><td>H7/f7</td><td>小さいすきま、潤滑油の使用でたがいに運動</td><td>クランク軸、クランクピンとそれらの軸受</td></tr>
<tr><td>H8/e8</td><td>やや大きなすきま</td><td>多少下級な軸受と軸、小型エンジンの軸と軸受</td></tr>
<tr><td rowspan="4">8・9級穴</td><td>H8/h8</td><td rowspan="4">普通工作</td><td>楽にはめはずしや滑動できる</td><td>軸カラー、調車と軸、滑動するハブと軸など</td></tr>
<tr><td>H8/f8</td><td>小さいすきま、潤滑油の使用でたがいに運動</td><td>内燃機関のクランク軸受、案内車と軸、渦巻ポンプ送風機などの軸と軸受</td></tr>
<tr><td>H8/d9</td><td>大きなすきま、潤滑油の使用でたがいに運動</td><td rowspan="2">車両軸受、一般下級軸受、揺動軸受、遊車と軸など</td></tr>
<tr><td>H9/c9
H9/d8</td><td>非常に大きなすきま、潤滑油の使用でたがいに運動する</td></tr>
</table>

5-3　幾何公差

寸法は２点間の距離であり、３次元形状の許容差は幾何公差により指示する。部品を製作するうえで、幾何公差を指示して機能とコストを達成する。

5-3-1　各種記号

（1）幾何特性

幾何公差の指示に用いる幾何特性は、**表 5-10** に示すように、形状公差が６種類、姿勢公差が５種類、位置公差が５種類、振れ公差が２種類定義されており、これを用いて部品の機能上必要な幾何特性を指示する。ただし、“線の輪郭度”“面の輪郭度”は形状公差、姿勢公差、位置公差で用いることから、幾何特性の種類は合計で 14 種類となる。

（2）付加記号

幾何公差の指示に用いる付加記号は、**表 5-11** に示すように 11 種類ある。そのうち“公差付き形体指示”は必須条件であり、“データム指示”も頻繁に出てくる。

（3）公差記入枠

公差記入枠は幾何公差を指示するもので、基本形式は、**図 5-31** a）のように左から幾何特性記号を記入する枠、公差値を記入する枠で構成されている。図 5-31 b）はデータムを指示した例で、公差値を記入した右側の枠にデータムを記入する。図 5-31 c）、d）は複数のデータムを用いた例で、データムの優先順位に従って左側から記入していく、アルファベットの順ではなく、データムの優先順位であり、４つ以上を指示することはない。図 5-31 e）は２つのデータムによって設定する共通データムである。データム記号を記入する枠を大きくして、データムを指示する二つの記号を“－”で結ぶ。

（4）面または線への指示

公差付き形体が面または線の場合は**図 5-32** a）、b）に示すように、図形の外

表 5-10　幾何特性の種類と記号

公差の種類	特性	記号	データム指示	参照
形状公差	真直度	—	否	18.1
	平面度	⏥	否	18.2
	真円度	○	否	18.3
	円筒度	⌭	否	18.4
	線の輪郭度	⌒	否	18.5
	面の輪郭度	⌓	否	18.7
姿勢公差	平行度	//	要	18.9
	直角度	⊥	要	18.10
	傾斜度	∠	要	18.11
	線の輪郭度	⌒	要	18.6
	面の輪郭度	⌓	要	18.8
位置公差	位置度	⌖	要・否	18.12
	同心度（中心点に対して）	◎	要	18.13
	同軸度（軸線に対して）	◎	要	18.13
	対称度	⌯	要	18.14
	線の輪郭度	⌒	要	18.6
	面の輪郭度	⌓	要	18.8
振れ公差	円周振れ	↗	要	18.15
	全振れ	⌰	要	18.16

形線、または寸法補助線またはそれに類する補助線に、公差記入枠から引き出した指示線を垂直に当て、先端に矢印を付けて示す。この場合に寸法線と対向させない位置に矢印を当てる。図 5-32 a)、b) の方法が成り立たない場合は、図 5-32 c) に示すように面を示す引き出し線を用いて指示する方法がある。

(5) 中心線又は中心面への指示

公差付き形体が円筒の中心線や対称形体の中心面の場合は、**図 5-33** に示す

表 5-11　付加記号の種類と記号

説明	記号	参照
公差付き形体指示		7.
データム指示	A　A	9.　及び JIS B 0022
データムターゲット	φ2/A1	JIS B 0022
理論的に正確な寸法	50	12.
突出公差域	Ⓟ	13.　及び ISO 10578
最大実体公差方式	Ⓜ	14.　及び JIS B 0023
最小実体公差方式	Ⓛ	15.　及び JIS B 0023
自由状態（非剛性部品）	Ⓕ	16.　及び JIS B 0026
全周（輪郭度）		10.1
包絡の条件	Ⓔ	JIS B 0024
共通公差域	CZ	8.5

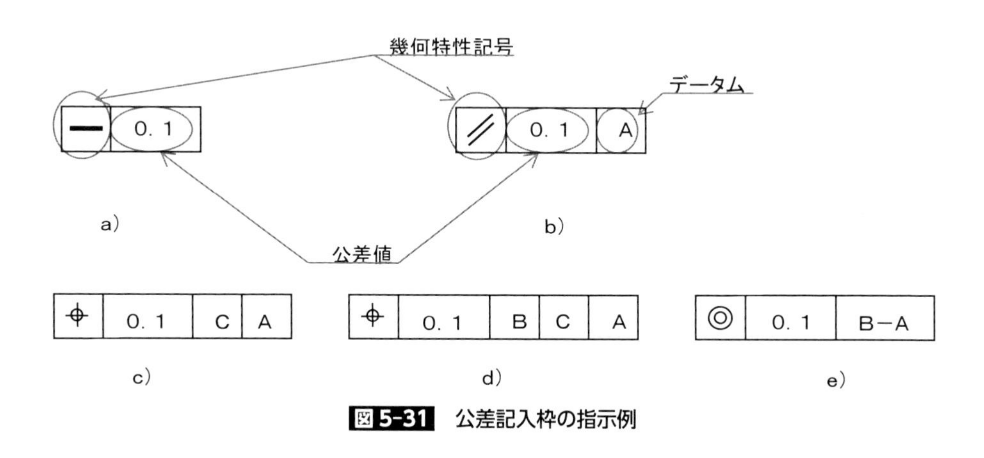

図 5-31　公差記入枠の指示例

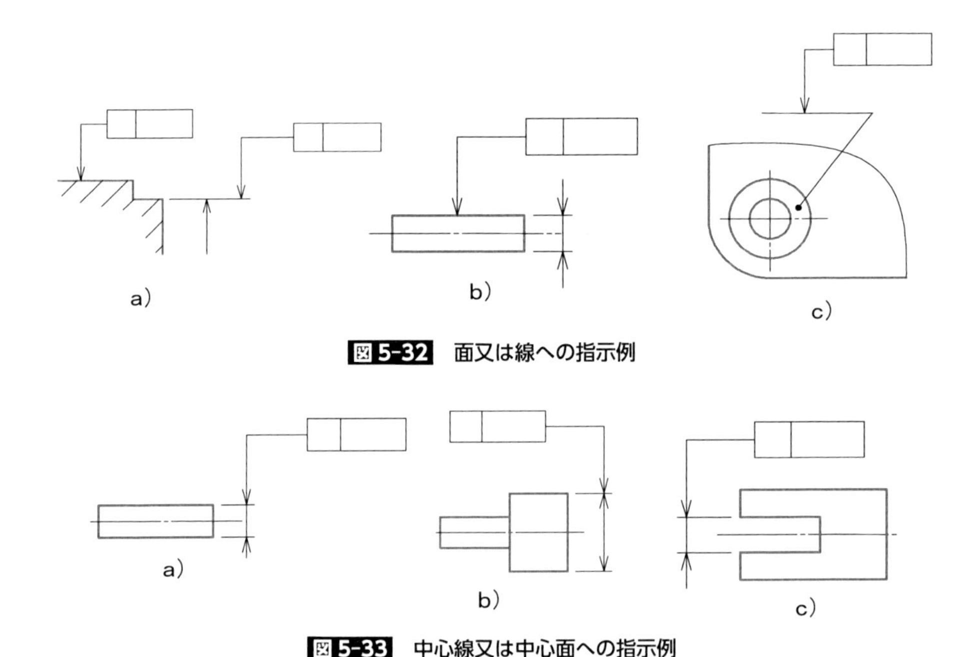

図 5-32 面又は線への指示例

図 5-33 中心線又は中心面への指示例

ように形体の寸法線と対向した位置に指示線の矢印を指示する。指示線を中途半端に寸法線に近い位置に指示した場合には、対象が面なのか中心線なのかが判断できなくなることがあり、面または線を対象とするときには、寸法線と十分に離し、中心線または中心面を指示する場合には、寸法線と正しく対向させる。

5-3-2 公差域と図示方法

(1) 公差域の形体

公差記入枠から公差付き形体へつないだ指示線を形体に垂直に付ける理由は、公差域の形体を決める意味がある。面に指示した公差域は、指示線に垂直な2つの平面に挟まれた領域となる。**図 5-34** の例は角穴の中心面の位置を位置度公差で指示したもので、図の左右方向の公差値は0.3mm、上下方向の公差値は

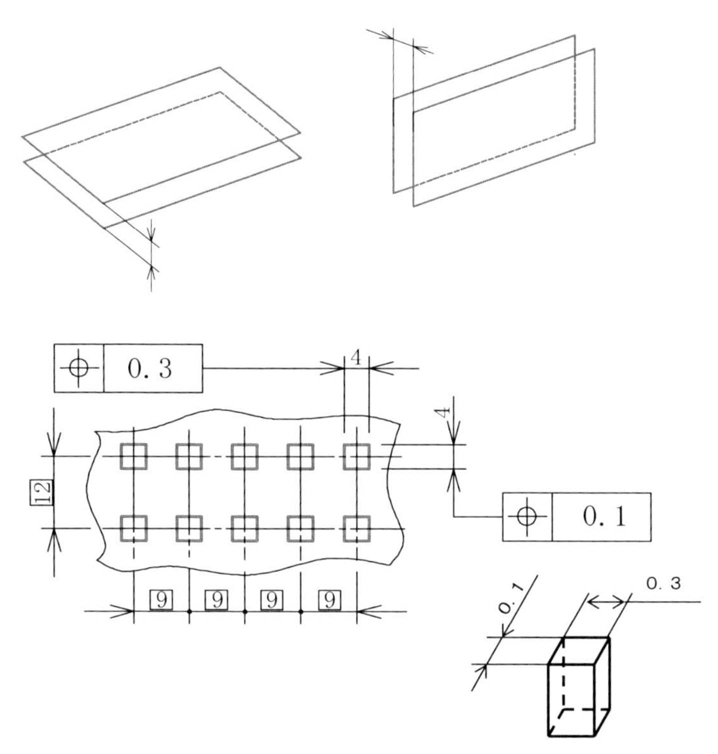

図5-34　公差域の形体と指示例 I

0.1mm である。

公差付き形体が平面ではない場合も指示線の方向に関する考え方は同様で、**図5-35** a）のように特に指示がない場合には、曲面の法線方向を公差域とすることから、指示線は曲線の法線に付ける。公差域は図5-35 b）に示すように法線方向の公差域を連結した形状となる。カム面をカムフォロアーが追従するような場合で、カムフォロアーが直線運動をする場合には、公差域はカムフォロアーの動作方向が望ましいことから、図5-35 c）のように指示線をカムフォロアーの動作方向と同じ角度に指示して、公差域を図5-35 d）に示すようにカムフォロアーの動作方向と一致させた指示をすることができる。

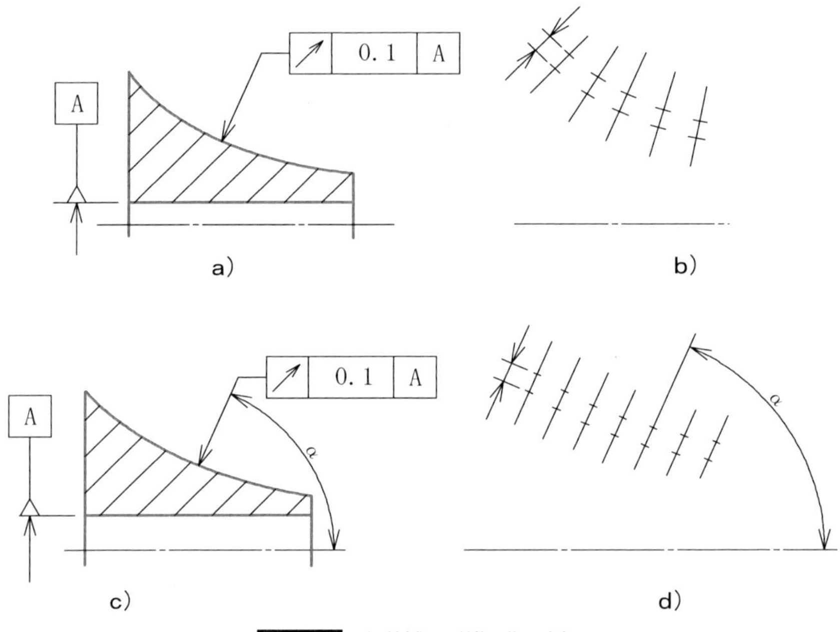

図 5-35　公差域の形態と指示例Ⅱ

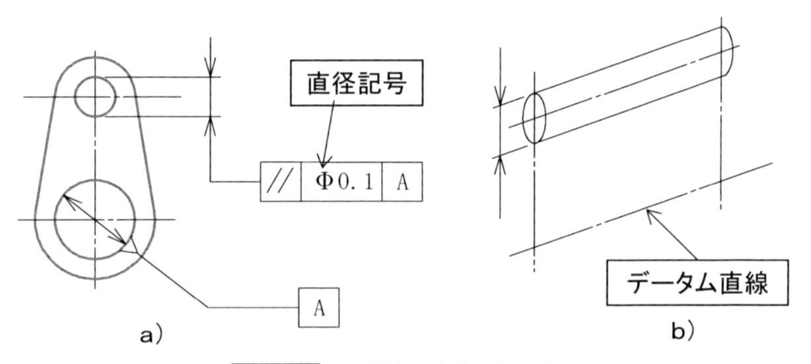

図 5-36　公差域の形態と指示例Ⅲ

機械の組み立てにおいて、穴の形態の公差は角柱形状より円筒形状のほうが都合がよいことから、円筒形の公差域が用いられている。**図 5-36** a）に示すように、公差値の数値の前に直径を表す“Φ”の記号を付けることにより、公差域は図 5-36 b）に示すように円筒形状となる。

(2) 共通公差域

公差記入枠から指示線を分岐して、複数箇所の幾何公差を指示した場合は、指示した幾何公差を個別の公差域で評価し、対象となる形体が公差域内にあれば指示に適合していると判定される。**図 5-37** の例では、図に示したように３ヶ所の指示面を個別の公差域で判定し、それぞれが公差内に収まっていれば合

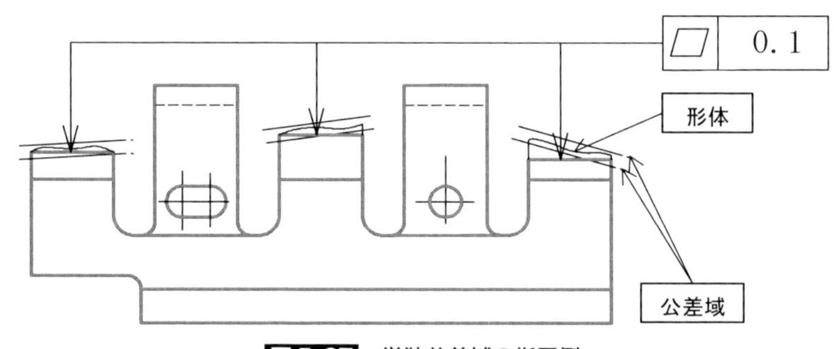

図 5-37　単独公差域の指示例

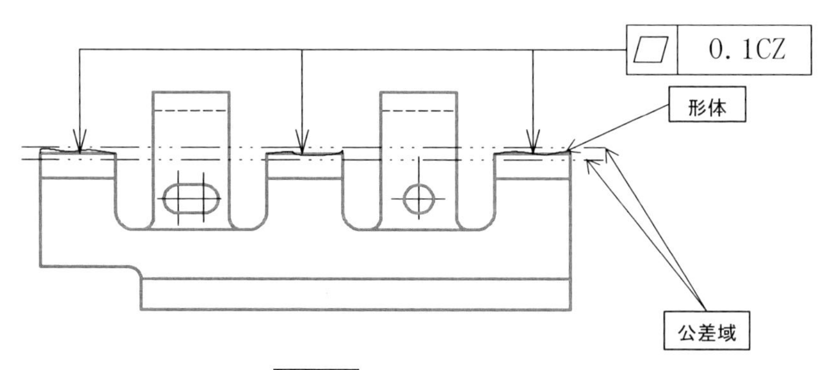

図 5-38　共通公差域の指示例

格である。接地面が複数箇所ある機械を考えたとき、それぞれの接地面が個別の公差域に入っているだけでは安定した据付けはできない。すべての接地面が共通（一組）の公差域にあることにより、安定した据付けが可能である。この場合には**図 5-38** にあるように、公差値を示す数値の後ろに“CZ”の記号を付けることにより、対象となるすべての形体を共通な公差域で判定することを示している。“CZ”は共通公差域を表す補助記号である。

(3) 端末記号の取扱い

指示線の終端には端末記号を付けるが、中心線または中心面を指示する指示線は寸法線と対抗する位置に指示することから、寸法線の端末記号の形式により、**図 5-39** に示すように、寸法線の端末記号が内側のときには指示線に端末記号を付け、外側のときには端末記号を共用する。

(4) 指示線の指示方法

指示線は公差記入枠の左側または右側の中心から引き出し、上面や下面から引き出さない。中心線を指示する場合には、対象となる寸法線に対向した位置に指示線を当てる。中心線に直接指示しない。公差記入枠は縦書きしない。指示線は対象となる形体の面に垂直に指示し、曲面の場合には法線方向に指示する。ただし、公差域が特定の角度にある場合には、指示すべき角度に指示線をあて、角度寸法を記入する。寸法線との位置関係は、対象となる形体が面なのか、中心線又は中心面なのかを示す重要な要素であり、どちらかが判断できな

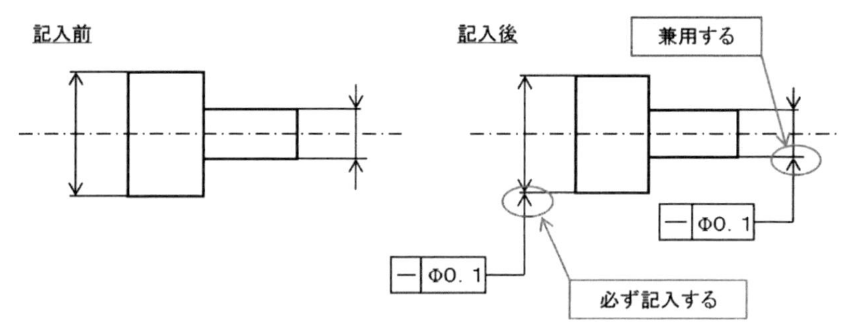

図 5-39 端末記号の取扱い

いようなあいまいな位置に指示しない（**図 5-40**）。

（5）指示線の指示方向

面の要素を指示する指示線は空間側から形体側へ指示線を当てる（**図 5-41** 参照）。

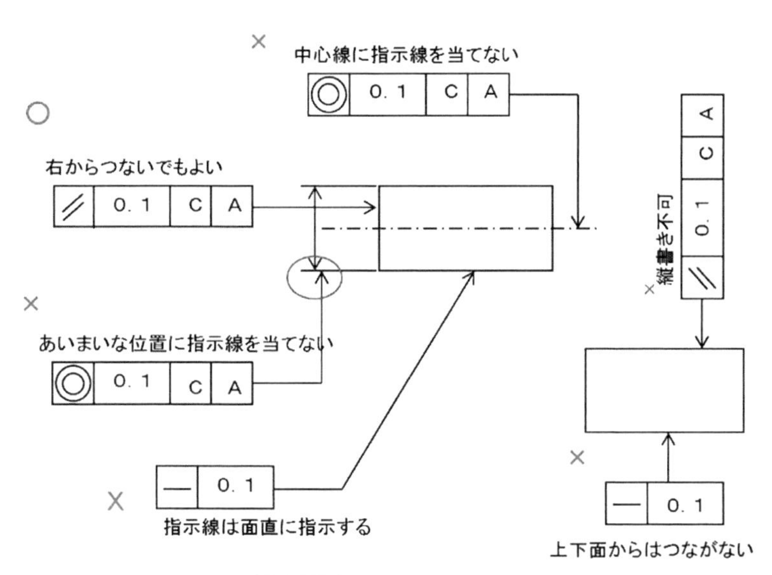

図 5-40　指示線の指示方法

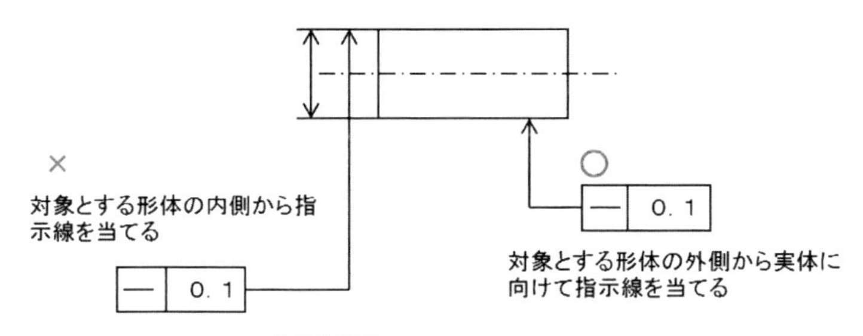

図 5-41　指示線の指示方向

5-3-3 データム

(1) データム記号

データムとは姿勢、位置、振れを評価する上で基準となる、理論的に正確な直線または平面である。実用的には要求される公差値を測定する上で、充分小さな誤差が保証できる定盤などの平面と、対象形状の平面部の組み合わせとなる。これが実用データムである。データム面を指示するデータム記号は、データム三角形、データム記号とそれを取り囲む四角形でできている。データム三角形は**図 5-42** a) に示したような中まで塗りつぶす方法と、図 5-42 b) に示すように塗りつぶさない方法が規格化されている。

(2) 面または線への指示

データム記号で指示する形態が面または線の場合は、**図 5-43** に示すように図形の外形線または寸法補助線またはそれに類する補助線にデータム三角記号

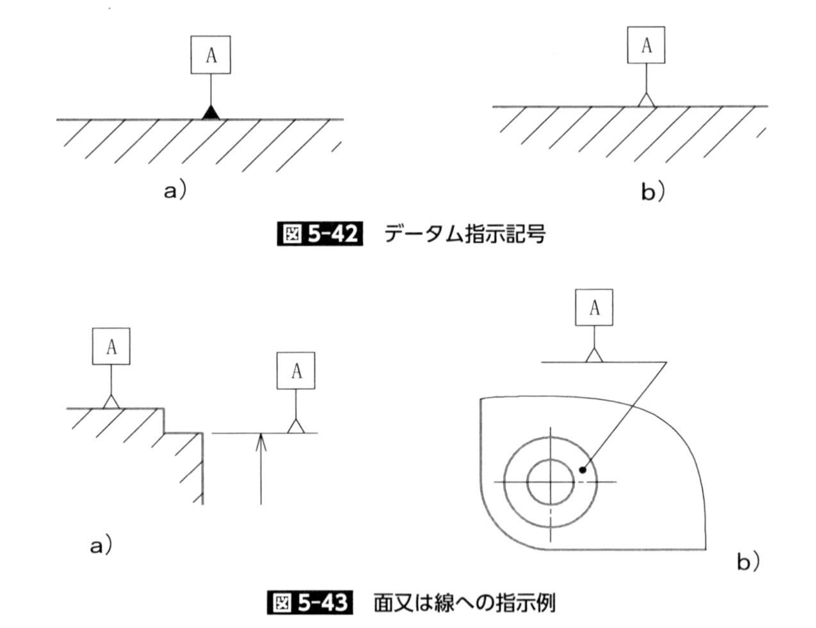

図 5-42 データム指示記号

図 5-43 面又は線への指示例

を付け、対象とする形体に垂直に四角形まで細い実線で接続する。この場合に寸法線と対向させない位置にデータム三角記号を付ける。四角形の中のアルファベットは図面の下辺から読めるように記入する。図 5-43 a）の方法が成り立たない場合は、図 5-43 b）に示すように面を示す引き出し線を用いてデータムを指示する。

(3) 中心線又は中心面への指示

データムの対象となる形体が円筒の中心線や対称形体の中心面の場合は、**図 5-44** に示すように、形体の寸法線と対向した位置にデータム三角記号を指示する。

(4) 領域をデータムに指示

一様な形体の特定な部分にデータムを指示する場合は、**図 5-45** に示すように、特殊指定線（太い一点鎖線）で部分を指定してデータムを指示することができる。特殊指定線を用いて特定のエリアを指示する方法は、幾何公差の指示にも使用できる。

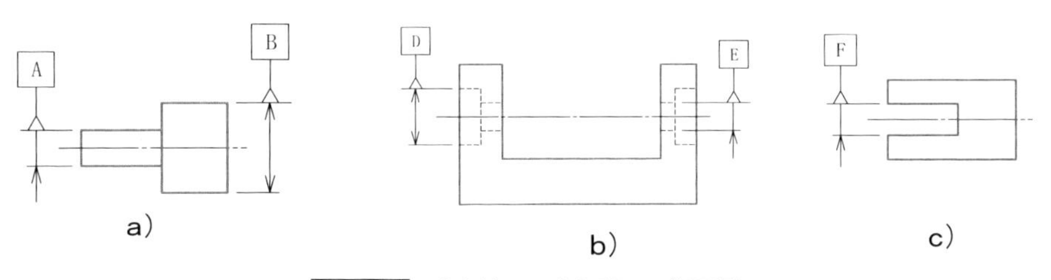

図 5-44　中心線又は中心面への指示例

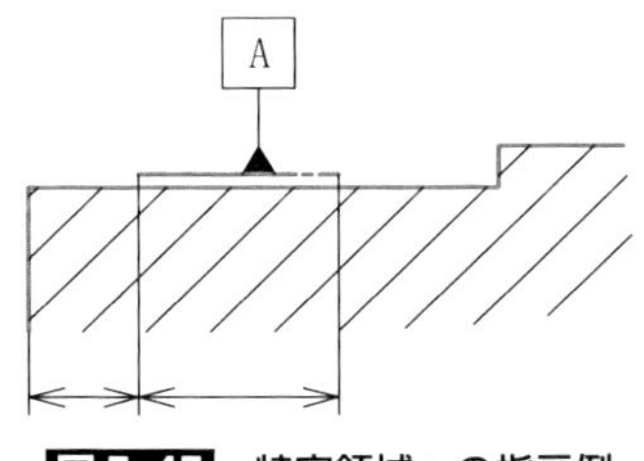

図 5-45　特定領域への指示例

5-3-4　特殊形体への指示

(1) 全周指示

幾何公差を全周指示にする方法は**図 5-46** に示すように、公差記入枠と公差付き形体をつなぐ指示線の屈曲部に“○”を付けて指示する。全周とは指示線のついた図形に連結する外形線で表された連続した面のことである。全周の考え方は表面性状、幾何公差に共通の考え方である。

(2) 機械要素への指示

データムをねじやスプライン、歯車などに指示する場合は、対象とする形体を外径にするか、ピッチ円にするか、谷径にするかを注記する必要がある。注記がない場合はピッチ円に指示したことと解釈される。**図 5-47** は外径に幾何公差、データムを指示した例である。

MD　：　外径または歯先円直径

PD　：　ピッチ円

LD　：　谷底または歯底円直径

　　　　指示のない場合はピッチ円に適用する

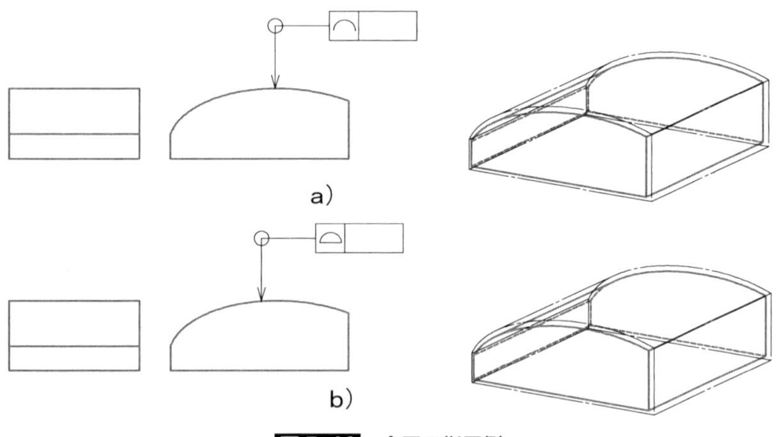

図 5-46　全周の指示例

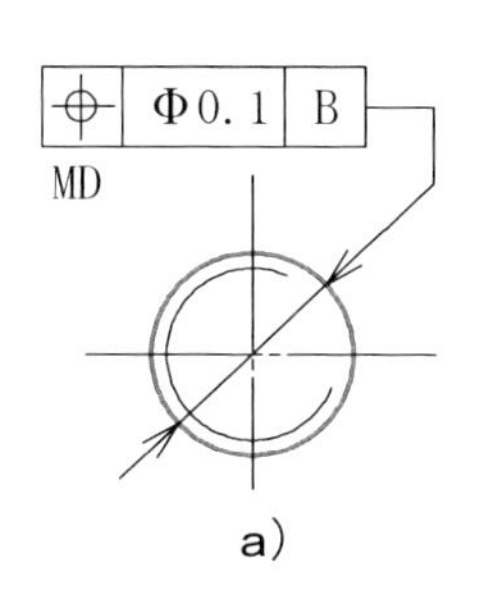

a)

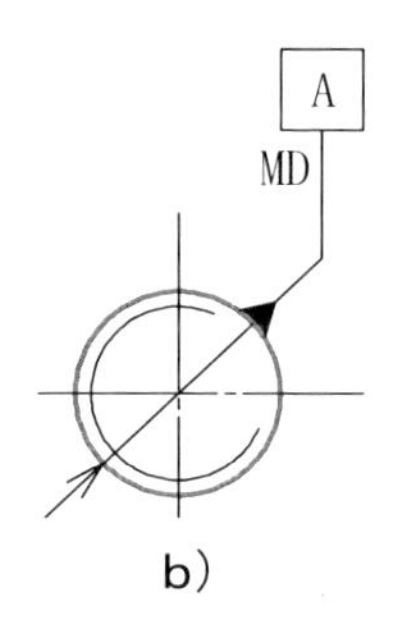

b)

図5-47　ねじへの指示例

(3) 理論的に正確なサイズ

図5-48 a) に示すように穴の位置度公差を指示した場合、対象となる形体の位置を示す数値を理論的に正確に定義し、そこからの誤差を公差内に収めてくださいという指示となる。そこで、位置を指示したサイズ数値を四角で囲ったものを“理論的に正確なサイズ”と呼ぶ。複数の理論的に正確なサイズを加減算しても理論的に正確なサイズである。図5-48 a) の例では上の5つの穴の位置は9と12を加えた21が理論的に正確なサイズとなる。図5-48 b) に示したように、傾斜度公差を指示する場合の角度に、理論的に正確なサイズ指示をする。

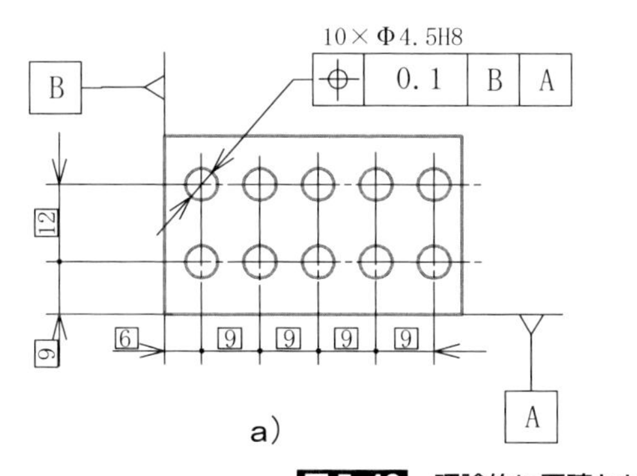

a)

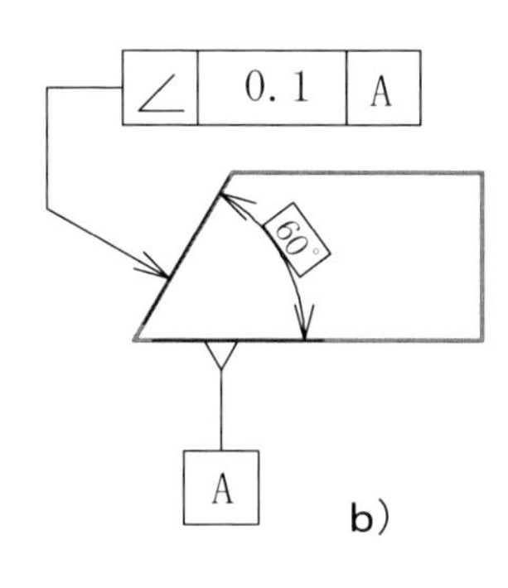

b)

図5-48　理論的に正確なサイズへの指示例

(4) 領域への指示

公差を形態の限定した部分にだけ適用する場合には、この限定したい部分を太い一点鎖線（特殊指定線）で示し、それにサイズ公差を指示できる。また、限定した部分のサイズを指示できる（**図 5-49** 参照）。

(5) データム記号

データム記号は**図 5-50** に示すように、正方形 a）の中にアルファベット b）を記入し、連結線③は正方形の辺の中央部に接続する。アルファベット c）は下面から読めるように記入し、連結線 d）は正方形の辺のどこにでもつないでよい。

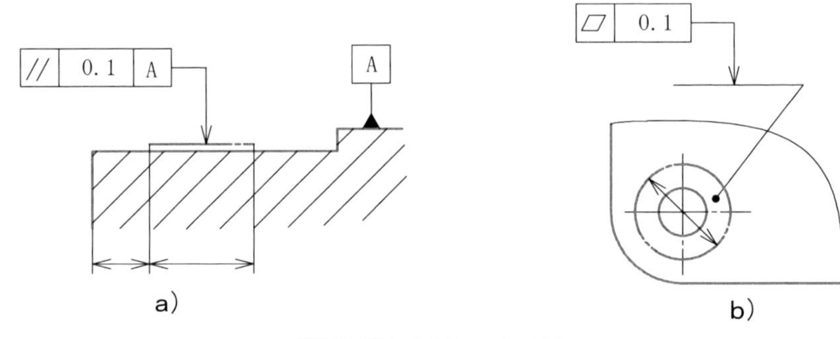

図 5-49 領域への指示例

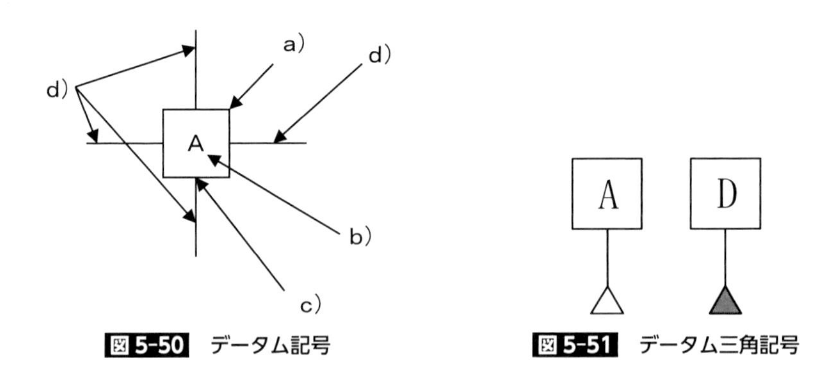

図 5-50 データム記号

図 5-51 データム三角記号

(6) データム三角記号

データム三角記号は**図 5–51** に示したように、同じアルファベットを２回使わない。読み間違いやすいアルファベット“I、L、O、Q”は使わない。正三角形で、塗りつぶしても塗りつぶさなくてもよい。

(7) 端末記号の取扱い

データムの指示位置にはデータム三角記号を付けるが、中心線又は中心面を指示する指示線は寸法線と対抗する位置に指示することから、寸法線の端末記号の形式により、**図 5–52** に示すように、寸法線の端末記号が内側のときにはデータム三角記号を付け、外側の時には端末記号をデータム三角記号に置き換える。

(8) データム指示方法

図 5–53 a) に示す傾いた寸法線にデータムを指示する場合に、データム三角記号は寸法線に対抗させ、寸法線の方向に線を引き、垂直又水平に線をつなぎデータム記号と接続する。図 5–53 b) に示したように、傾いた面にデータムを指示する場合に、指示する図形線又は指示する図形線から引出た補助線にデータム三角記号を描き、図形線または補助線に垂直に線を引き出し、垂直また水平に線をつなぎデータム記号と接続する。データム三角記号は、裏側指示した図例が JIS B 0021 にある。

図 5–53 c) に示したように、データム三角記号からデータム記号までの接続

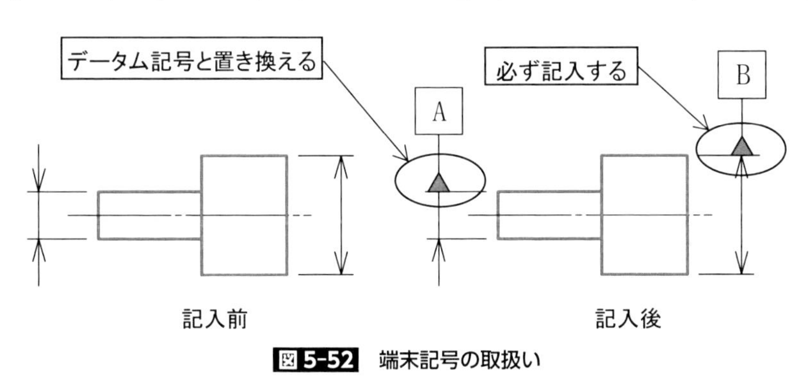

図 5–52　端末記号の取扱い

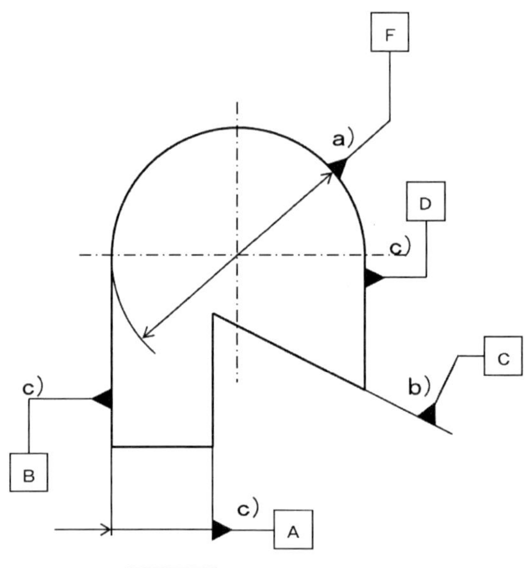

図 5-53　データム指示方法

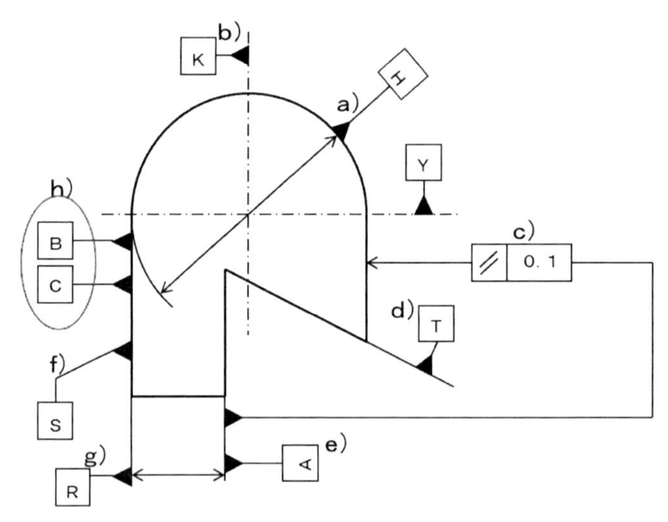

図 5-54　データム指示方法間違い編

線は、１本の細線でつなぐ方法や、途中で直角に曲げる方法がある。曲げる回数、曲げる方向に制限はなく、視認性の観点から表現方法を選択する。

(9) データム指示方法間違い編

データム記号の向きはアルファベットが図の下辺から読める向きに記入する。**図 5-54** a)、e) は間違いである。データム三角形を中心線に直接付けない。図 5-54 b) も間違いである。

データム記号を用いないで公差記入枠と直接接続してはいけない。図 5-54 c) は間違いである。

傾いた面または補助線に付けたデータム三角記号から、垂直に接続線を引き出して、水平または垂直線を経ないで、直接データム記号に接続してはいけない。図 5-54 d) は間違いである。

データム三角記号から引き出す接続線は、データム直線またはデータム平面から垂直方向に引き出す。図 5-54 f) は間違いである。

データム三角形からデータム記号へ接続する線は、データム記号の四角形の辺の中央へ接続する。図 5-54 g) は間違いである。

１つのデータム記号は、複数の記入枠に使用が可能であり、同一の線または面に複数のデータム記号を記入してはいけない。図 5-54 h) は間違いである。

5-3-5　幾何特性の表し方（形状公差）

形状公差は対象となる形体の形状を規定したもので、サイズとの独立の原則から、形状の位置、姿勢を要求されない。

(1) 真直度公差

幾何公差の対象は円筒の中心軸線の真直度で、対象の形体が公差値の直径を持つ、理論的に正確な円筒面の中にあることを要求している。公差値の前に“Φ”の記号がある場合は、公差域が円筒であることを示している（**図 5-55** 参照）。

(2) 平面度公差

幾何公差の対象は上側表面の平面度で、対象の形体が公差値だけ離れた理論

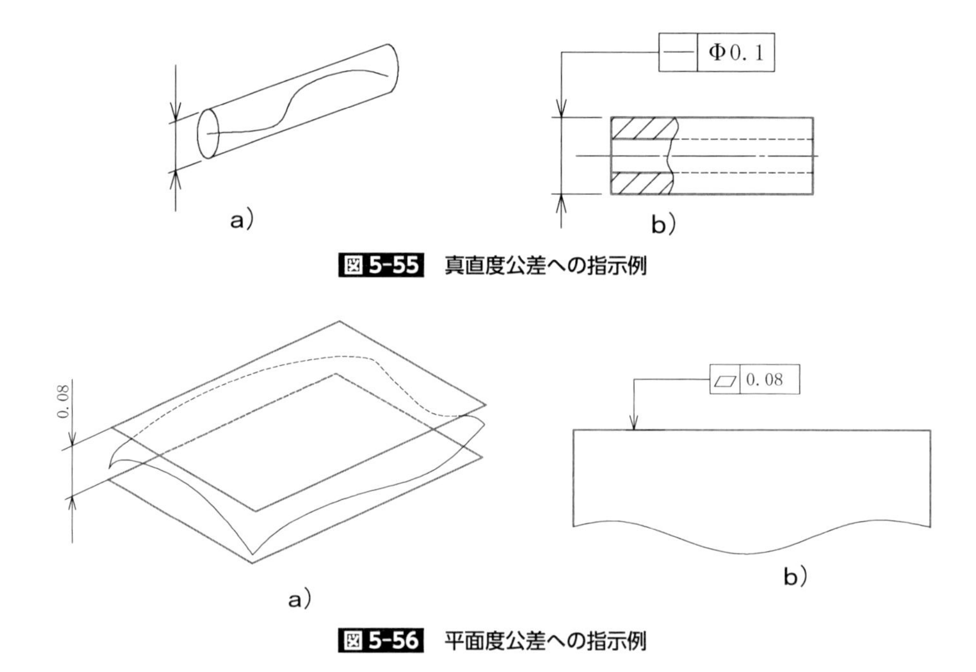

図 5-55 真直度公差への指示例

図 5-56 平面度公差への指示例

的に正確な平行２平面の中にあることを要求している（**図 5-56** 参照）。

(3) 真円度公差

幾何公差の対象は円筒面、円錐面で、投影面と垂直な理論的に正確な平面で切断したときにできる稜線の真円度で、対象の形体が切断面に描いた公差値だけ離れた理論的に正確な同心２円の中にあることを要求している（**図 5-57** 参照）。

(4) 円筒度公差

幾何公差の対象は円筒面で、対象の形体が公差値だけ離れた理論的に正確な同心２円筒の中にあることを要求している（**図 5-58** 参照）。

(5) 線の輪郭度公差

幾何公差の対象は、理論的に正確な数値で定義された面を、投影面と平行な理論的に正確な平面で切断したときにできる直線または曲線である。公差域は、

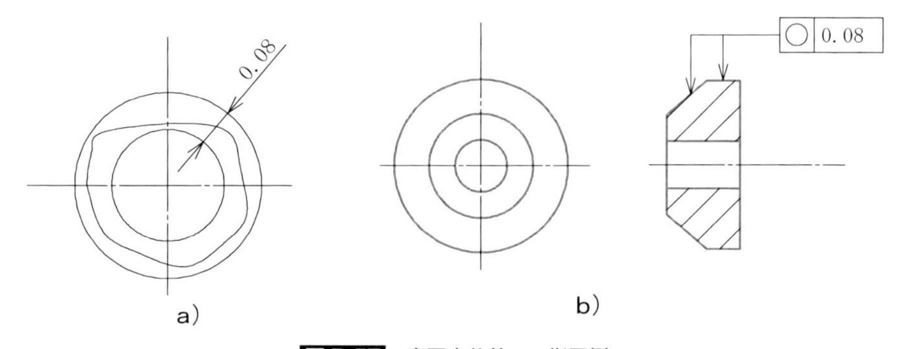

図 5-57　真円度公差への指示例

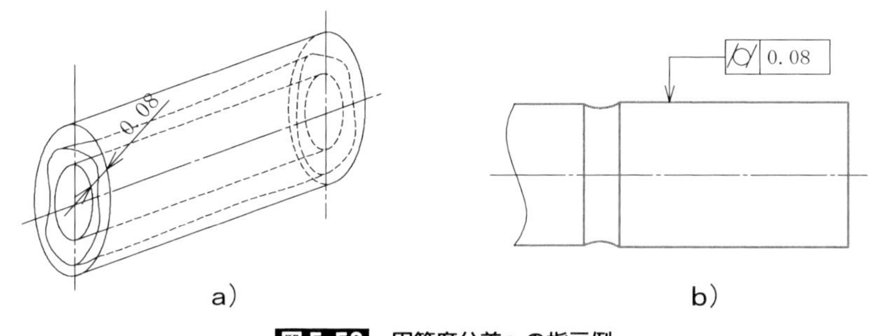

図 5-58　円筒度公差への指示例

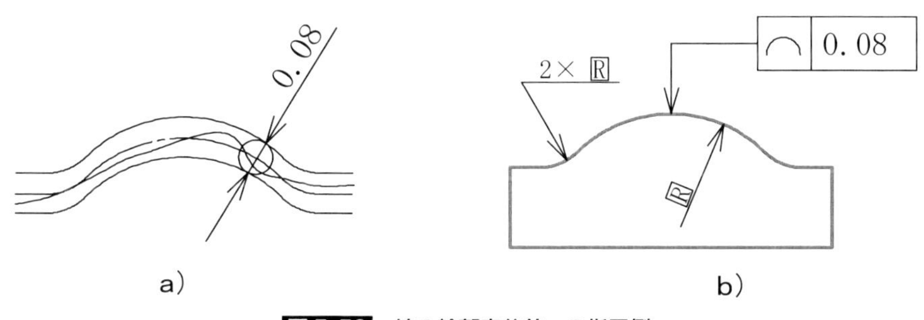

図 5-59　線の輪郭度公差への指示例

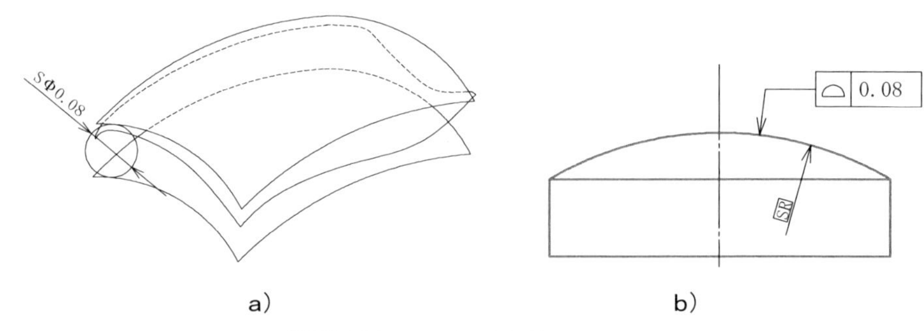

図 5-60　面の輪郭度公差への指示例

切断でできた線上に中心を合わせて、公差域の直径を持つ円を走らせたときにできる包絡線の間である（図 5-59 参照）。

(6) 面の輪郭度公差

幾何公差の対象は、理論的に正確な数値で定義された面である。公差域は、定義された面上に中心を合わせて、公差域の直径を持つ球を走らせたときにできる包絡面の間である。（図 5-60 参照）

5-3-6　幾何特性の表し方（姿勢公差）

姿勢公差は対象となる形体の形状と、データムを基準とした姿勢を規定しているが、サイズとの独立の原則から位置の要求はない。

(1) 平行度公差

幾何公差の対象となる線または面が、データムと平行な理論的に正確な、公差値だけ離れた平行２平面の間にあることを要求している（図 5-61 参照）。

(2) 直角度公差

幾何公差の対象となる線または面が、データムと垂直な理論的に正確な、公差値だけ離れた平行２平面の間にあることを要求している（図 5-62 参照）。

(3) 傾斜度公差

幾何公差の対象となる線または面が、データムと理論的に正確なサイズで指示された角度をなす、理論的に正確な公差値だけ離れた平行２平面の間にある

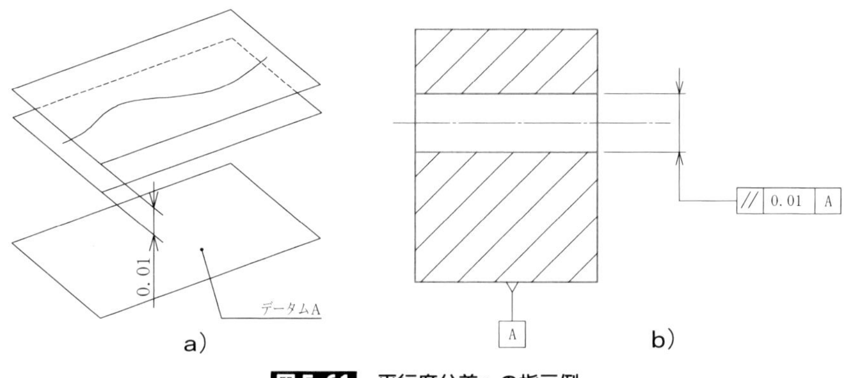

図 5-61　平行度公差への指示例

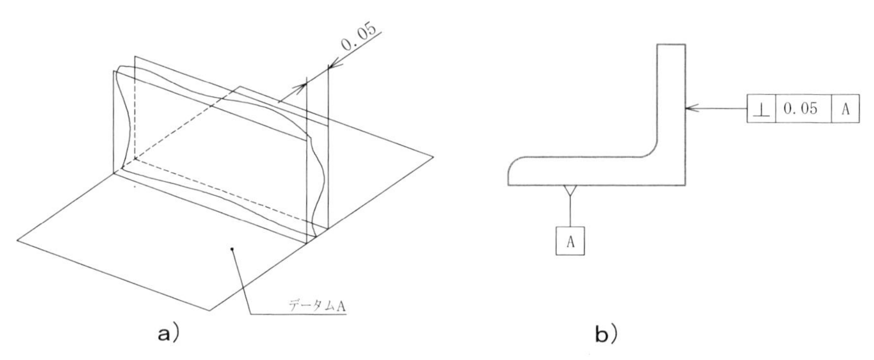

図 5-62　直角度公差への指示例

ことを要求している（**図 5-63** 参照）。

(4) 線の輪郭度公差

幾何公差の対象は、理論的に正確な数値で定義された面を、投影面と平行な理論的に正確な平面で切断したときにできる直線または曲線である。公差域は、データムで規定された切断でできた線上に中心を合わせて、公差域の直径を持つ円を走らせたときにできる包絡線の間である（**図 5-64** 参照）。

(5) 面の輪郭度公差

幾何公差の対象は、理論的に正確な数値で定義された面である。公差域は、

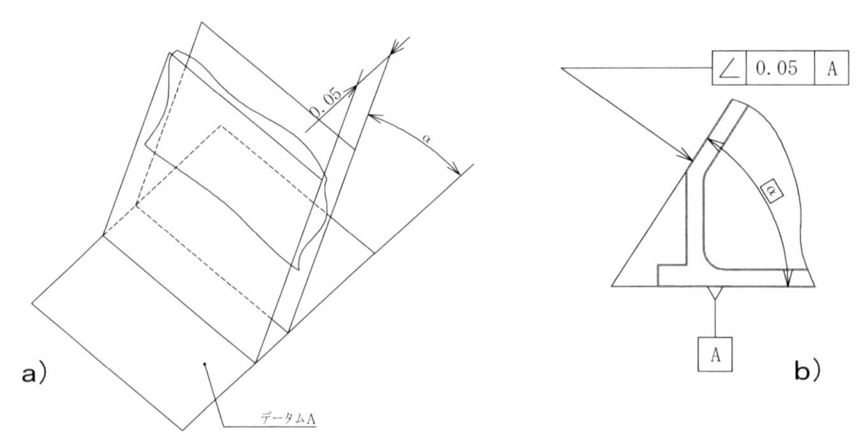

図 5-63　傾斜度公差への指示例

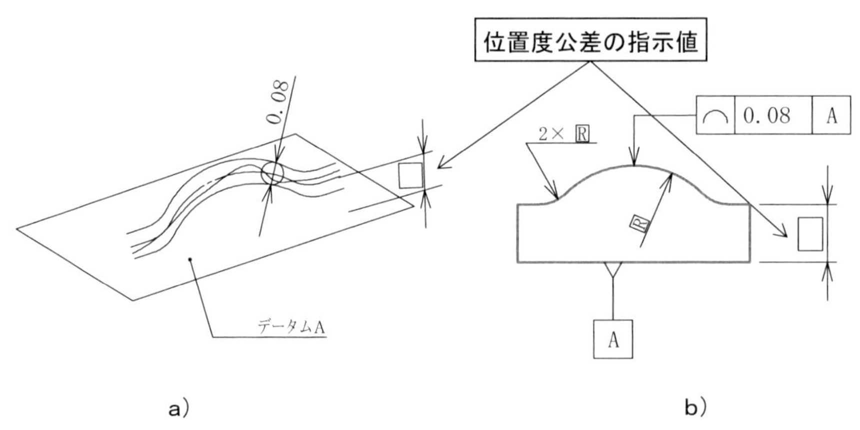

図 5-64　線の輪郭度公差への指示例

理論的に正確な数値及びデータムで定義された面上に中心を合わせて、公差域の直径を持つ球を走らせたときにできる包絡面の間である（図 5-65 参照）。

図 5-65　面の輪郭度公差への指示例

5-3-7　幾何特性の表し方（位置公差）

位置公差は対象となる形体の形状と、データムを基準とした姿勢、位置を規定している。幾何公差がサイズの領域まで定義している。

（1）位置度公差

幾何公差の対象は理論的に正確な数値で位置を指示された線または面で、データムで規定された理論的に正確な円筒形または平行２平面の間にあることを要求されている。**図 5-66** に示された例では、幾何公差の対象は公差記入枠からでた指示線で示された穴の位置度で、対象となる形体がデータムＣ、Ａ、Ｂと理論的に正確なサイズで指示された位置に、データムＣに垂直な、公差値の直径を持った理論的に正確な円筒形の中にあることを要求している。

（2）同軸度公差

幾何公差の対象は形体の中心軸線で、データムで規定された中心軸で公差値の直径の理論的に正確な円筒形の中にあることを要求されている。**図 5-67** の例では、指示線で指示された円筒形の中心軸線が、データム指示された両端の円筒形状の中心軸を共通データムとして、データムを中心軸とする公差値の直径の円筒内にあることを要求している。

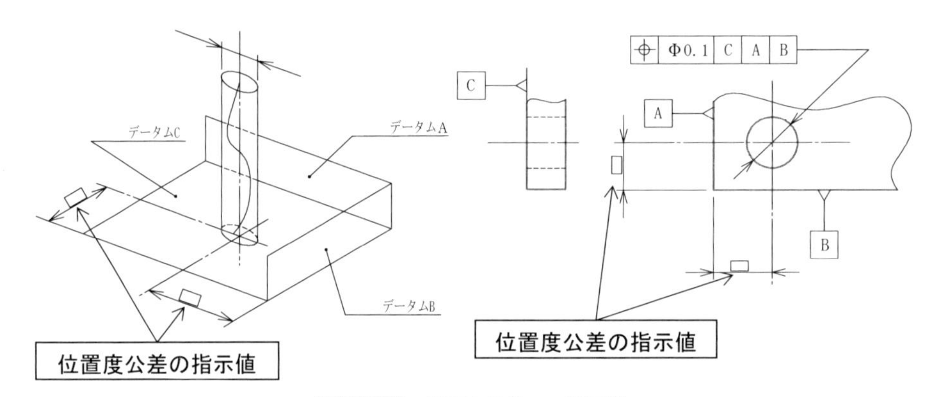

図 5-66 位置度公差への指示例

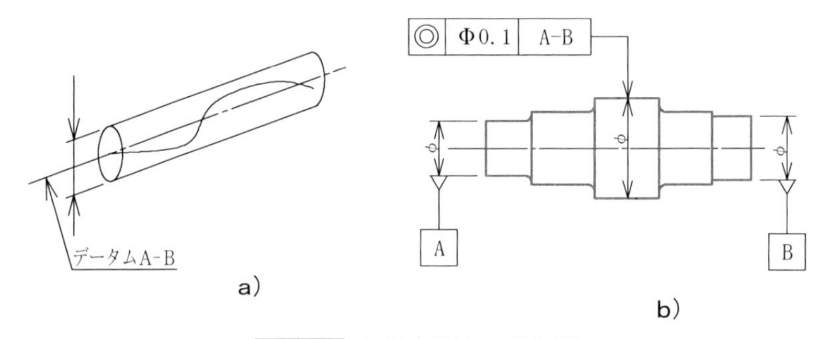

図 5-67 同軸度公差への指示例

(3) 対称度公差

幾何公差の対象は形体の中心面で、データムで規定された中心面と平行で公差値の2分の1離れた2枚の理論的に正確な平面の間にあることを要求している（**図 5-68** 参照）。

(4) 線の輪郭度公差

姿勢公差の線の輪郭度に、図 5-64 に示した形体の位置に関する指示値を加えたものである。

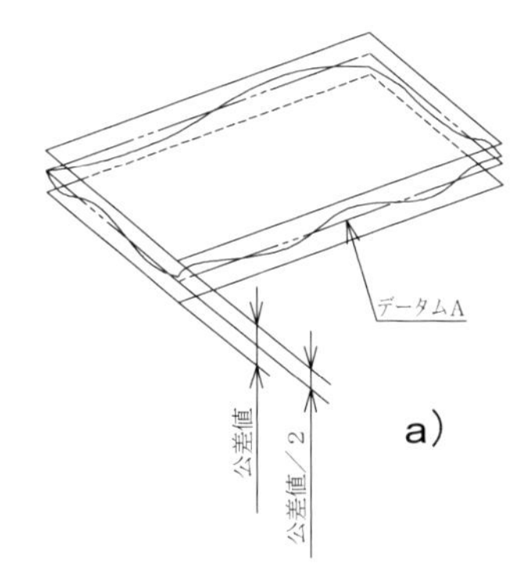

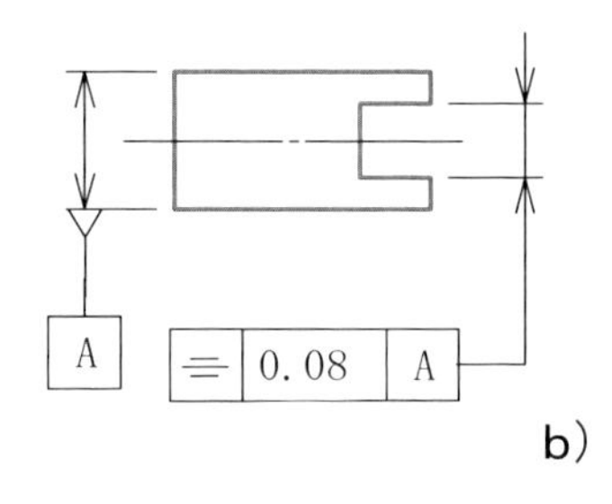

図 5-68　対称度公差への指示例

(5) 面の輪郭度公差

姿勢公差の面の輪郭度に、図 5-65 に示した形体の位置に関する指示値を加えたものである。

5-3-8　幾何特性の表し方（振れ公差）

振れの公差は、データムを軸にして部品を回転させたときの表面の振れの度合に対するバラつきの許容限度を規定している。

(1) 円周振れ公差

幾何公差の対象は、指示線で示された円筒面で、対象となる形体はデータムAと垂直で理論的に正確な平面で切断したときにできる稜線である。公差域は、切断面にデータムAを中心にして描いた、公差値だけ離れた同心2円の間である。この測定を公差付き形体の範囲で繰り返し、すべての測定結果が公差域の範囲内にあることを要求している（**図 5-69** 参照）。

(2) 全振れ公差

幾何公差の対象は、指示線で示された円筒表面である。公差域は共通データムA-Bを中心とし、理論的に正確な公差値だけ離れた2つの同心円筒の間である（**図 5-70** 参照）。

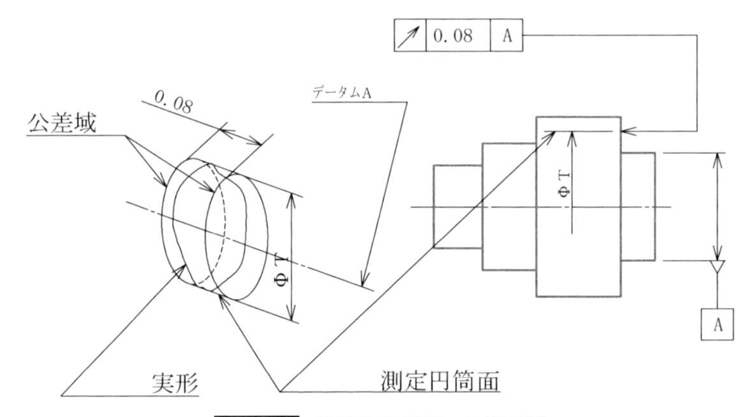

図 5-69 円周振れ公差への指示例

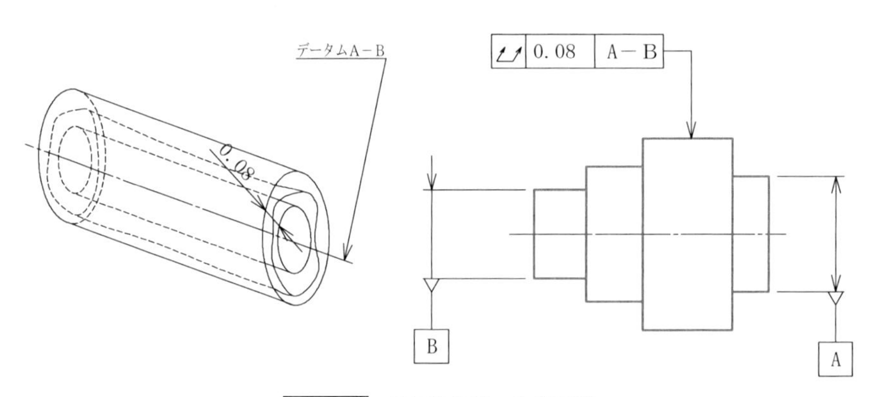

図 5-70 全振れ公差への指示例

第6章

機械製図の学び方

製図を学習する目的は、図面を使って情報発信したり、図面から必要な情報を読み取ったり、自分の実力評価で機械製図技能検定試験にチャレンジするなどが考えられる。機械製図は線の太さと種類をJIS規格に合わせて使い分けて正しく描き、寸法を始め必要な指示事項を書き加えて、発信すべき情報を正しく伝える方法である。図を描くときの線の太さと種類の使い方、寸法を記入するときの約束事、幾何公差をはじめとするその他の指示事項を記入する約束事を正確に理解し、表現することで、誤解される心配のない図面情報の発信が可能となる。この章では、製図の約束事を学ぶ手順を示す。

6-1 トレース

トレースは単に図を写すだけでなく、製図の約束事を学ぶ手段であり、その一部を紹介する。**図6-1**に示したロケーターの部品図で、“イ”は外形線で太い実線で描く、“ロ”は寸法補助線で細い実線で描く、“ハ”は寸法線で細い実線で描き、その両端または片端に端末記号（矢印）を付ける。“ニ”は局部投影図で対象となる図形の局部のみを描き、中心線または寸法補助線などで位置関係を示す。この例では“ホ”に示したように寸法補助線を延長して描いている。“ヘ”は対称図示記号で、対称図形の中心線から半分（例では下側）を省略した場合に、図形の終端近傍に細い実線で1対描く。“ト”は半径寸法の値がほかの寸法（この例では幅20の半分でR10）で示されている場合に、寸法の重複をしないように（R）と指示する。

「**図6-2**：配管フランジ」の“イ”は切断線で、断面図を描く場合にその断面位置を示す目的で用いる。細い一点鎖線と端部及び方向の変わる部分を太い実線で描く。さらに、図示方向を示す細い実線を両端部の太い実線の中心に垂直に描き矢印で矢視方向を示す。切断線と断面図の関連を示す記号（アルファベット）を、図面の下側から読める方向に描く。“ロ”は対象の部品に同じサイズの穴やねじが複数加工される場合には、グループ毎に引き出し線を用いて個数と穴またはねじサイズを示す。“ハ”に示すように、円弧の図形に直径寸法

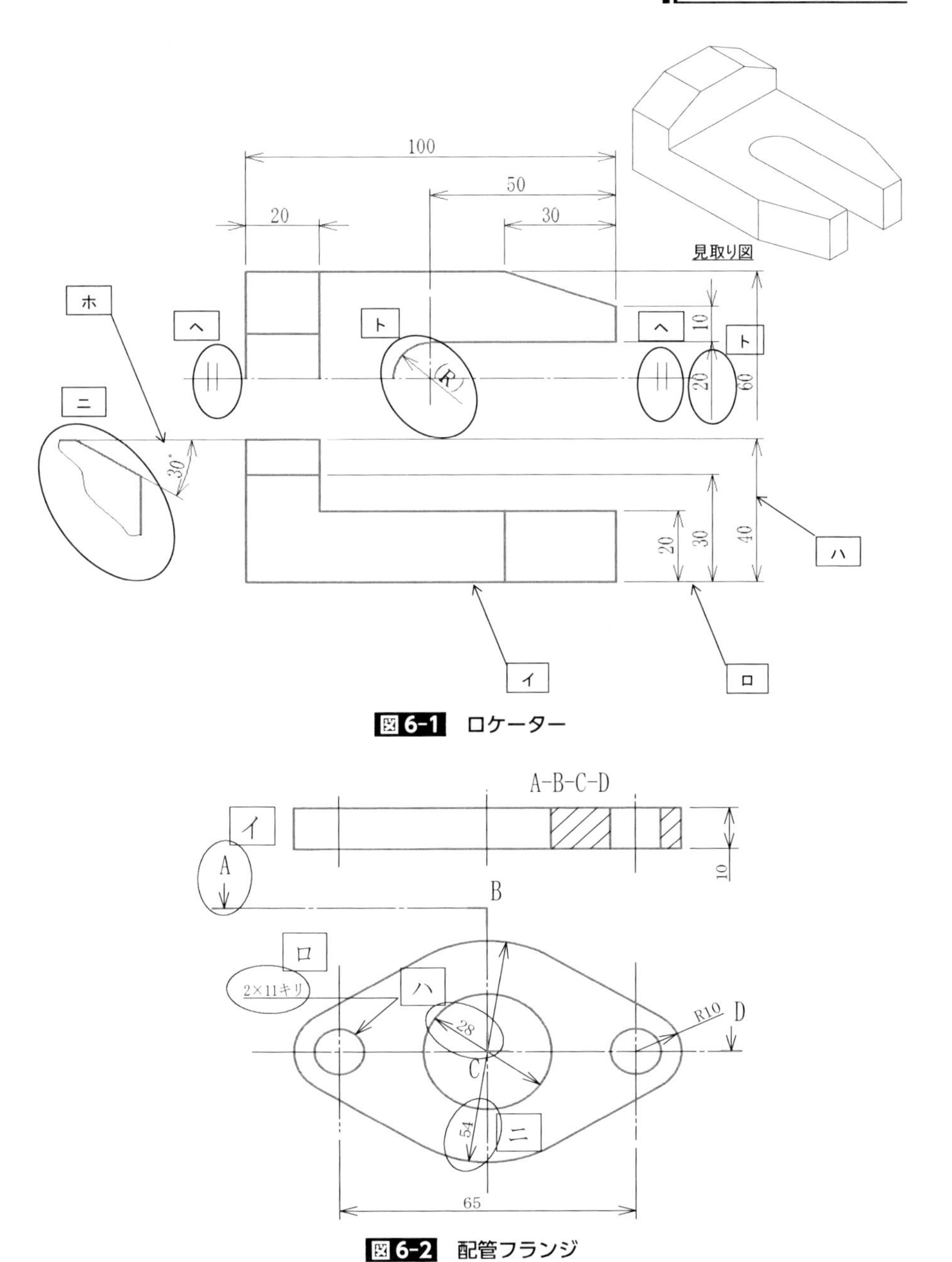

図6-1　ロケーター

図6-2　配管フランジ

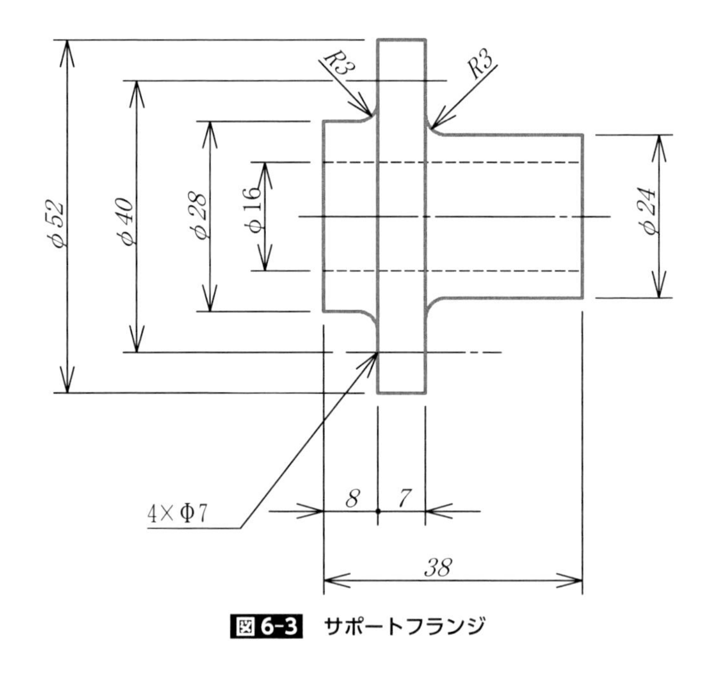

図 6-3　サポートフランジ

を記入する場合に、寸法線の両側に端末記号が付く場合、直径寸法に付記する直径記号“φ”を描いてはいけない。“ニ”の例は、円弧の図形が 180° に満たないが、対象の部品が配管フランジで関連部分の多くが円筒形であり、直径で指示されている。

「**図 6-3**：サポートフランジ」は直径の異なる円筒形が連続する形状で、直径記号“φ”を用いて円筒形であることを示し、1つの図形ですべての情報を描いた例である。「**図 6-4**：シャフト」、「**図 6-5**：ギヤボックス」は寸法公差、表面性状の指示記号、幾何公差を描いてある。トレースをする前に、第5章で学習する。

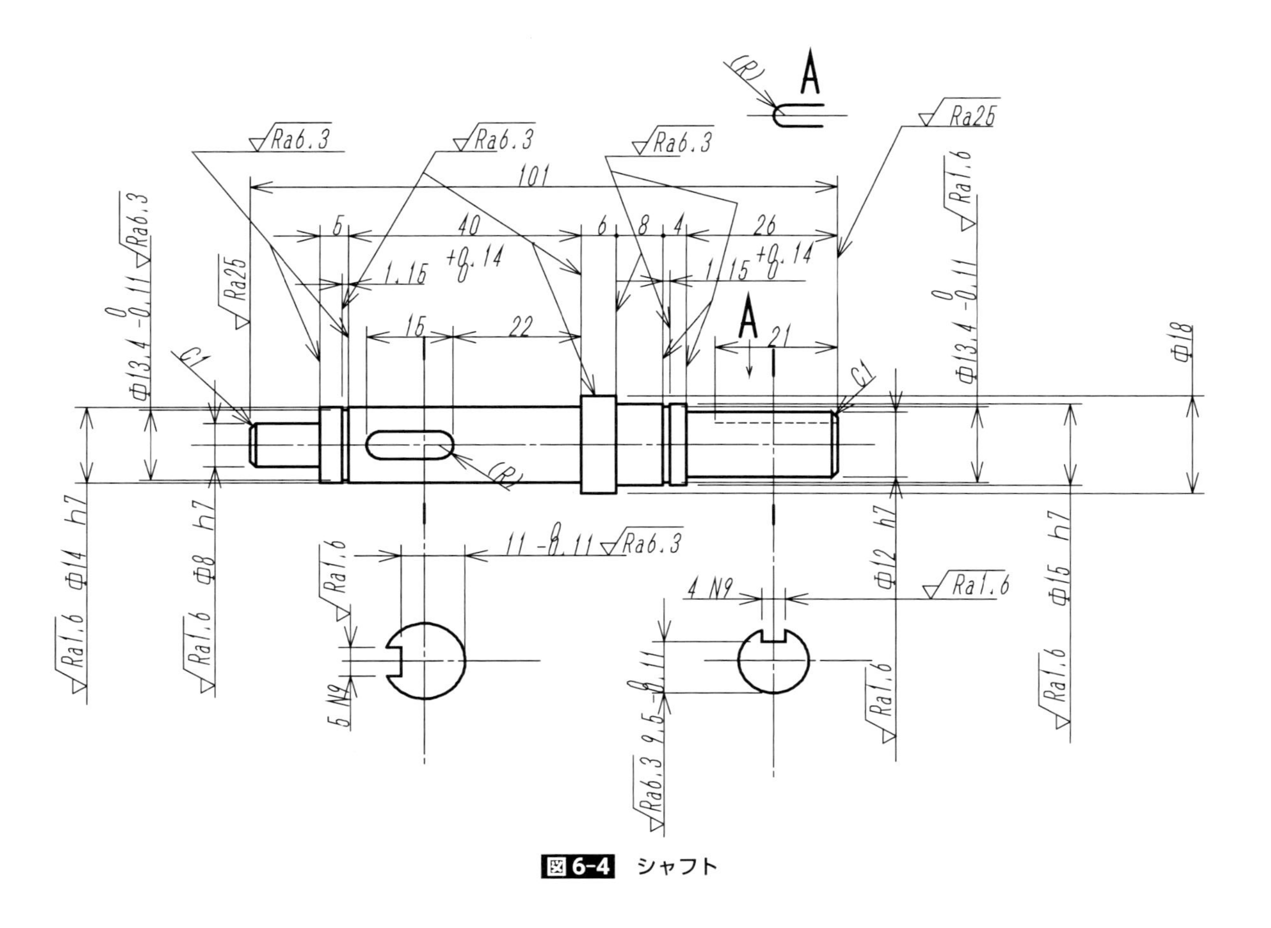
A
(R)
Ra25
Ra6.3
Ra6.3
Ra6.3
101
Ra1.6
Ra6.3
5
40
6
8
4
26
Φ13.4 -0.11 0
1.15 +0.14 0
1.15 +0.14 0
Ra25
Φ13.4 -0.11 0
A
15
22
21
Φ18
C1
C1
(R)
Ra1.6 Φ14 h7
Ra1.6 Φ8 h7
11 -0.11 0 Ra6.3
Ra1.6
Φ12 h7
4 N9
Ra1.6
Φ15 h7
5 N9
Ra6.3 9.5 -0.11 0
Ra1.6
Ra1.6

図6-4　シャフト

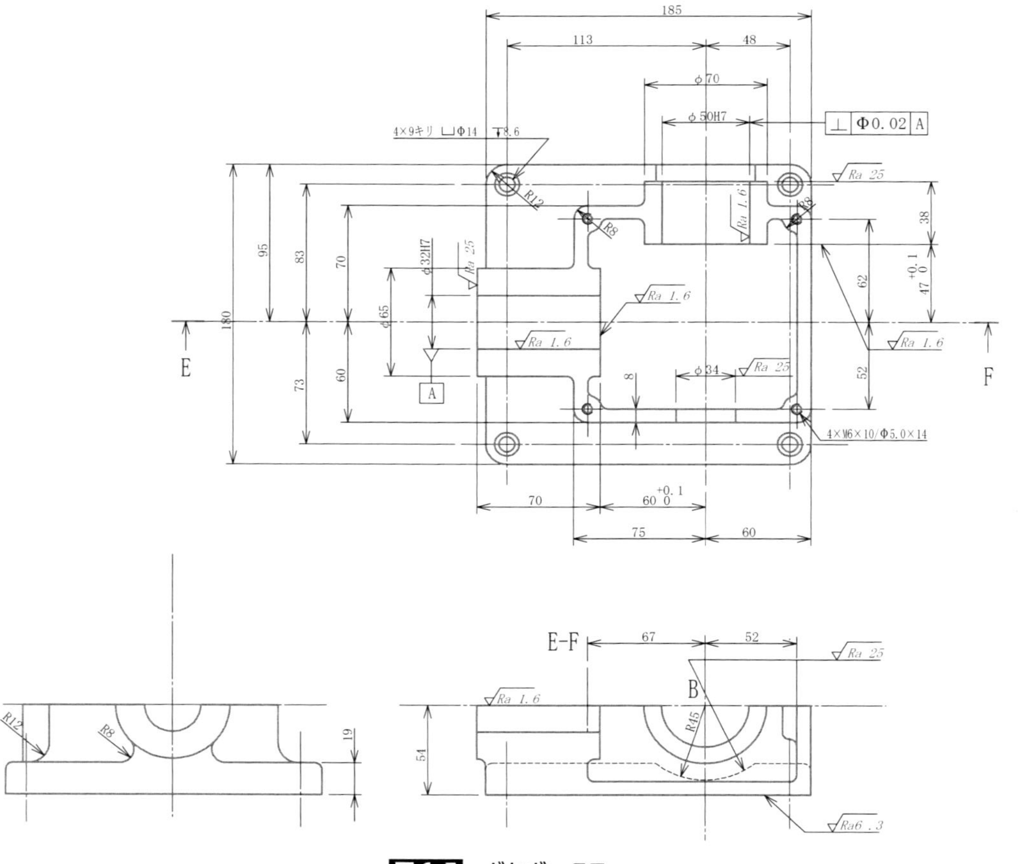

185
113
48
φ70
φ50H7
⊥ Φ0.02 A
4×9キリ ⌴Φ14 ↧8.6
R12
R8
Ra 25
Ra 1.6
38
47 +0.1 0
62
52
95
83
70
180
φ32H7
φ65
60
73
E
F
A
8
φ34
4×M6×10/Φ5.0×14
60 +0.1 0
75
E-F
67
B
R45
54
19
Ra6.3

図6-5 ギヤボックス

6-2　ねじ製図

「3-6 項：ねじ製図」で解説した内容を、身に着けるための課題である。また、規格表から必要な情報を読み取ることを勉強する。

6-2-1　学習の要点

①　ねじ製図における細線と太線の使い方。
②　おねじとめねじが組合さったときの描き方、分解したときの描き方。
③　ねじの谷径を表す細線の描き方
④　JIS 規格の表の読み方。

6-2-2　ねじの図示の設問

〈着眼点〉

1　最少の図とは
2　図の向き
3　下穴径の算出
4　ねじの描き方（めねじの図形）

次の指示に従って作図し、寸法を記入する。「JIS B 0001　機械製図」を基本にして、作図、寸法記入する。再三出てくるが、細い実線と太い実線の区別、線の種類の使い分けは、課題の中で学んでいく。
部品①：直径 50mm 厚さ 30mm の鋼材に、メートル並目ねじ呼び 20 の、六角穴付きボルトの頭部を完全に沈める穴があいている。
部品②：直径 50mm 長さ 50mm の鋼材にメートル並目ねじ呼び 20 のめねじを深さ 35mm 以上（下穴深さは鋼材を貫通しない程度）で加工してある。

（1）問題 1

部品①の部品図を最小の図で表現し、寸法等を記入する。

表 6-1　一般用メートルねじの呼び径及びピッチ（抜粋）

単位 mm

呼び径　D、d			ピッチ						
1 欄	2 欄	3 欄	並目	細目					
第 1 選択	第 2 選択	第 3 選択		2	0.5	1.25	1	0.75	0.5
4			0.7						0.5
	4.5		0.75						0.5
5			0.8						0.5
6			1					0.75	
	7		1					0.75	
8			1.25				1	0.75	
		9	1.25				1	0.75	
10			1.5			1.25	1	0.75	
		11	1.5				1	0.75	
12			1.75		1.5	1.25	1		
	14		2		1.5	1.25	1		
		15			1.5		1		
16			2		1.5		1		
		17			1.5		1		
	18		2.5	2	1.5		1		
20			2.5	2	1.5		1		
	22		2.5	2	1.5		1		
24			3	2	1.5		1		

着眼点 1：最少の図とは

3-1-7 項で解説した、最少の図形の選び方は、長さ寸法を記入できる方向を選び、円筒形であることを寸法で表す。**図 6-6** の描き方で、ボルトの頭部関連の寸法は**表 6-2** による。

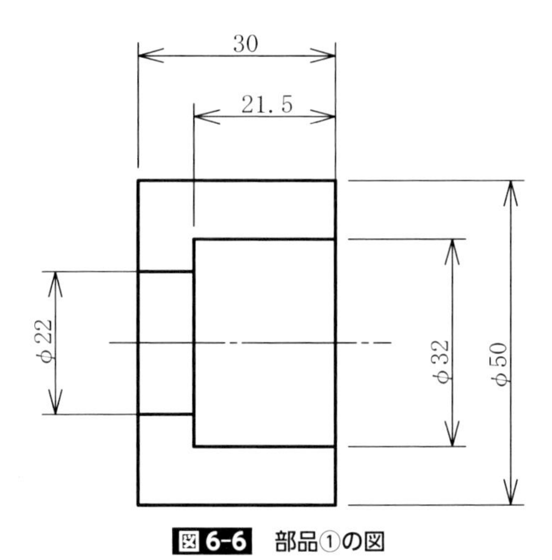

図 6-6　部品①の図

表 6-2　六角穴付きボルトの通し穴、深ざぐりの寸法

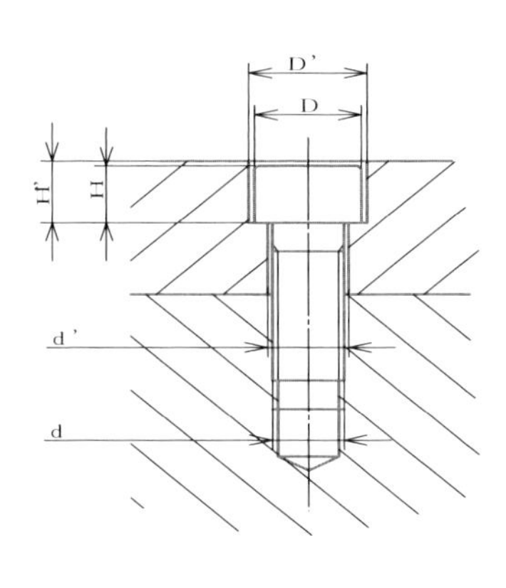

単位 mm

ねじの呼び (d)	d′ 通し穴径	D 頭部の径	D′ 頭部収納径	H 頭部の厚さ	H″ ざぐり穴深さ
M3	3.4	5.5	6.5	3	3.3
M4	4.5	7	8	4	4.4
M5	5.5	8.5	9.5	5	5.4
M6	6.6	10	11	6	6.5
M8	9	13	14	8	8.6
M10	11	16	17.5	10	10.8
M12	14	18	20	12	13
M16	18	24	26	16	17.5
M20	22	30	32	20	21.5
M24	26	36	39	24	25.5

着眼点 2：図の向き

旋盤で加工する円筒形形状の加工物は、加工時の姿勢と同じ中心軸を水平に描き、大きな穴が右側にくるように描く（図 6-6 参照）。

(2) 問題 2

部品②の部品図を主投影図、右側面図を用いて表す。主投影図はねじの中心軸線を含む切断面で切断した断面図とする。右側面図は中心線から右側は対称図示記号を用いて省略し、左側のみを図示し、寸法を記入する。

着眼点 3：下穴径の算出

「**表 6-1**　一般用メートルねじの呼び径及びピッチ」から、メートル並目ねじ呼び 20 のねじピッチ“2.5”を読み取り、下穴径（概算）を算出する。

下穴径　=　呼び径　－　ピッチ　（小数点第 2 位の数値を四捨五入する）

　　　　=　20　－　2.5

　　　　=　17.5（mm）

少量生産における穴径は、小数点第 1 位まで指示する。

着眼点 4：ねじの描き方（めねじの図形）

・描き方は図 3-81 で、寸法の記入法は図 3-81 で解説されている。図形の向きは問題 1 と同様である。

・ドリルの先端形状の描き方

図 6-7 の“A”に示したように、標準ドリルの先端角 118 度を製図では 120 度で描く。下穴が貫通しない条件であり、先端位置を適宜決めて、そこに先端形状を描いて、めねじの深さ 35mm 以上が成立するように描く。

・側面図の谷径線の描き方（図中“B”）は図 6-7 に示したように、谷径の線の描かない範囲（90°）のイメージを伝える。

(3) 問題 3

部品①と部品②を首下長さ 35mm のボルトで締付けた状態を断面図で表現する。寸法等は記入する必要はない。ボルトのねじのない部位を図示する。

・おねじ優先

めねじにおねじを組付けた場合の線の使い方は、図 3-82 にあるようにおね

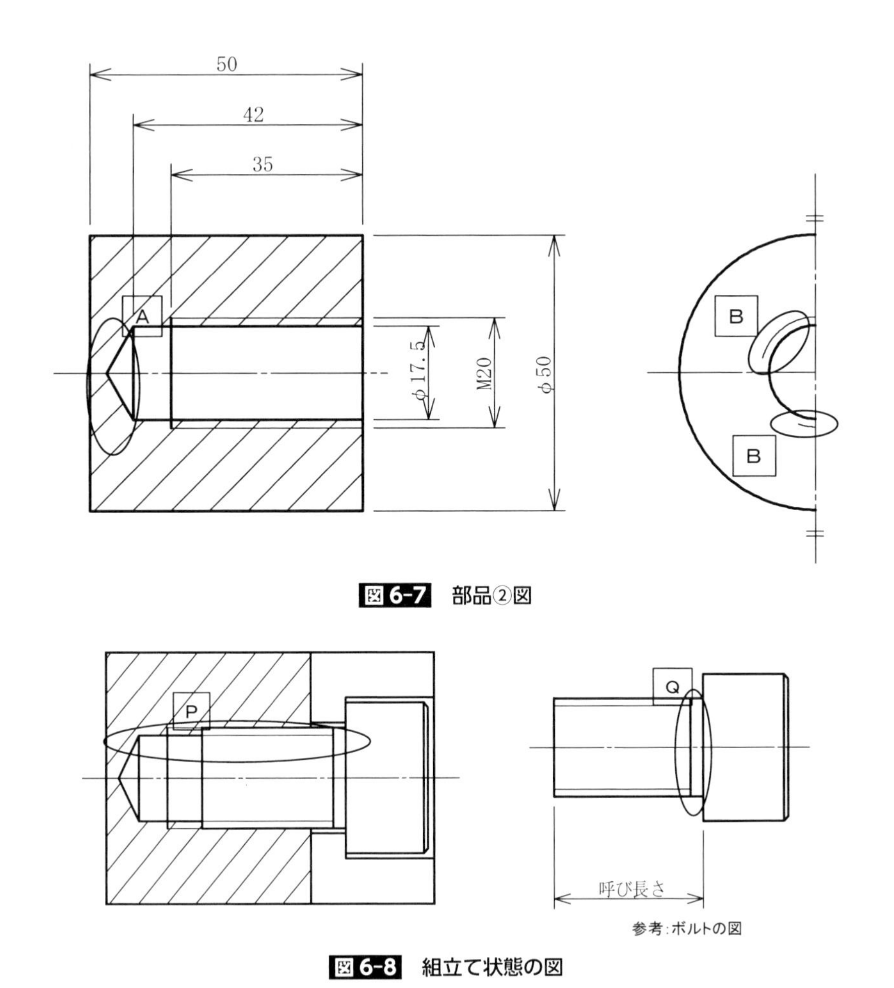

図6-7　部品②図

図6-8　組立て状態の図

じ優先で描く。

・ねじのない部位

ボルトにおねじを作るときに、工具（ダイス、ねじ切バイト、転造ダイスなど）を使用するが、ボルトの頭部付近は工具と頭部が干渉して、ねじを作ることができない領域ができる。この部分を図示すると設計の成立性検証となる。**図 6-8** に解答図を示した。

6-2-3　ねじの分解

図 6-9 に示した、部材Ⅰと部材Ⅱの間にパッキンを挟んでボルトで締める構造を示す組立図から、部材Ⅱのめねじ部の図を描く。

ねじ部は下穴の終端から読み解いていく。終端はドリルの先端と同じ円錐形状をしており、下穴深さを読み取ることができる。その左側の線が、めねじの終端線で、めねじ深さを読み取ることができる。さらに、その左がおねじの先端の線、おねじの終端の線と続くが、部材Ⅱのめねじを描く場合には関係のない図形である。ねじの呼び径に相当する部分の寸法から、ねじの呼び径を特定する。

下穴深さ、ねじ深さ、ねじの呼び径を図から読み取ったら、表 6-1 からねじ

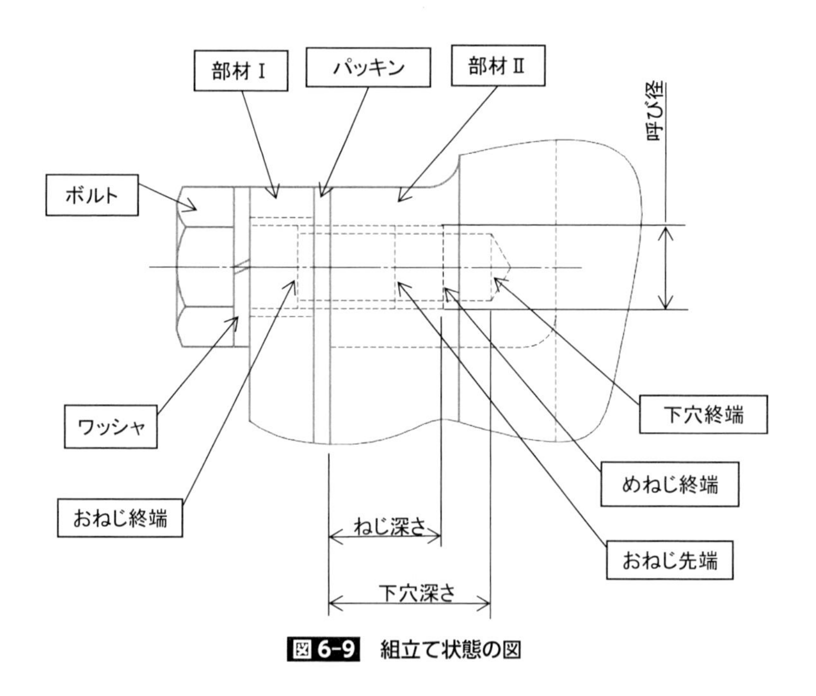

図 6-9　組立て状態の図

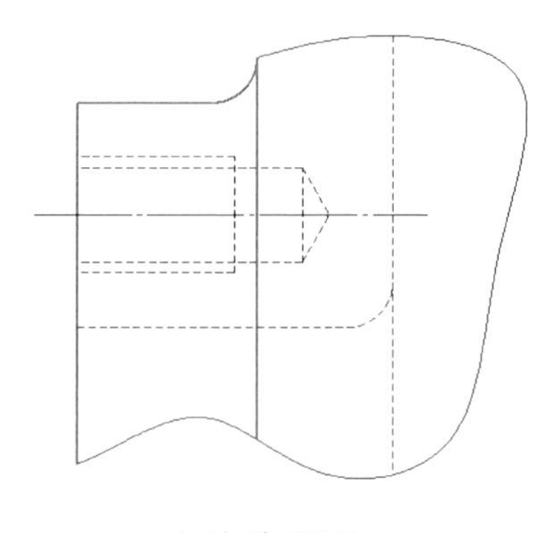

かくれ線で図示

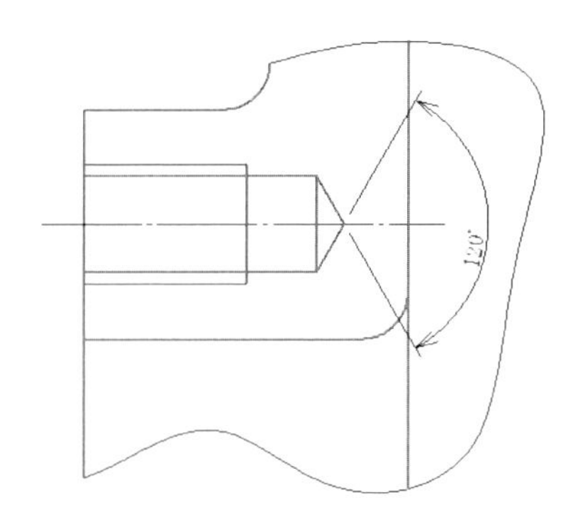

断面図示

図 6-10　分解後のねじの図

ピッチを読み取り、下穴径を算出する。以上の４つの数値を使って**図 6-10** を描く。ただし、120°の寸法は記入しない。

6-3　見取図の図面化

3DCAD で描かれた見取図から部品図を作成する。見取図の読み取る上で次の３点に注意する。

⑴　ねじの図形を穴または軸形状で代用している、指示事項に従ってねじを理解する。

⑵　CAD では平面と接続 R、円筒面と接続 R 及びそれに類する部位で境界線を示しているが、機械製図の図形表現の形式は、接続部の線を描かない。

⑶　3DCAD で描かれた見取り図には寸法がないことから、製図上必要な数値を追記して示した。

6-3-1　見取図の図面化Ⅰ

図 6-11 に示した部品は、砂型による鋳造で素材を作り、その後切削加工されている。次の指示事項に従って部品図を作成する。この 3D 図形はねじを描

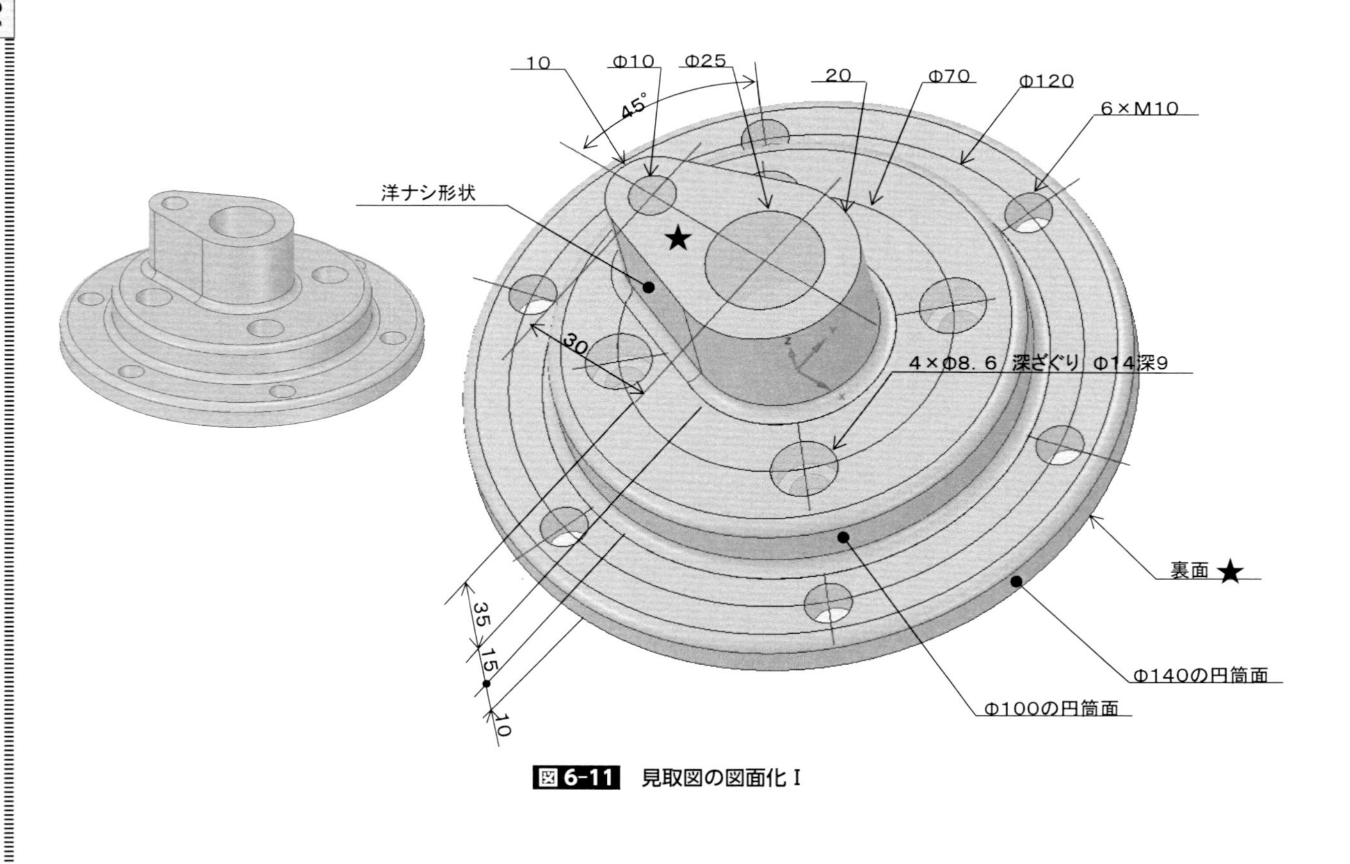

図 6-11 見取図の図面化 I

いていない。注記で穴とねじを読み分ける。
・鋳肌面と鋳肌面をつなぐ部位には、半径 3mm の接続 R がついている。
・★印で指示した面は、算術平均粗さ“Ra 6.3”以下に切削加工されている。
・Φ10、Φ25 の穴は、寸法公差“H7”で、算術平均粗さ“Ra 1.6”以下に切削加工されている。
・穴及びざぐりは、ボール盤で加工してある。
・鋳肌面に表面性状の指示をしない。
・半径の指示は必要な箇所すべてに記入する。注記で一括指示してはいけない。一括指示では図形の正確な認識レベルを評価できない。練習問題で認識レベルを確認する。
・最少の投影図の数で表現する。

（1）投影図の選定

・主投影図は半径 10 と半径 20 で構成している洋ナシ型の形状が実形で表される方向とする。
・Φ10、Φ25、ざぐり穴、ねじの 4 つの断面形状を表現できる切断面で切断した、**図 6-13** に示した断面図を第 2 の投影図とする。

（2）主投影図の描き方

・指示事項及び、図 6-11 から得られる情報を基にして、**図 6-12** に示すように、描く。
・Φ25 の穴、R20、Φ100、Φ140 の円筒面及び、Φ70、Φ120 の配置円はオフセット量の指示がないことから、同心で描く。
・R10、R20 で形成する洋ナシ形は、円弧を描いて共通接線で接続する。
・R10、R20 の円弧を 180 度分描いて、直線で接続すると接続部で屈曲することから、通常は滑らかに接続する共通接線を用いる。
・Φ10 の穴、ざぐり穴及び、ねじの配置は、図 6-11 で位相が示されており、それに合わせて作図する。
・ねじ及びざぐりの配置は、指示のない場合は等分と解釈する。深ざぐりはざぐりの形状を正しく描く。

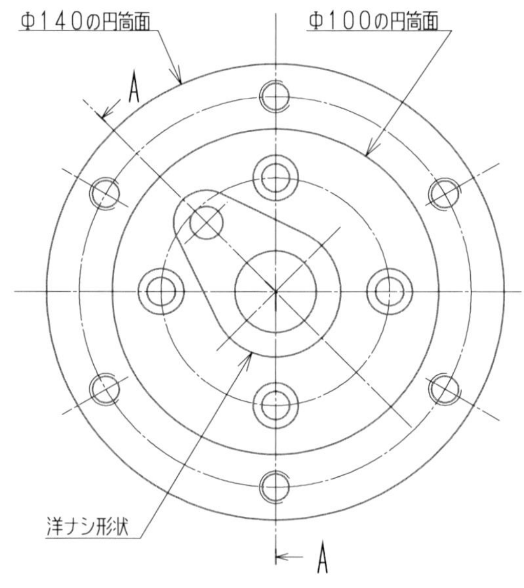

図 6-12　主投影図

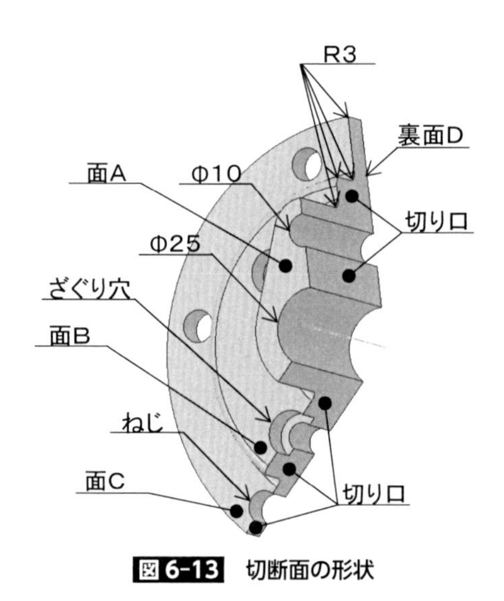

図 6-13　切断面の形状

(3) 断面図

・断面図で２つの穴、ざぐり及び、ねじを表現すると、同時に４カ所の接続Ｒを描くことができる。

・図 6-13 に切断面の形状を示した立体図を示す。

・断面図を描く場合に、切断面ばかりに気を取られて、**図 6-14** に示した切り口の図にならないためには、**図 6-15** に示した"面Ａ～Ｄ"に代表される平面を表す線を描くことを忘れない。実際には"面Ａ"を示す線は、図 6-15 の"線Ａ"であり、同様に"面Ｄ"を示す線は"線Ｄ"である。これらの線を、切り口別に引くのではなく、同一面を表す線は一度の引くと切り口の図でなく断面図となる。

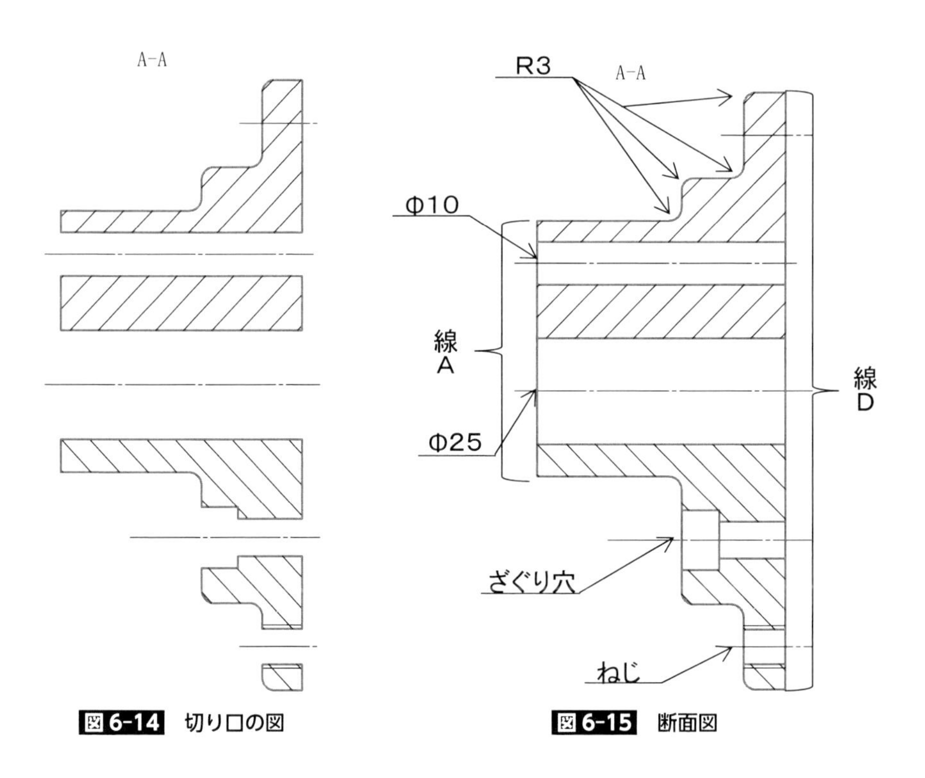

図 6-14　切り口の図

図 6-15　断面図

(4) 主投影図の寸法記入

・洋ナシ形状の構成要素の寸法“R10”は、円弧の図形に記入するルールがあり、もう1つの構成要素の“Φ40”も同一の、主投影図に記入する。

・洋ナシ形状の“Φ40”の円弧は180度を超えており、必ず直径寸法指示をする。

・“R10”と“Φ40”の中心距離“30”は洋ナシ形状の要素とするか、“Φ10”と“Φ25”の中心距離とする、2つの見方があるが、この例では機能的重要度から穴の中心距離としてした。

・ざぐり穴及びねじの配置円は、位相関係の図示がある主投影図に記入して、ざぐり穴及びねじの指示も主投影図に記入した。

・洋ナシ形状の位相を指示する角度寸法は、主投影図が唯一記入可能な図である。

・**図6-16** に主投影図の寸法を示す。

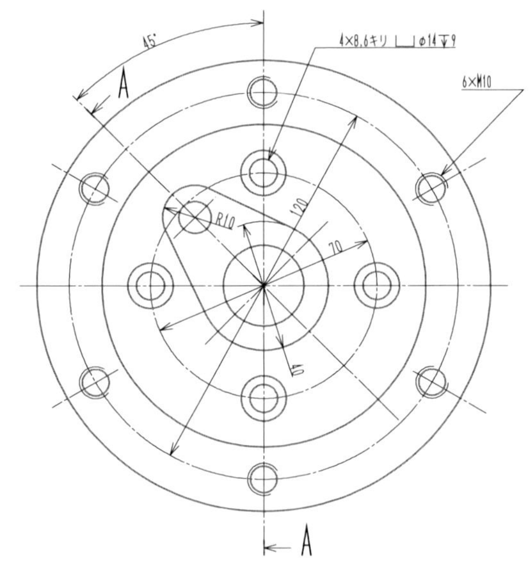

図6-16 主投影図の寸法

(5) 断面図の寸法記入

・円筒形の直径寸法と、長さ寸法を断面図に集中させる。

・洋ナシ形状の長さ寸法と、円筒形の長さ寸法の記入形式は、見取図の形式を踏襲する。

・円筒と平面の接続Rは、1周を同一で作ることから、一連の接続Rに2か所以上に寸法記入すると、重複記入となる。これを避けるためには、**図6-17**に示したように、中心線を挟んでどちらか片側に寸法を集中させる。

・寸法と寸法公差は同時進行で記入してゆくと、記入忘れが発生しない。

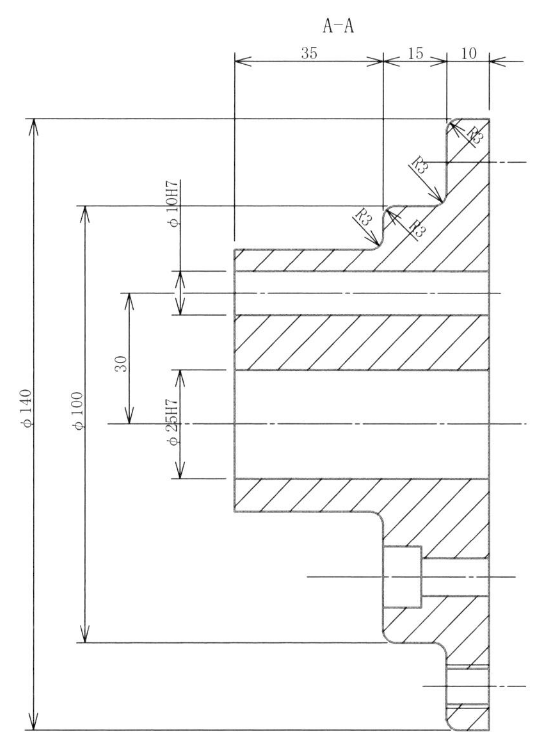

図6-17　断面図の寸法

(6) 断面図の指示事項

・表面性状の指示は、下辺又は右辺から読める方向に記入する。

・表面性状の指示記号の三角の頂点を、空間側から実体側に向けて記入する。また、三角形の頂点を、面を表す線に、しっかり付け隙間を作らない。引き出し線の端末記号側も同様である。

・以上の２点の制約条件から、表面性状の指示記号を、直接記入できない面があり、引出線を用いて記入する。引き出し線の方向も、空間側から実体側に向けて記入する。

・**図 6-18** に指示事項を示す。

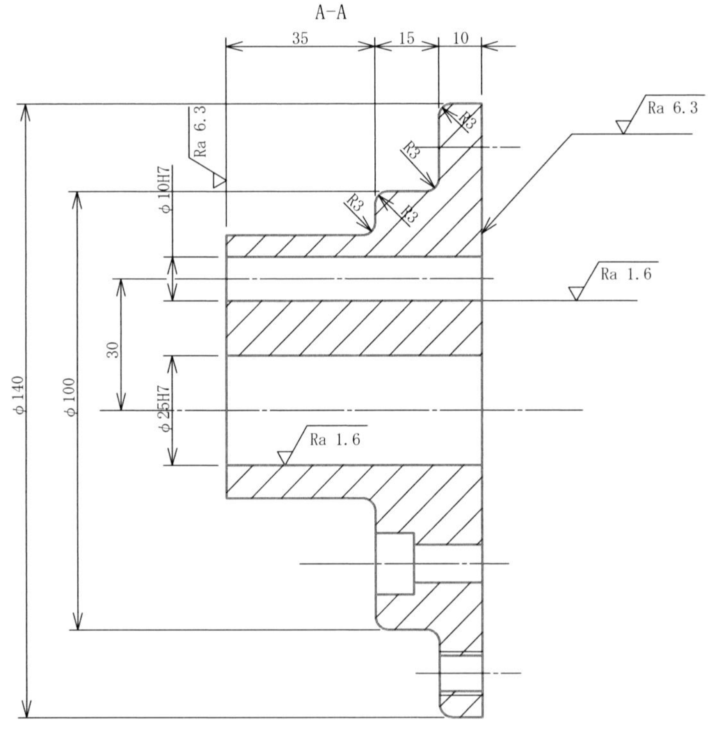

図 6-18 断面図の指示事項

(7) 見取図の図面化Ⅰの部品図を巻末の図 6-19 に示す

6-3-2　見取図の図面化Ⅱ

図 6-20 に示した部品は、砂型による鋳造で素材を作り、その後切削加工されている。次の指示事項に従って部品図を作成する。

- 鋳肌面と鋳肌面をつなぐ部位には、半径 5mm の接続 R がついている。
- ★印で指示した面は、算術平均粗さ“Ra 6.3”以下に切削加工されている。
- Φ30 の穴は、寸法公差“H7”で、算術平均粗さ“Ra 1.6”以下に切削加工されている。
- キー溝は**表 6-3** の普通型で、寸法、寸法公差及び表面性状の指示記を記入す

表 6-3　平行キー用のキー溝の形状・寸法 (JIS B 1301：1996) 抜粋

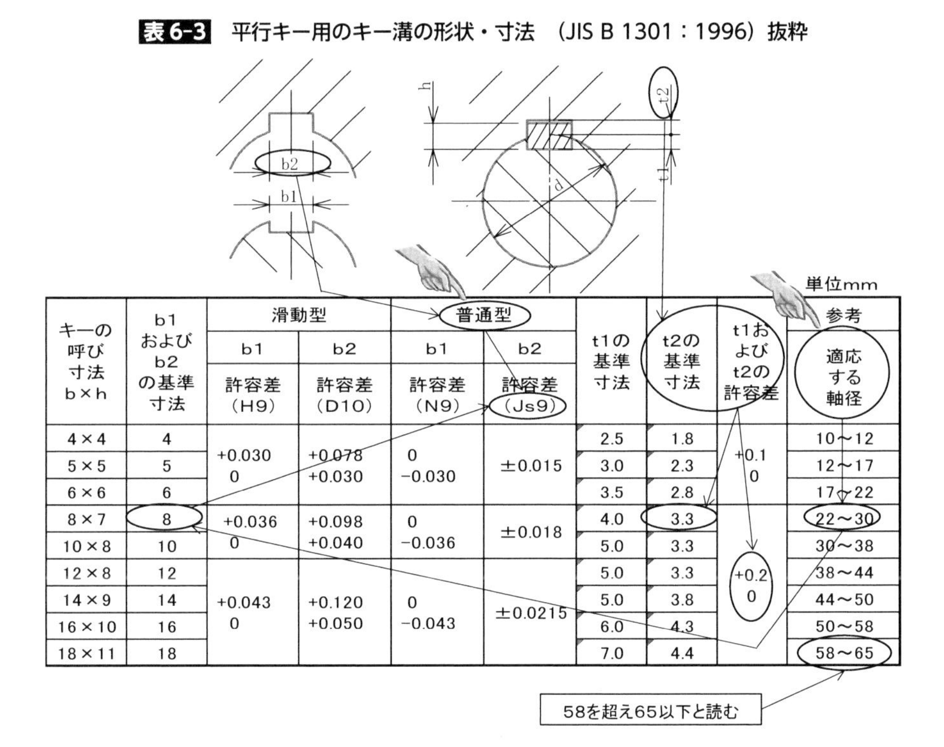

キーの呼び寸法 b×h	b1 および b2 の基準寸法	滑動型		普通型		t1の基準寸法	t2の基準寸法	t1および t2の許容差	参考
		b1	b2	b1	b2				適応する軸径
		許容差 (H9)	許容差 (D10)	許容差 (N9)	許容差 (Js9)				
4×4	4	+0.030 0	+0.078 +0.030	0 −0.030	±0.015	2.5	1.8	+0.1 0	10～12
5×5	5					3.0	2.3		12～17
6×6	6					3.5	2.8		17～22
8×7	8	+0.036 0	+0.098 +0.040	0 −0.036	±0.018	4.0	3.3		22～30
10×8	10					5.0	3.3	+0.2 0	30～38
12×8	12	+0.043 0	+0.120 +0.050	0 −0.043	±0.0215	5.0	3.3		38～44
14×9	14					5.0	3.8		44～50
16×10	16					6.0	4.3		50～58
18×11	18					7.0	4.4		58～65

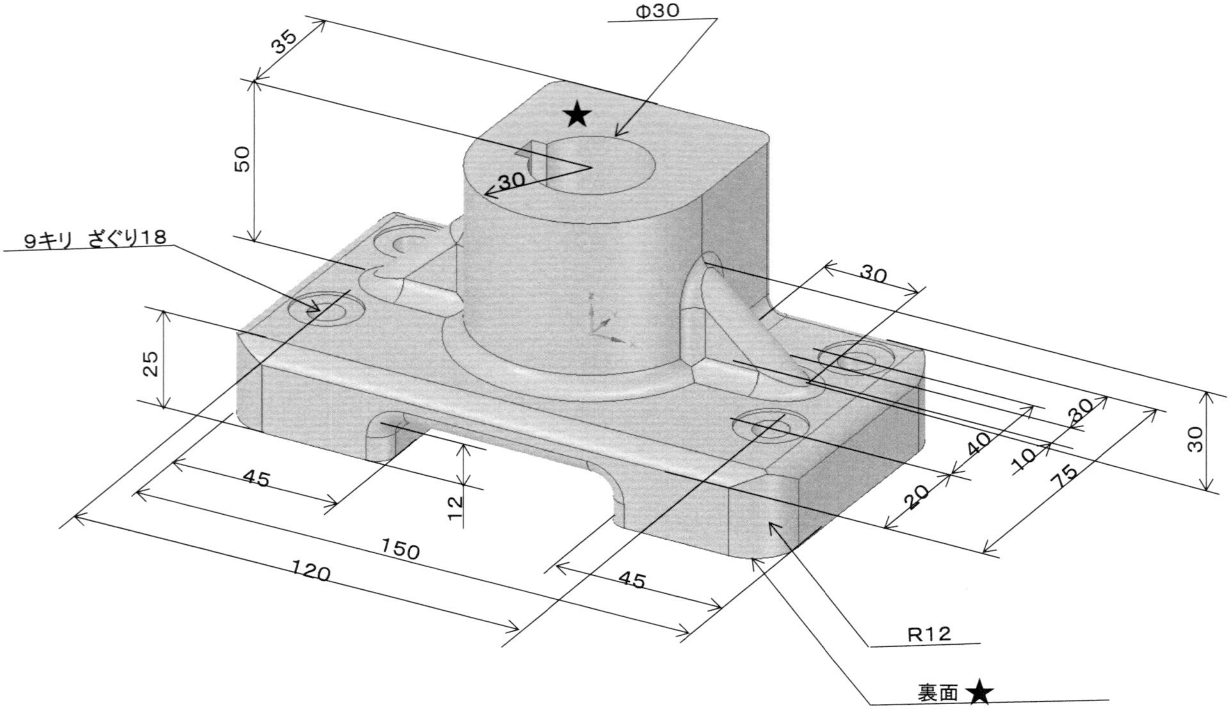

図 6-20 見取図の図面化 II

る。

・穴及びざぐりは、ボール盤で加工してある。

・鋳肌面に表面性状の指示をしない。

・半径の指示は必要な箇所すべてに記入する。注記で一括指示してはいけない。

・最少の投影図の数で表現する。

(1) 投影図の選定

・主投影図はΦ30の穴の中心線を通り、2枚のリブの中央を切断面とする断面図で表す。切断面の形状を**図6-21**に示す。

・主投影図のリブの断面形状を表す、回転断面を描く。

・平面図は外形図とし、キー溝及び4カ所の穴に関する図形を描く。

・側面図は左右どちらか（図例は右）を描き、鋳肌面に関する接続Rを記入する。

(2) 主投影図の描き方

・断面図の表し方で長手方向に断面にすると、理解を妨げることから断面にしない対象の“リブ”が含まれており、図6-21の切り口の内“リブ”の部分は断面にしないで、**図6-22**のように図示する。

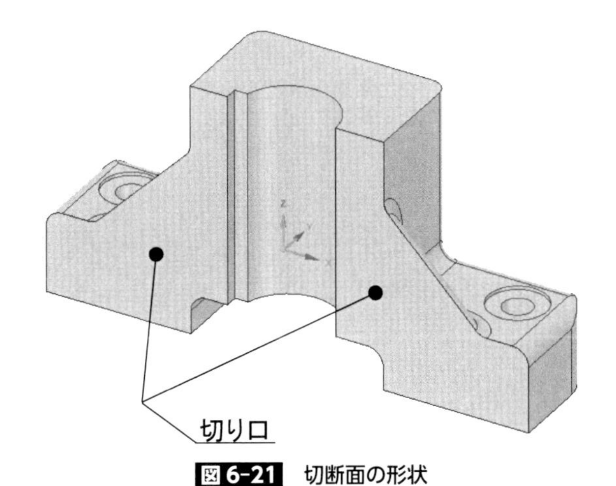

図6-21　切断面の形状

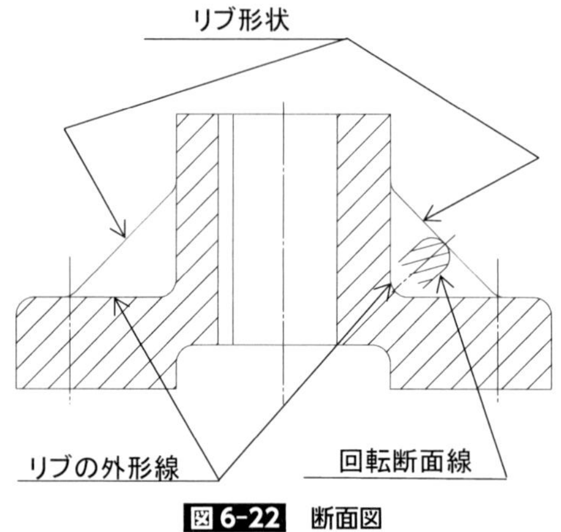

図 6-22 断面図

・4ヶ所の穴が矩形の配置で切り口にない場合、回転投影による位置補正と穴の実形表現をしない。ただし、切断面の近傍にある穴の中心線は描く。穴をかくれ線で描いた場合でも、ザグリ形状は製図のルールに基づいて、描いてはいけない。

(3) 平面図の描き方

・キー溝の描き方は、JIS B 1301（表 5-3 参照）から読み取って、必要事項を図面に記入する。適用する軸径の範囲が“22～30”と示されており、これを、22 を超え、30 以下と読み、指示事項の軸径 30 に適用し、キーの呼び寸法“8×7”を組込むキー溝を指示する。

・4 カ所の穴の入り口のザグリ形状は、製図のルールに基づいて、描いてはいけない。

・**図 6-23** に平面図を示す。ここに示された接続 R はこの方向で表れることから、かくれ線を用いて表す。

・**図 6-24** にかくれ線の省略について解説する。a) に示したように全て描く方法が無難である。ただし b) 部は線の優先順位から外形線と重なり、かくれ線は描かない。かくれ線の全長が長い場合は、c) にあるように途中から省略

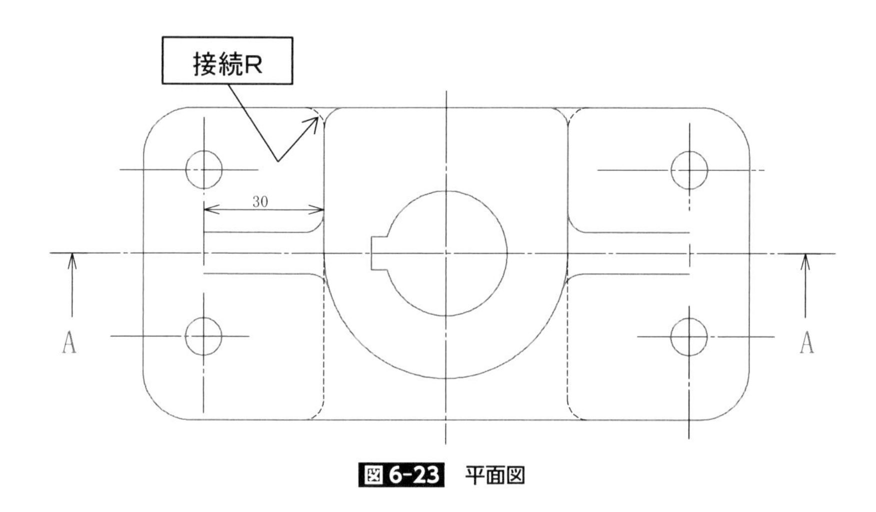

図 6-23　平面図

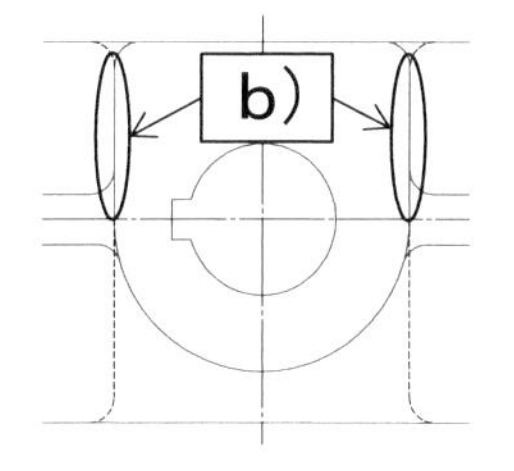

a）接続R関連全て描く

c）かくれ線を途中で省略

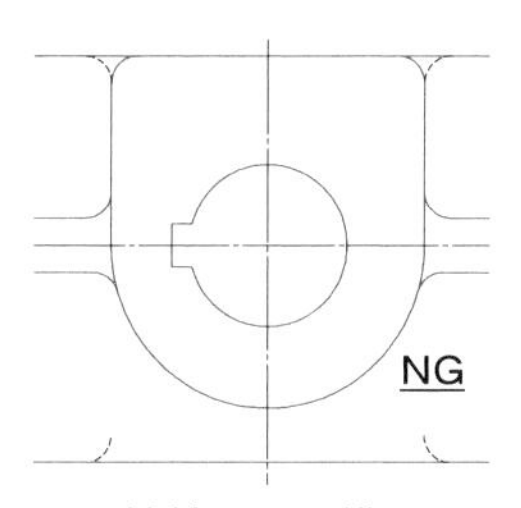

d）接続Rのみ描く

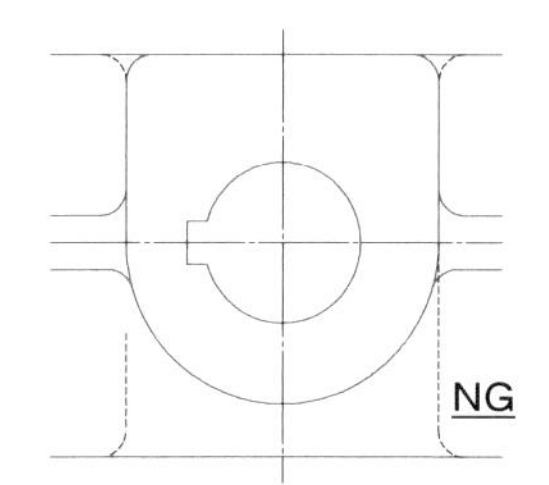

e）片側のかくれ線を途中で省略

図 6-24　かくれ線の省略の考え方

してもよい。d）にある様にかくれ線を省略するならば、4カ所ある接続Rの部分まで省略しないといけない。e）にあるように左右非対称に描いてはいけない。

(4) 右側面図の描き方（図6-25）

・この例では接続Rを図示するために側面図を描いている。

・かくれ線で表す接続Rを図示する。

・リブの終端の表し方は、先端Rと根本Rが同じであり、リブ幅を表す線の先端は曲げない。リブの終端を表す横線は習慣的に描くが、省略してもよい（平面図も同様）。

(5) 主投影図の寸法記入（図6-26）

・寸法Aは平面図にも記入可能だが、ϕ30の穴をあける部位の寸法と重なることから、主投影図への記入が望ましい。

・寸法Bはリブ幅“10”で接続Rが“5”だから“(R)”となる。

・寸法Cの左側に円筒面を表す線がないことから、寸法補助線と端末記号を付けることができない。

・**図6-27**に示したように、接続R部の寸法は、a）に示したように、面の交わり部に寸法記入する。それによりリブの縦横寸法が同じ図形で理解しやすい。b）に示したように相貫線に記入する方法もあるが、できたら避ける。接続R

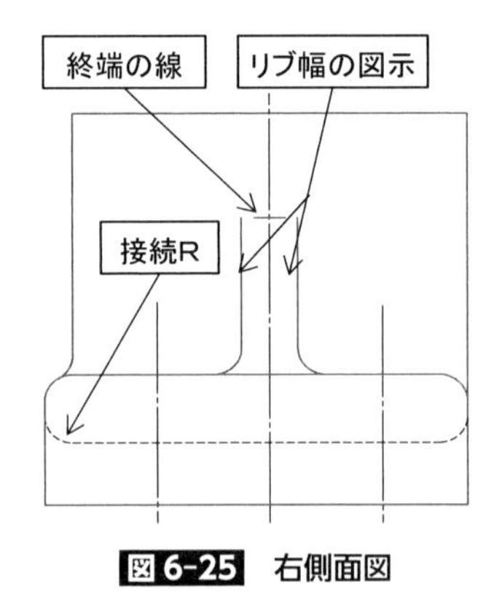

図6-25 右側面図

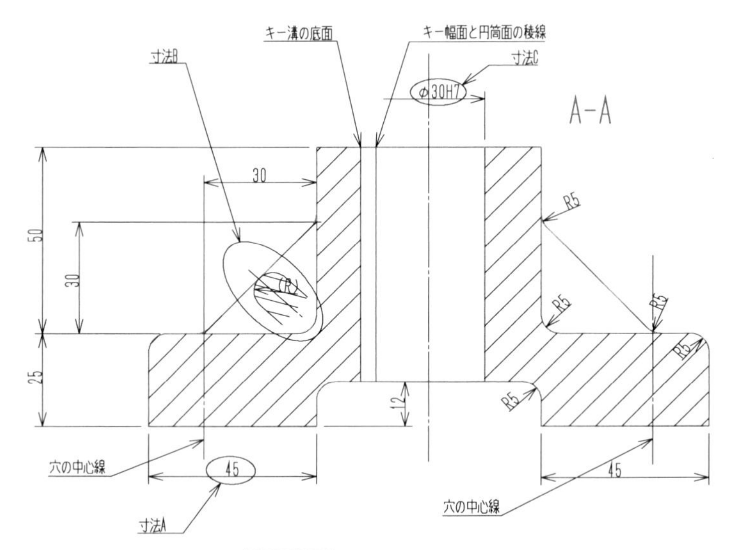

図 6-26　主投影図の寸法

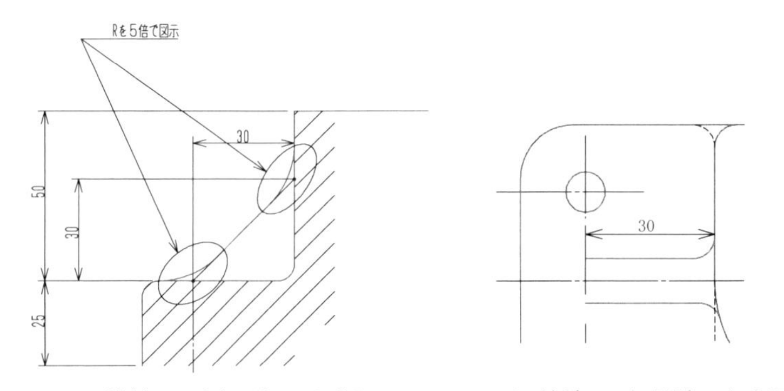

a）接続Rの交わり部に寸法記入　　b）接続Rの相貫線に寸法記入

図 6-27　リブ部の寸法

が小さいときには、交わり部を示す補助線を省略してもよい。

(6) 平面図の寸法記入（図 6-28）

・寸法Ａは表5-3では円筒面からの深さ寸法で示されているが、部品図では直

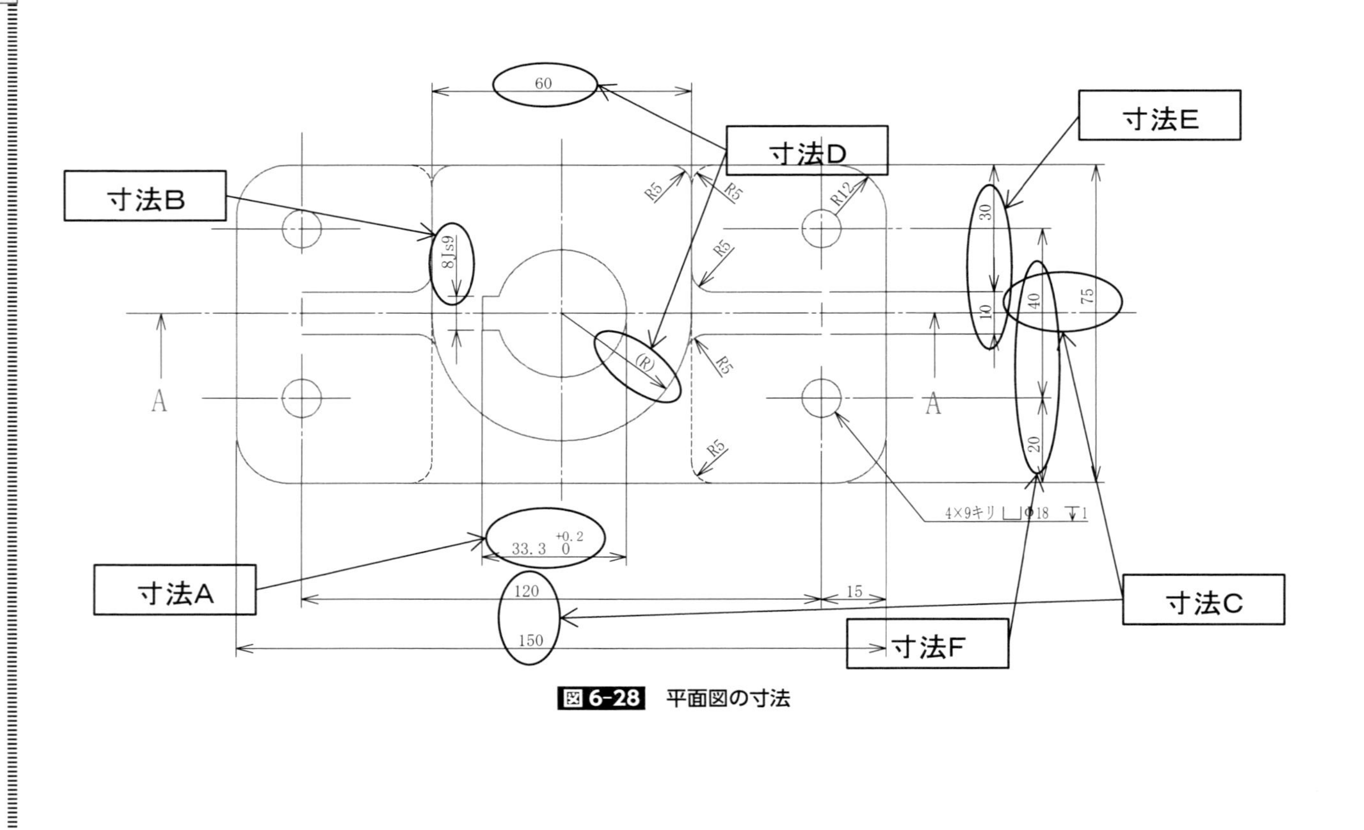

寸法A
寸法B
寸法C
寸法D
寸法E
寸法F
60
8Js9
(R)
33.3 +0.2 0
120
150
15
30
10
40
20
75
R5
R5
R5
R5
R5
R12
4×9キリ ⌴φ18 ↧1
A
A

図 6-28　平面図の寸法

接寸法測定ができるように記入する。寸法公差も表 5-3 から読み取って記入する。

・寸法Ｂは表 5-3 から読み取って、寸法及び寸法公差を記入する。表 5-3 では（Js9）と±0.018 と示されているが、8Js9 または 8JS9（±0.018）または 8±0.018 と表記する。8（Js9）及び 8（±0.018）は間違い。寸法記入において（　）内の情報は参考情報で意味を持たない。

・寸法Ｃは大きさ寸法（150×75）及び位置寸法（120×40）を縦横同じ図形に指示している。可能な範囲でこの方法を使用する。

・寸法Ｄは見取図では半径 30 が指示されているが、製図上の表現では幅寸法“60”と“(R)”で表現する。

・寸法Ｅは大きさ寸法“10”と、位置寸法“30”が示されており、２つの情報がそろって有効な寸法となる。

・寸法Ｆは穴の位置寸法“40”と、機能要求上の位置寸法“20”が示されており、２つの情報がそろって有効な寸法となる。

(7) 右側面図の寸法記入（図 6-29）

・寸法の集中の観点から、接続Ｒ以外の寸法は、主投影図及び平面図に記入されており、接続Ｒのみが右側面図の対象である。

・寸法Ａ及び寸法Ｂは同一の要素を指示しており、ＡまたはＢの片側を省略することができる。

・寸法Ｃ及び寸法Ｄは同一の要素を指示しており、ＣまたはＤの片側を省略することができる。

(8) 指示事項の記入（図 6-30）

・表面性状Ａに示すように、寸法線及び寸法線を延長した補助線に、表面性状を指示することができ、寸法を指示した、キー溝の幅方向の２面を指示している。ただし、寸法線に表面性状を指示できるのは、円筒寸法及びキー溝の幅寸法のように、端末記号の付く２カ所の要素が同じ内容を指示した寸法に限られる。寸法Ａのように、片側が円筒面、片側がキー溝の底面のような寸法には、表面性状を指示できない。

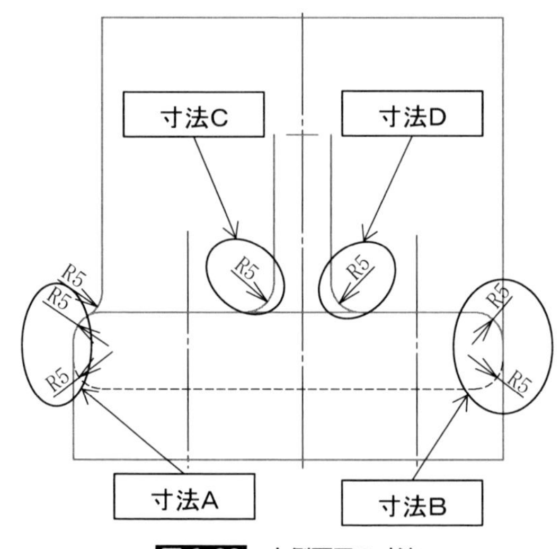

図 6-29　右側面図の寸法

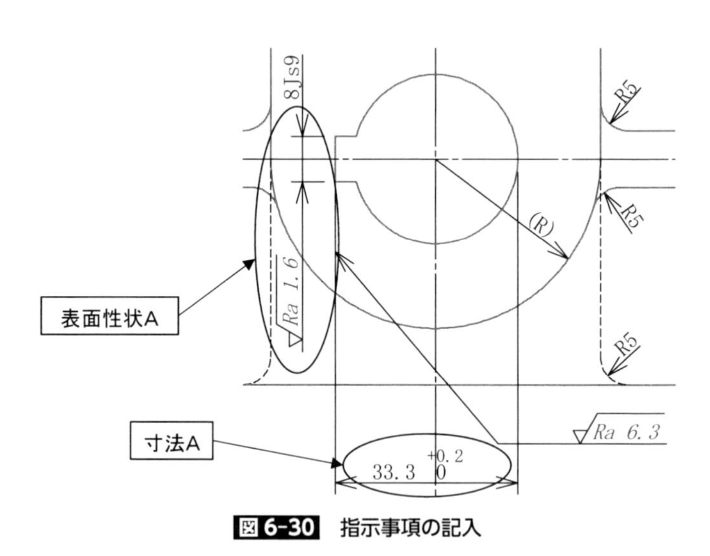

図 6-30　指示事項の記入

（9）見取図の図面化Ⅱの部品図を図 6-31 に示す。

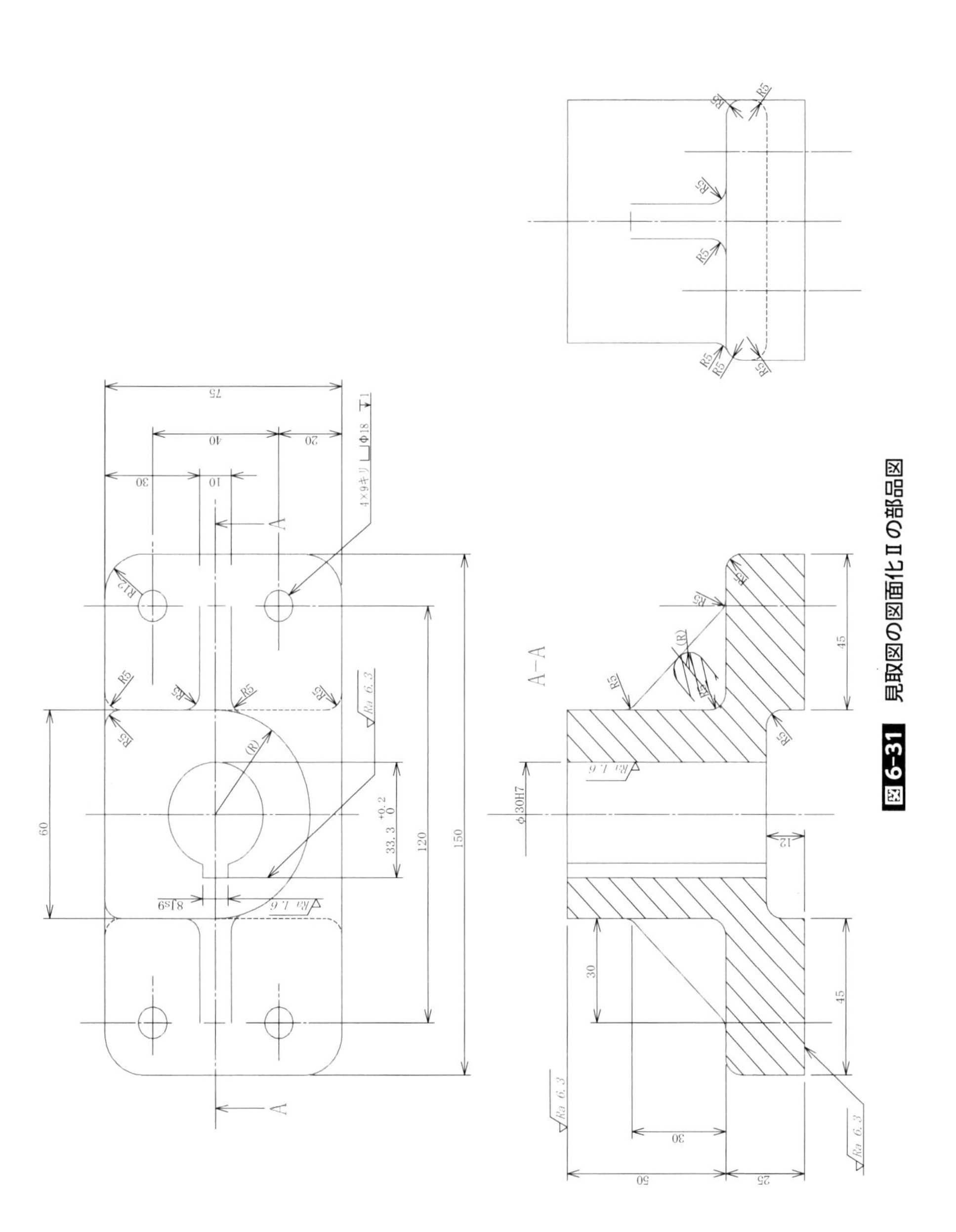

図 6-31　見取図の図面化Ⅱの部品図

第7章

技能検定受験者向け

実技課題を解読する幾つかの方法を解説する。

7-1　課題図の解読と作図

機械製図CAD作業技能検定の実技試験で最も難関なのが、課題図を解読して解答図を描くことにある。第1章で図1-1の課題図を解読して図1-14の解答図を描いているが、解読する方法はいくつかあり、過去に出題された問題に取り組むことにより、解読法を身に着けることをお勧めする。2016年7月に発行された拙書「機械製図CAD作業技能検定試験1・2級実技課題と解読例」（現在、第3版）を、参考にしていただきたい。

7-1-1　切口の図から断面図

図7-1に示した断面図で示された課題図（部分）を、切り口から読み解いて断面図を作る手順を解説する。**図7-2**に示したように、断面図に示された外形線を、①から順に～⑳（以下省略）と連続的に追跡して、切口の図を描いていく。**図7-3**にハッチングをして示したのが切り口の図である。**図7-4**に示したのがハッチング部を抜き出したもので、ねじ部はおねじの線が含まれている。解答図にするためには**図7-5**に示したように、①の切口の図に、②のめねじの終端線と下穴の終端を描き、③のおねじの終端線を消去し、④のねじの図形線を延ばして、⑤の谷径の線を細線に変更して、入口の稜線をつなぐとM12のめねじの図形ができあがる。同様に**図7-6**ではM20のめねじの図形を、**図7-7**ではG3／8の図形の描き方を示している。この手順を進めると、**図7-8**の断面図となる。

断面図の中に鋳肌面の2つの円筒面の間を円錐形でつないだ形状がある。この場合の図形の描き方を解説する。**図7-9**のa）に示したように、折れ線の位置は円筒面と円錐面を補助線で延長して交点を作り、その位置を左右つないだ位置とする。折れ線の引き始めの位置は、円筒面と円錐面の接続Rの大きさの分控えて引き始めて、控えて終わる。図示内容は、図7-9のb）に示した。

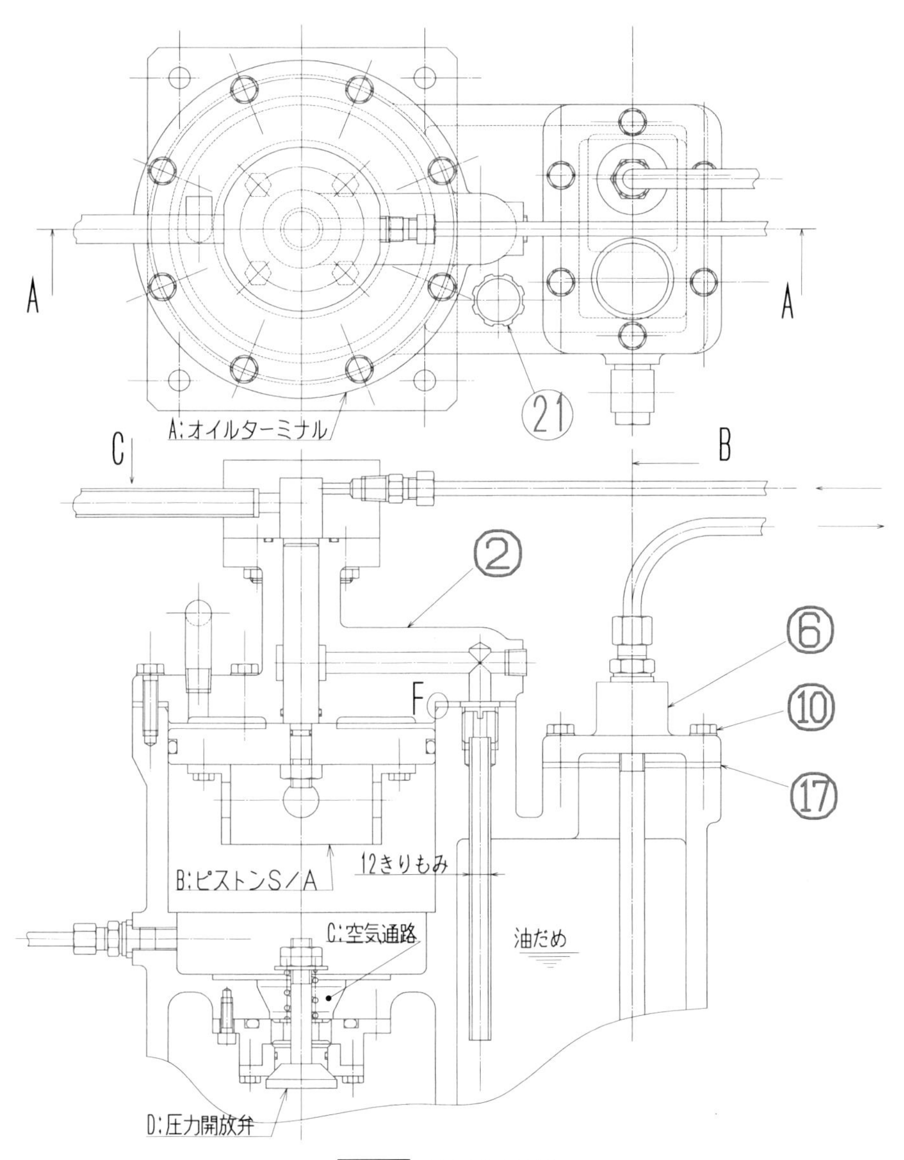

図 7-1　課題図（部分）

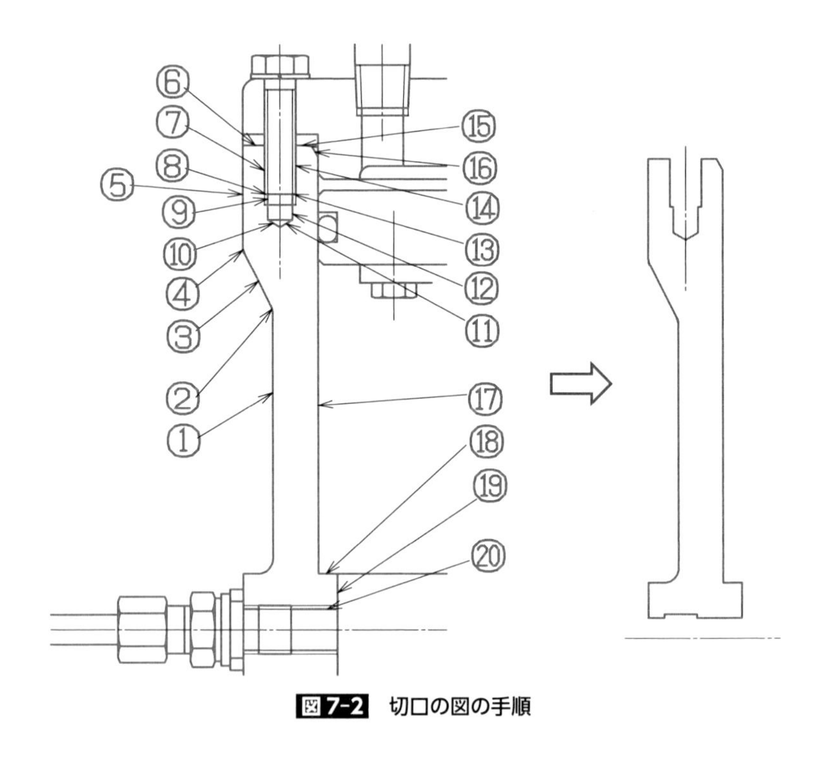

図7-2　切口の図の手順

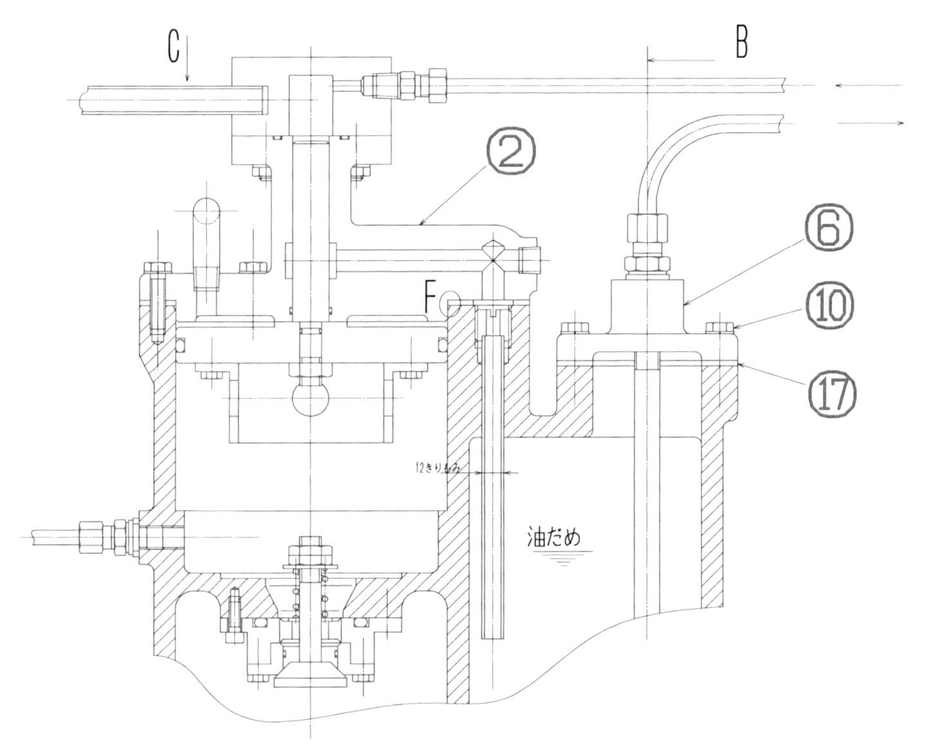

図7-3　切口の図（ハッチング）

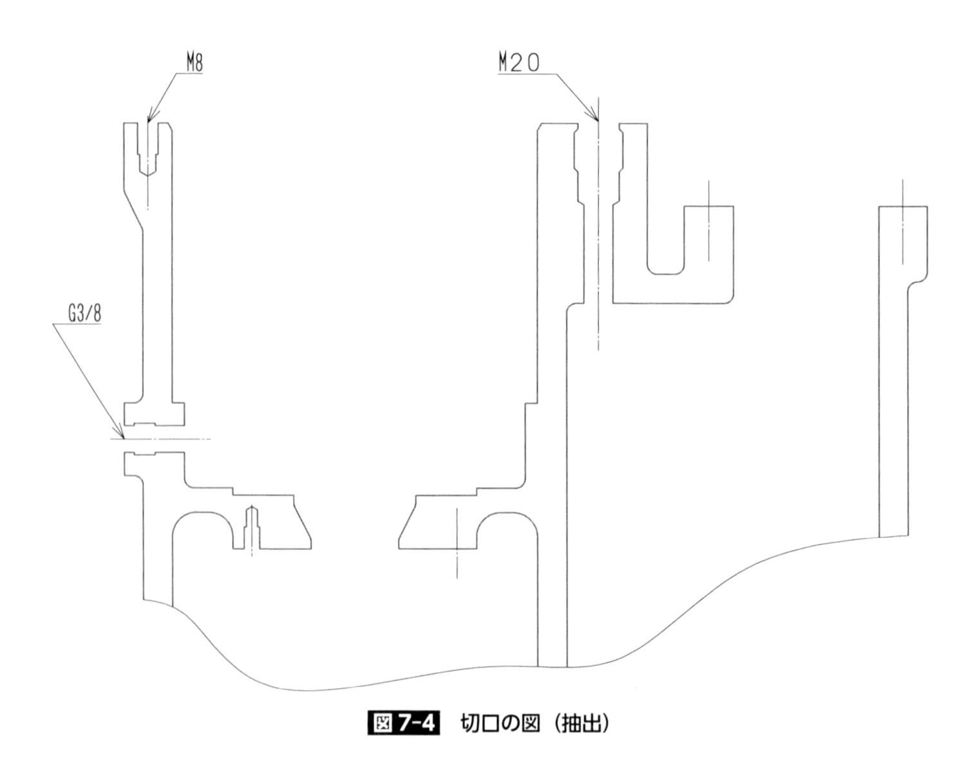

図 7-4　切口の図（抽出）

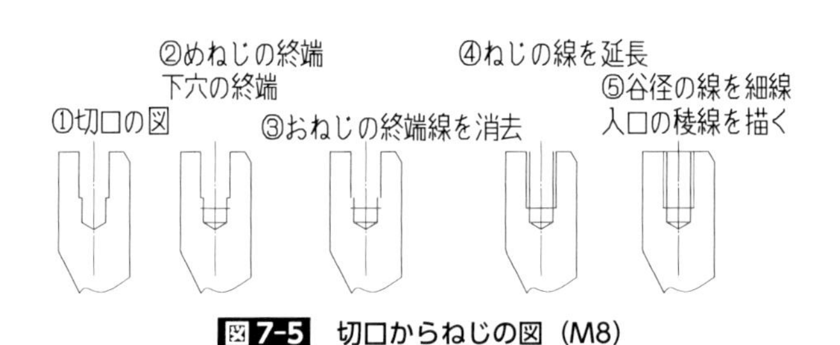

図7-5　切口からねじの図（M8）

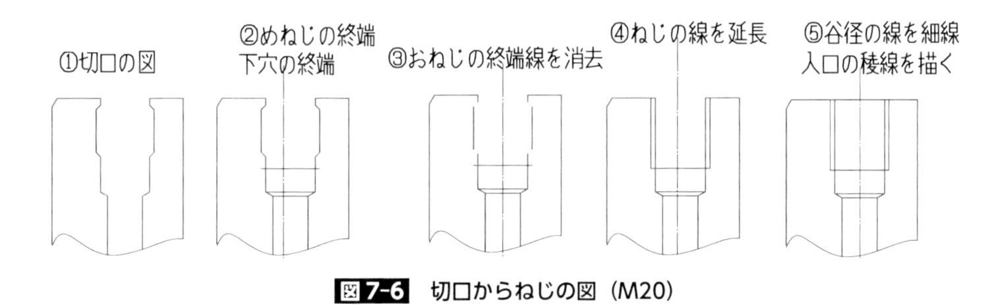

図7-6　切口からねじの図（M20）

図7-7　切口からねじの図（G3／8）

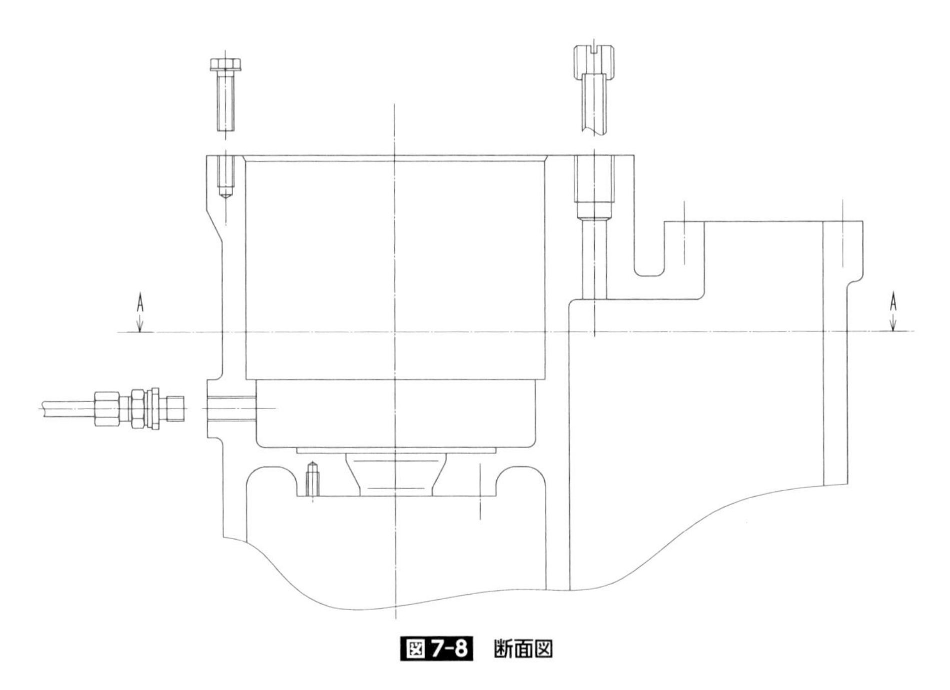

図 7-8　断面図

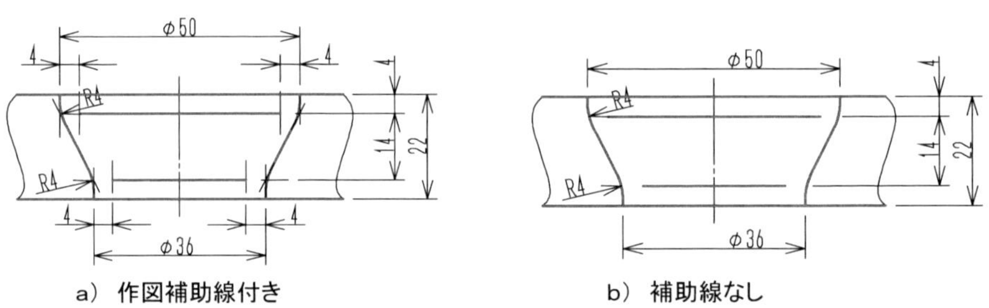

a）作図補助線付き　　b）補助線なし

図 7-9　折線の描き方

7-1-2　断面図の稜線の位置で円を描く

図 7-10（巻末）は、平面図の作成過程を解説してものである。断面図（主投影図）から平面図、補助図と、補助線でつないだ注記“あ～か”に示したよ

うに、断面図の稜線から円の図形を描く事で平面図となる。図の下部に描かれた油溜め部は、外面が注記“く、こ、し”で、内面が“け、き、す”で上部の円筒部に接続している。油溜めの形状は、外形線で表現できる部分と、かくれ線となる部分があるが、形状を表現するために必要なかくれ線を、描き忘れないようにする。読図のキーワードは「板厚」、鋳物の性質上一般面は一般板厚で製造することから、一定の板厚をキーワードにかくれ線を読取る。油溜め部は、上部と下部に開口があり、課題図ではかくれ線で示されているが、読取って描く。

7-1-3　接続Rの表現

図7-10の注記“せ、そ”、に円筒部と方形部の接続形状が描かれている。鋳造においては形状の接続部には必ず接続Rを付けることにより、鋳造時に湯（溶けた鉄）が鋳型に沿って流れて設計上の形状を達成する。平面図に破線で描いた線は、課題図の平面図でも破線（かくれ線）で描かれており、接続Rを表している。この接続Rは平面図にしか現れてこないことから、かくれ線を必ず描く。解答図には「鋳造部の指示のない角隅の丸みはR4とする」とある事から、寸法指示の必要はないが、図形がない場合は、接続Rを図示していないことから減点対象となる。

7-1-4　かくれ線機能の限界

3DCADはモデルを定義して3面図に展開する場合に、かくれ線を自動的に生成する機能を持っている。**図7-11**に示したのは、モデルの右側面図で、円錐面についた円筒形のボス形状が断面になっている。図示されている位置はボス形状の中心断面で、ボスの外形寸法と高さが示されており、ボスの中心のねじ形状は省略されている。円錐形と円筒形（ボス）の境界が図示されている。図形的には境界の線が、ボスの最大径で終了してエッジが出来る点に違和感がある。かくれ線の自動生成には、直感と整合しない部分がある。

円錐形の本体にボスが付いている

モデル

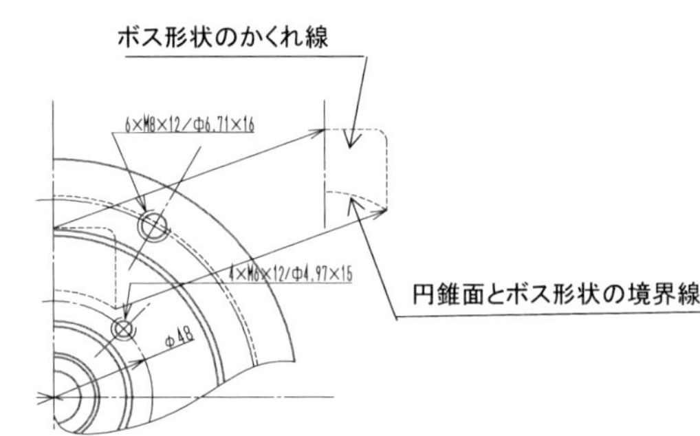

右側面図

図7-11　CADかくれ線機能の限界

7-1-5　ねじ、穴の図形配置の修正

図7-12のa）は円形に配置されたボルトの側面図が、図示的に不成立になる場合の、図示位置の修正を示している。b）は切断面上にあるボルトで、省略しないで必ず描く。c）に示したように、方形配置の場合は、図示位置の修正はできない。

7-1-6　ねじ、穴形の省略

図7-13 a）に示したようにすべての図形を描けば問題はないが、時間内に完成させることを要求される、技能検定の実技試験において、時間の短縮は重要な要件である。b）に示したように、1カ所を描いて他は省略することが容認されているが、c）に示したように、2カ所描いてはいけない。全く図形を描いてなくても、中心位置を示してあれば配置図示の得点は得られる。

7-1-7　ドリルの先端形状

図7-14に“A1”で示した線は、“C1”に示した下穴深さ“18”で示した下穴径を示す線の両端から、“120°”に線を引き出して、“D1”で示した10リーマの線との交点で引き終わる。この進め方により“B1”で示した位置の寸法測

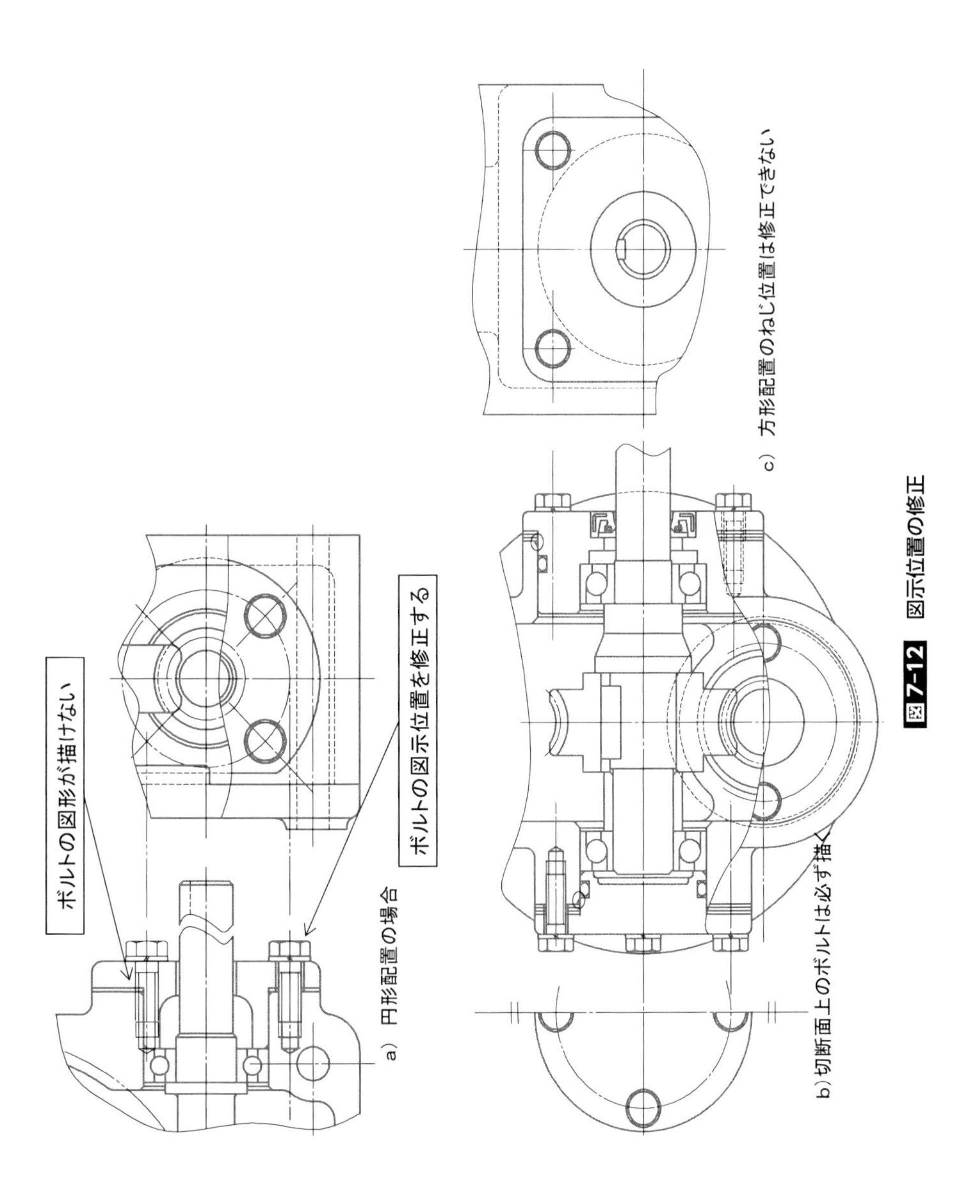

a）円形配置の場合

b）切断面上のボルトは必ず描く

c）方形配置のねじ位置は修正できない

図 7-12　図示位置の修正

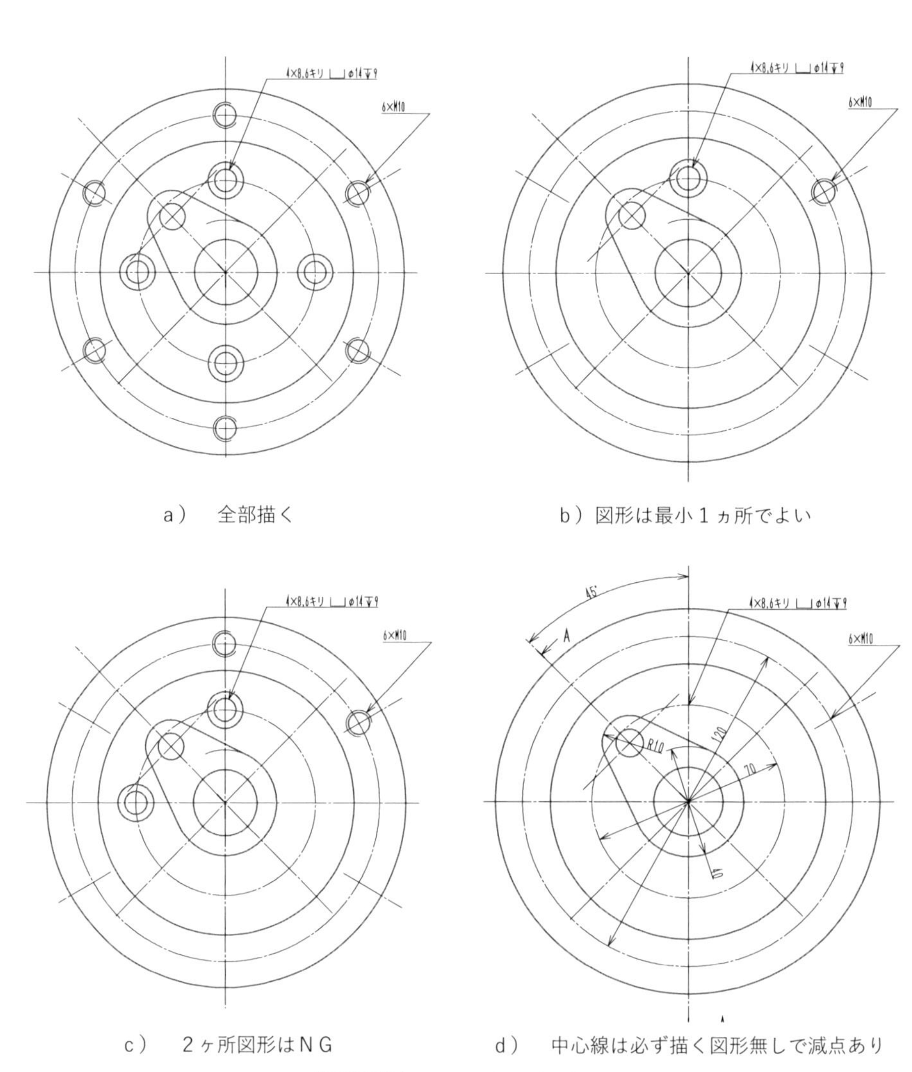

a） 全部描く

b）図形は最小１ヵ所でよい

c） ２ヶ所図形はＮＧ

d） 中心線は必ず描く図形無しで減点あり

図7-13 ねじ、穴図形の省略

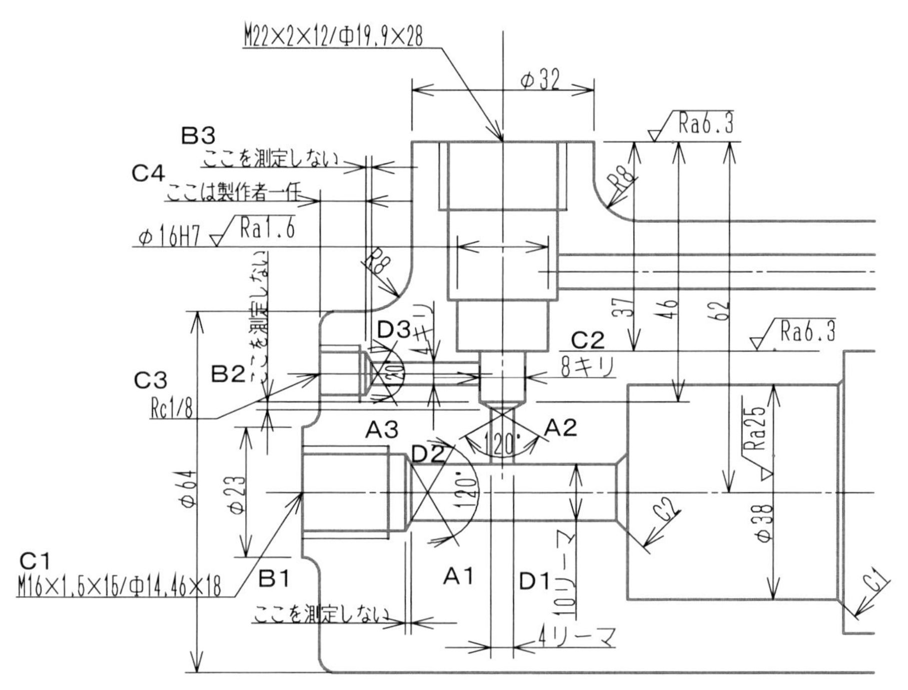

図 7-14　ドリルの先端形状の作図

定が不要になる。技能検定の課題図は“1mm”を単位として作図されているが、“B1”寸法はその範疇になく、“1mm”単位で測定して作図すると、課題図と相似形の図とならない。同様に“A2”の部分も“C2、D2”寸法で作図が可能で、“B2”を測定する必要がなく作図できる。“A3”の部分は“C3”に深さに関する情報はないが、“C4”は通常作業者に一任する範囲であり、課題図を測定して作図が可能である。

図 7-14 は作図に関する解説のために作ったもので、“A1～D2”の記号と注記及び、作図の解説用に記入した“120°”は、製作図には記入しない。（以下同様）

7-2 寸法記入の要点

JIS B 0001の“11、寸法記入方法、11.1、一般事項”にはa)～m)の全13項の指示事項が記されているが、それをどこに適用するかは、設計者の経験と関連知識で判断することである。難解な内容であるが、少しは助けになればと考えて、以下の内容をまとめてみた。

7-2-1 寸法記入の例

図7-15は寸法記入を解説したもので、“A1”に指示した穴に関する寸法を集中させたもので、穴の位置寸法は“B1、B2、C1”に示されており、穴を加工する面の寸法はD1、D2、E1、E2“に示されている。

“F1”で指示した“Φ54H7”の深さは“F2”に示されており、指示寸法を直接測定可能である。同様に“H1”で指示した“Φ50H8”の深さは“H2”に示されており、“J1”で指示した“Φ38”の深さは“J2”に示されており、直接寸法測定が可能である。

通常の寸法記入では、稜線に寸法を記入しないが、“G1”では稜線に寸法記入してある。この例では30°の面取りであり、面取り深さが稜線にしか記入できないからであり、原則を守れない例外である。

M22の細目ねじ加工部のボスの高さは機能寸法であり、“K1”に示されている。その後の加工においても直接測定できるように“K2、K3”に寸法記入されている。図7-15は解説図であり不要の指示が多数ある。“N1、N2”は間違いの例を示しており参考にしてはいけない。

7-2-2 半径寸法の指示法

図7-16は半径寸法記入の4つの方法を示したもので、これ以外の方法がCADの機能や、各社のローカルルールとして用いられているが、機械製図の技能検定には使用しないのが、無難である。

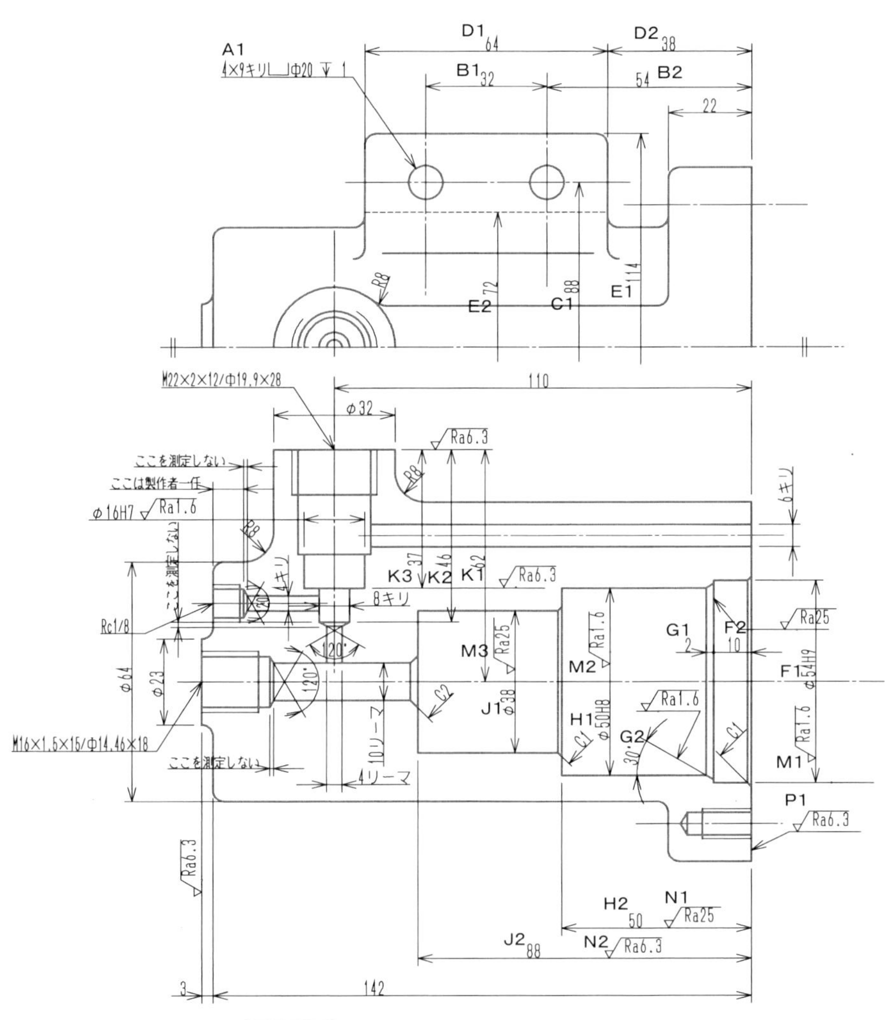

図7-15　寸法記入法（加工手順を考慮Ⅰ）
（“N1、N2”は間違いの例、参考にしない）

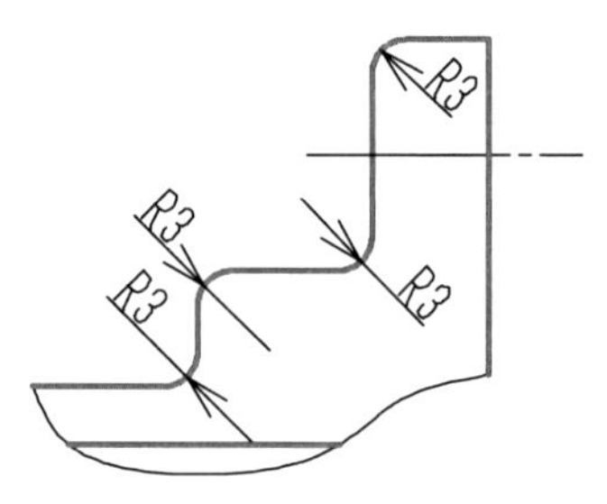

図 7-16 半径寸法の指示法

7-2-3　円筒部の全長寸法

図 7-17 に示したのは円筒部が最も高い位置にある場合の全長寸法である。“A1” に示した寸法 “122” は、“A2 + A3 ÷ 2” = 63 + (118 ÷ 2) = 122 で重複寸法となる。ゆえに、“A2、A3” が全長寸法となる。この例が示すように、円筒形に指示する寸法は、円筒形の大きさ寸法と中心の位置寸法のみである。

3 面図において接続 R の円弧図形が表れるのは 3 面の内 1 面のみである。“B2” の接続 R の位置を指示する寸法 “B1” は、“B3” を介して “B4” につながるかくれ線にしか寸法が表れない。必要に応じてかくれ線を描いて寸法記入する。

7-2-4　寸法記入法（集団記入）

はめあい穴の寸法記入は、**図 7-18** の “A” で示した枠の中にあるように、寸法と寸法公差、表面性状の指示、入り口 C 面取り、深さ寸法が 4 点セットとなる。“B” に示したように、はめあいの対象物がオイルシールや O リングを含む場合には、入り口の面取りが 30° となり、面取り部に表面性状と面取り深さの寸法を指示することから、6 点セットとなる。

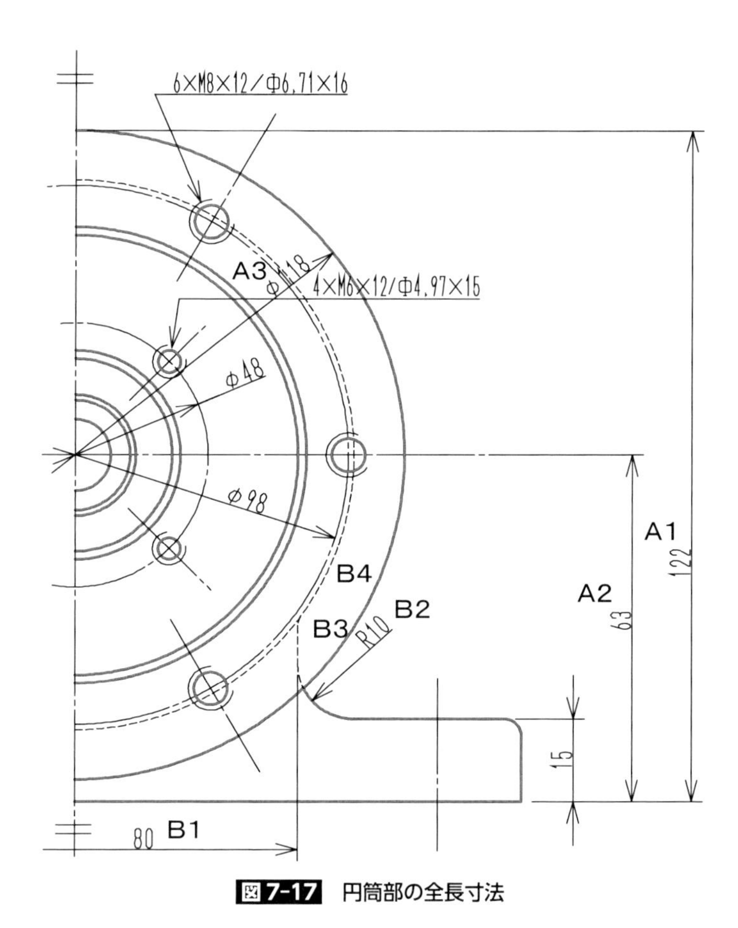

図7-17　円筒部の全長寸法

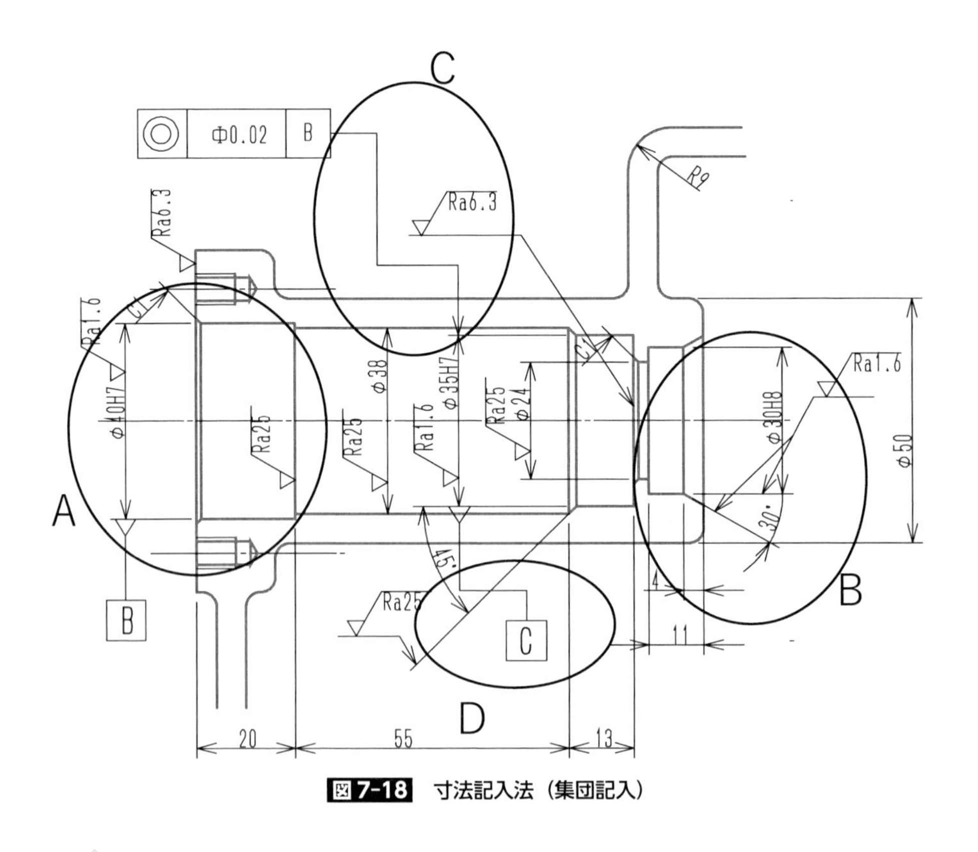

図7-18 寸法記入法（集団記入）

7-3 指示事項の要点

技能検定課題の解読には、寸法公差、表面性状の指示記号、幾何公差（1、2級）、溶接記号（1級）があるが、2、3級受験者向けに、要点をまとめた。

7-3-1 寸法線に表面性状の指示記号

誤解を招く恐れがない場合は、寸法線に表面性状の指示をすることが認められている。図7-15の“M1、M2、M3”にその例がある。いずれも円筒形の寸法線に指示されており、一様な表面性状を要求される、問題のない指示である。

“N1、N2”の寸法線は深さ寸法を示しており、入口と穴の終端の面を示している。“N1”では穴の終端は“Ra25”で入口は“Ra6.3”でつじつまの合わない指示である。“N2”は終端、入口ともに“Ra6.3”であるが、今後の設計変更などを考慮すると、不適当な指示である。

7-3-2　幾何公差の指示線

図7-18の“C”の楕円で囲った部位に、指示線が折れ曲がって指示されている。同様に“D”の楕円で囲まれた部位にデータムが指示されている。幾何公差、データムの指示線は水平、垂直に何回折り曲げてもよいことから、周辺の寸法等を回避して描くとよい。

7-3-3　中心線に関する注意事項

図7-19の“A、B”部に示したが、中心線は対象となる図形を突き抜けて描

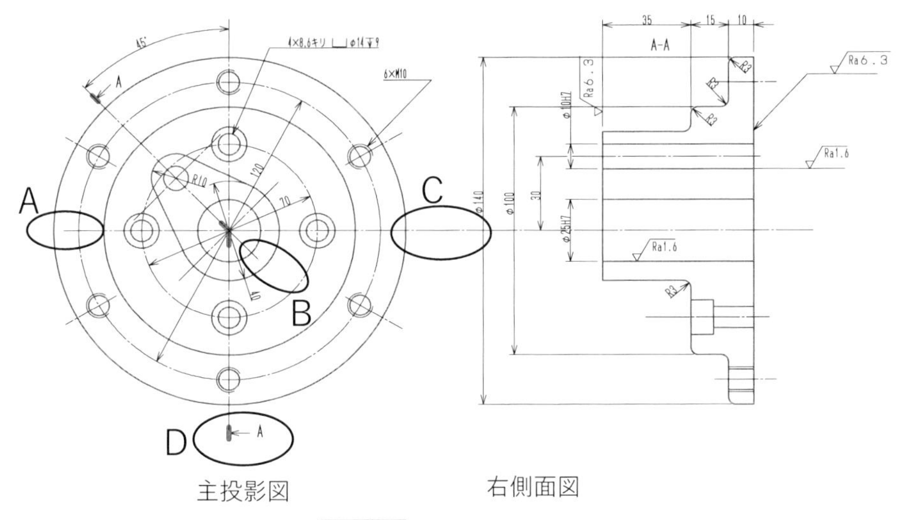

図7-19　中心線の注意事項

く必要がある。“A”部はΦ140の外形線を対象としており長さ不足、“B”部はΦ40の外形線を対象としており長さ不足である。“C”部の中心線は、連結しているが、主投影図と右側面図の間であり、つないではいけない部分である。図6-1の“ホ”の線は局部投影図であり、補助線で連結して位置関係を表している。図3-51のa) は対象となる要素を全て描いた、主投影図と左側面図で、中心線をつないではいけない、b) は主投影図と2つの部分投影図で、中心線で連結している。

7-3-4　鋳肌面と切削面

図7-20に示したように、鋳肌面か切削面かは冷静に見ればすぐわかる。接続Rの両側は鋳肌面で、切削でできるエッジの間が切削面である。

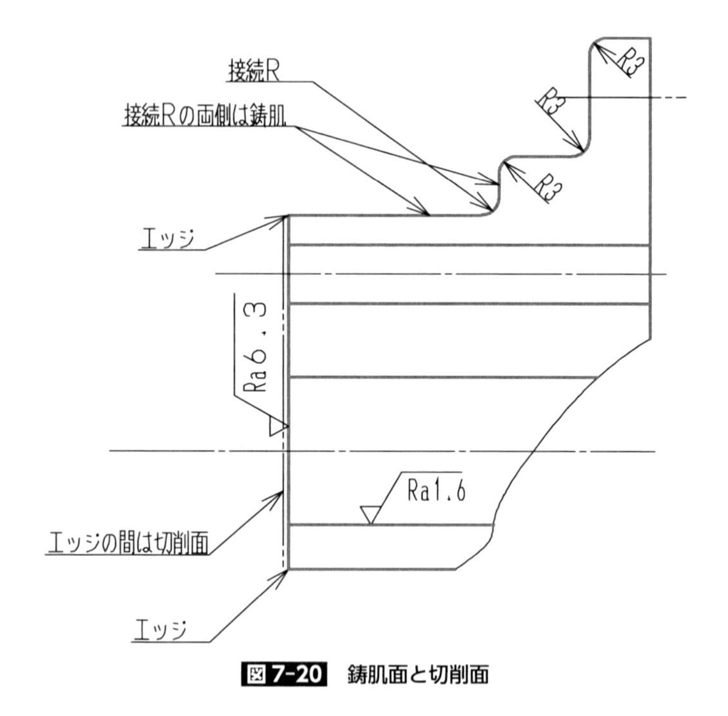

図7-20　鋳肌面と切削面

7-4　その他の注意事項

7-4-1　ベアリングに関する知識Ⅰ

図7-21に示したのは、ベアリングに関する解説である。入力軸⑤ベアリン

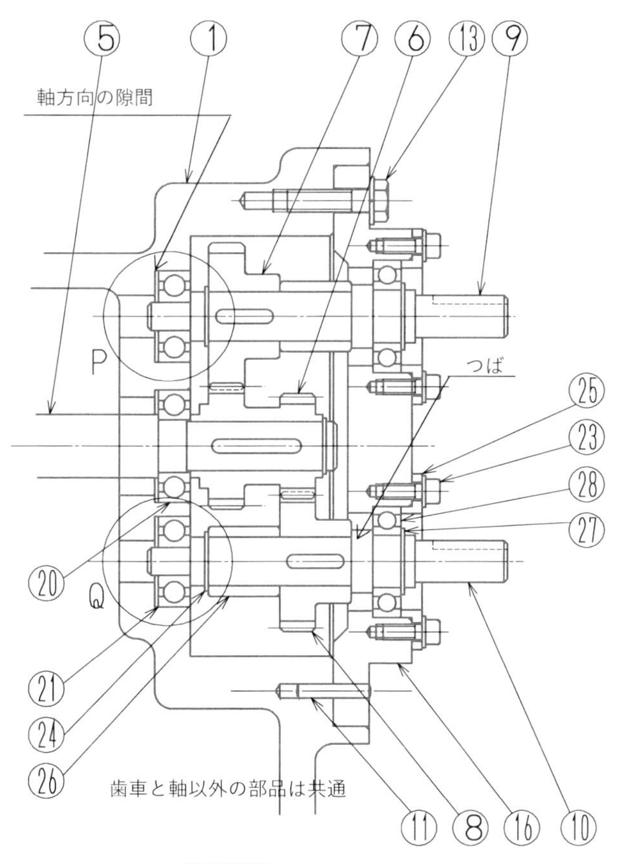

図7-21　軸受と関連部品

グ⑳と図示されていない、左側にもう１つあるベアリングに支えられて回転する。入力軸⑤に入った回転力は歯車⑥に伝えられ、歯車⑧が回転し、軸⑩が回転する。軸⑩がスムーズに回転するためには、ベアリング㉑と㉘が同軸上に組み付けられる必要がある。ベアリング㉑は本体①にはめあいで、ベアリング㉘はカバー⑯にはめあいで、さらにカバー⑯が本体①にはめあいで組み込まれ、カバー⑯の回転方向の位置決め後に、位置決めピン⑪で位置決めされて、スムーズな回転が可能となる。軸⑨も同様である。軸方向に関しては、ベアリング㉘の外輪をカバー⑯にはめ込み、ベアリング押さえ㉕で固定し、内輪は軸⑩の“つば”と軸用止め輪㉗で位置決めする。ここで軸⑩はカバー⑯に固定される。軸⑩とベアリング㉑の内輪は固定しないで、本体①、軸⑩、カバー⑯の製作上の誤差と、運転時および周辺の温度変化による寸法の変動を吸収する。ベアリング㉑の外輪と本体①の軸方向にはすきまを設けることにより、誤差及び寸法の変動に備える。以上の内容を理解して図面を解読すると、はめあい部、表面性状の指示レベルをくみ取ることができる。

7-4-2　ベアリングに関する知識Ⅱ

図7-22に示したように、２つのベアリング⑨で、ウォームホイル軸⑧を支える場合に、ベアリング⑨の内輪は軸方向の力を支える役割をする。ベアリングの内輪、外輪の幅は同じであり、軸方向に加わった力は、ベアリングをわずかに変形させる。この変形により内輪が外輪より外側にわずかに飛び出す。飛び出しても本体①にあたると、擦れて摩耗が発生し、最悪の場合にはかじり現象を発生させる。かじりを防止するために、図7-22の構造においては内輪の逃がし形状を、設計に取り込むことを知っていると、容易に図形を理解できる。

7-4-3　第三角法の記号図

図7-23に示したように、第三角法の記号は、切断した円錐形を描いたもので、線の意味（中心線と外形線）それぞれの寸法関係を表した、正しい記号を描くことができる。

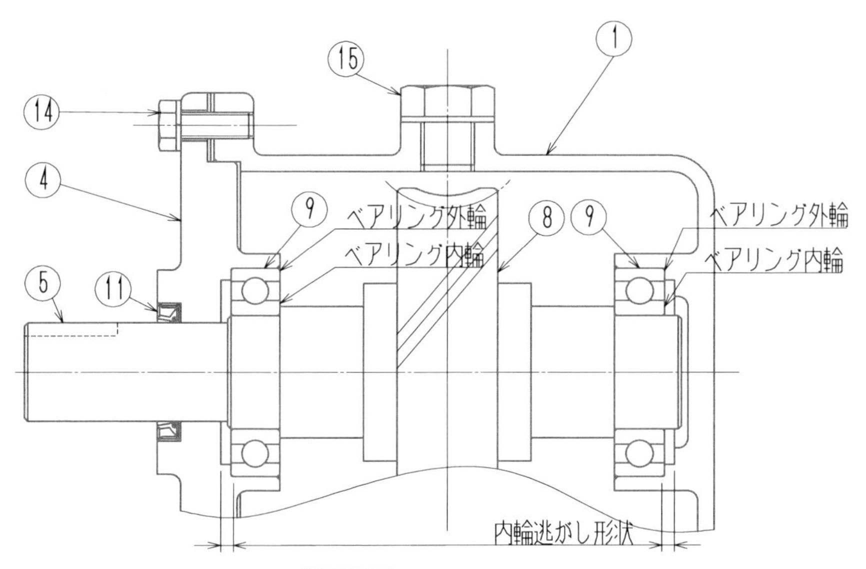

図7-22　内輪逃がし形状

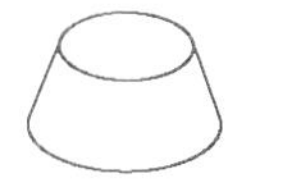

a）切断した円錐形

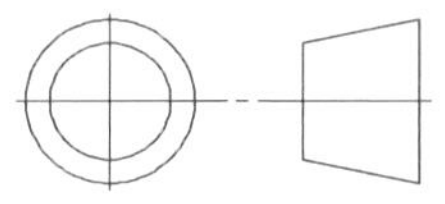

b）第三角法の記号

図7-23　第三角法の記号

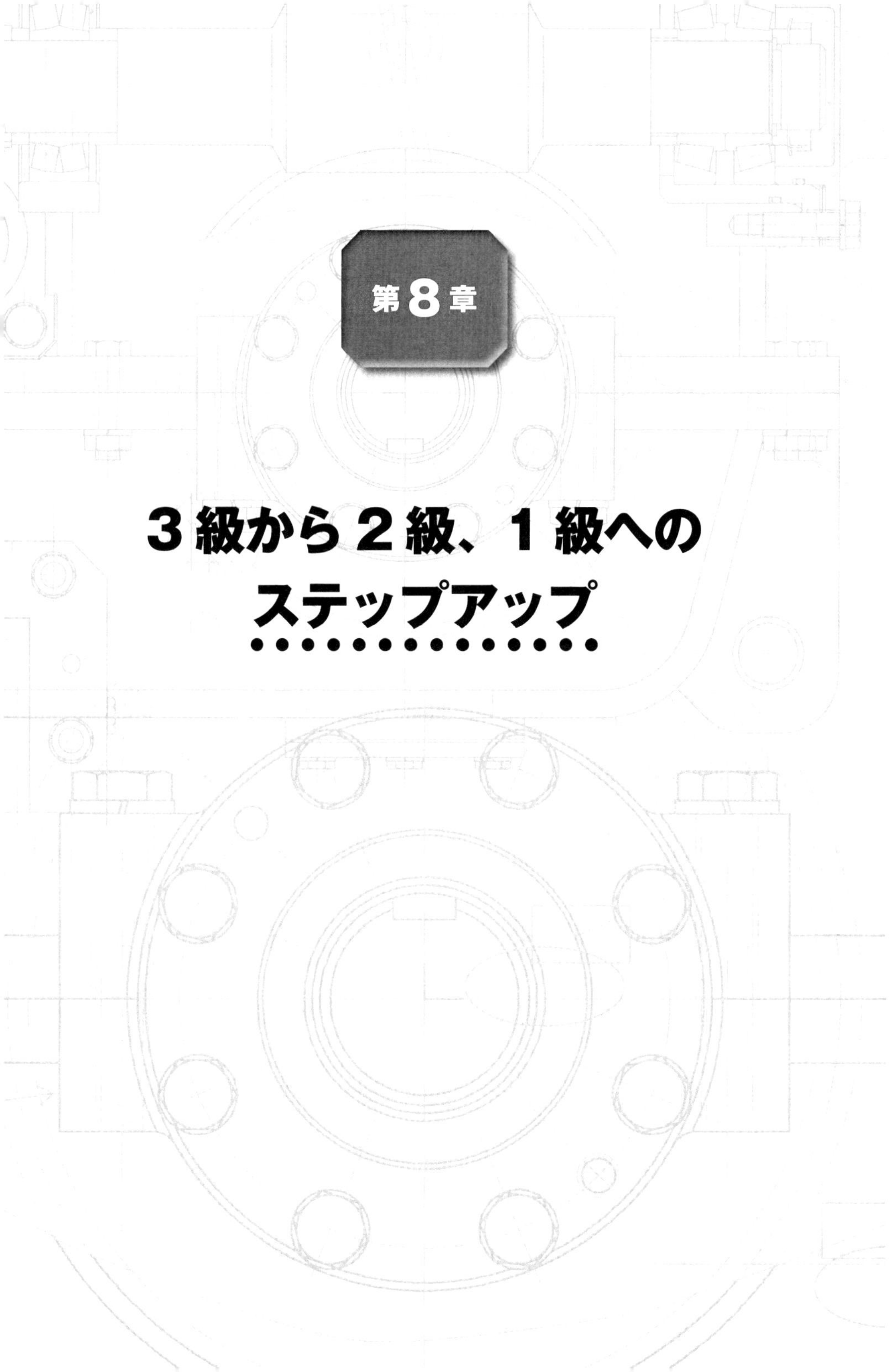

第8章

3級から2級、1級へのステップアップ

機械製図CAD作業技能検定試験3級に合格後に、2級にチャレンジを目指す方は、合格の次の年に受験資格がある。合格するためには新たに勉強する分野があり、基本的な事柄から勉強が必要である。また、試験時に作成する図面のサイズが、A3からA2と2倍になり、情報量は2倍を優に超える。図面作成時間は、1時間増えて4時間となり、33％長くなる。33％の時間増で2倍を超える情報量の図面を描く、このギャップを超えるためには、CAD操作に習熟して作図速度の向上に加えて、関連する技術知識で補完して、作図能力を向上させる必要がある。その要点をここにまとめる。

8-1 幾何公差の記入法

寸法は2点間の距離で、寸法公差は2点間の距離の許容差を規定している。機械部品は3次元形状であり、幾何公差で許容差を規定することにより、厳密な互換性の、定義が可能となる。5-3項に概要を示したが、JIS B 0021/JIS B 0022もしくは解説本で学習してほしい。

8-2 溶接記号記入のポイント

溶接とは、鋼材の接合方法で、溶接前処理、部材を溶かす方法から、溶接後の寸法他多くの指示事項がある。**図8-1**に示した簡易溶接記号が使われており、機械製図CAD作業技能検定試験1級の、溶接記号に関する記述はこの記号が使われている。"1"に示す"矢"は溶接する場所を指示する他、開先方向の指示などに使われている。"2"に示す"基線"は溶接記号の記入に使われる。"3"に示した"尾"は注記事項を記入するが、記入すべき要素がない場合は省略する。

溶接記号を詳細に解説すると、1冊の本になるほど情報量があり、ここでは例を示すにとどまる。詳細な学習は、JIS Z 3021または関連する書籍で行ってほしい。

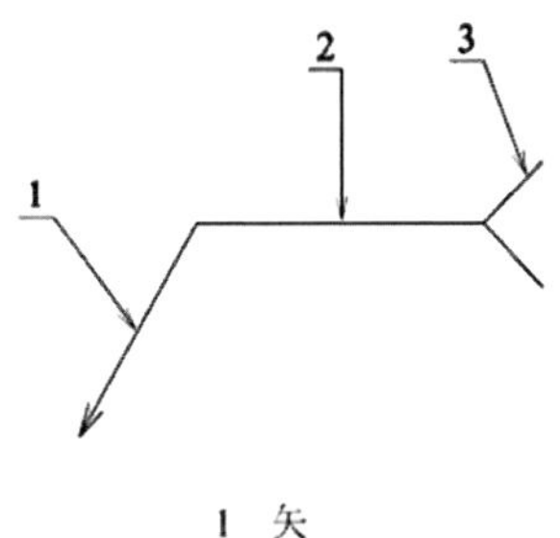

1　矢
2　基線
3　尾

図 8-1　簡易溶接記号

8-2-1　すみ肉溶接の指示例

図 8-2 は基線の上下に描いた溶接記号と、溶接個所の関係を示している。**図 8-3** に示したのは溶接部の脚長の指示例で、脚長が同じ場合には１つの数値を記入する。溶接側に矢を付ける場合には、溶接記号は基線に下に記入する。

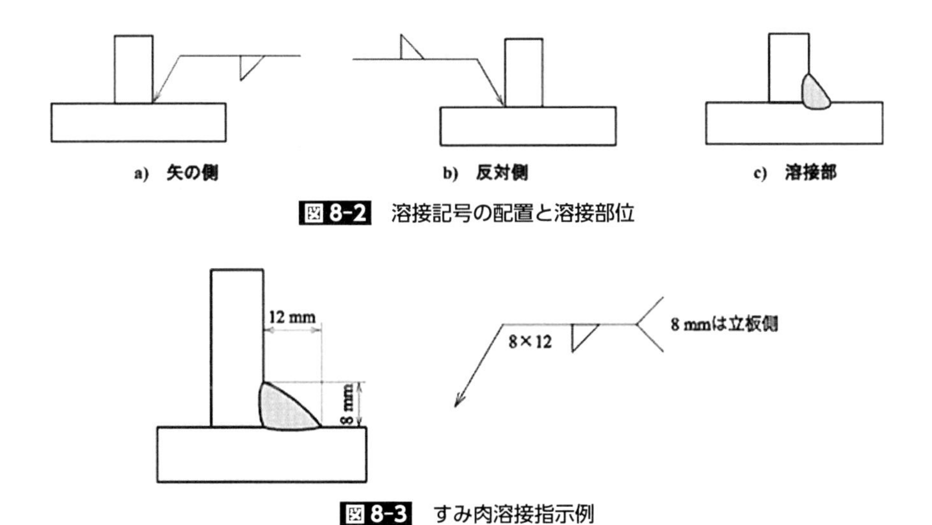

図 8-2　溶接記号の配置と溶接部位

図 8-3　すみ肉溶接指示例

8-2-2　レ形溶接の指示例

レ形溶接は、溶接前に部材の一部をプラズマ切断機などで面取りをし、溶接をする指示である。溶接記号の“矢”を途中で屈曲させ、面取りする部材と面取り方向を指示する。**図 8-4** の例では、部材“1-1”を 35° の面取りし、部材“1-8”との間隔を“0”にして、開先深さ 8mm で溶接深さ 8mm で溶接する指示である。

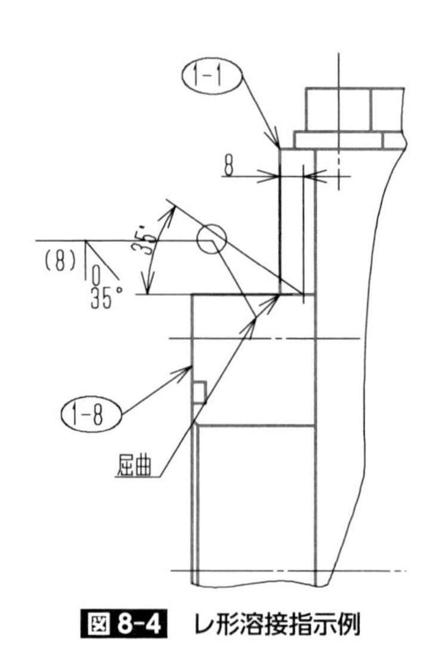

図 8-4　レ形溶接指示例

8-3　計算問題

機械製図 CAD 作業技能検定試験 1 級の試験には、計算問題が出題される。ボルトなどの強度計算、歯車のピッチや、歯数の計算、寸法公差の計算ができるように事前に学習する。

8-3-1　ボルトの強度と使用本数（平成 26 年度１級）

図 8-5 に示した六角ボルト㉖のねじの個数は、次の値を用いて算出し、出力軸②の軸方向（スラスト）の力を耐える最も少ない個数を算出する。

出力軸②の軸方向（スラスト）の力　：　93,100N
ボルトの谷径　：　13.8mm
ボルトの許容引張応力　：　53.9N/mm^2

ボルト１本の耐力は、

ボルトの谷径部の面積　×　ボルトの許容応力
＝　13.8mm　×　13.8mm　×　0.25　×　3.14　×　53.9N/mm^2
≒　8058N

ボルトの必要本数は、

軸方向の力　÷　ボルト１本の耐力
＝　93100N　÷　8058N
≒　11.55

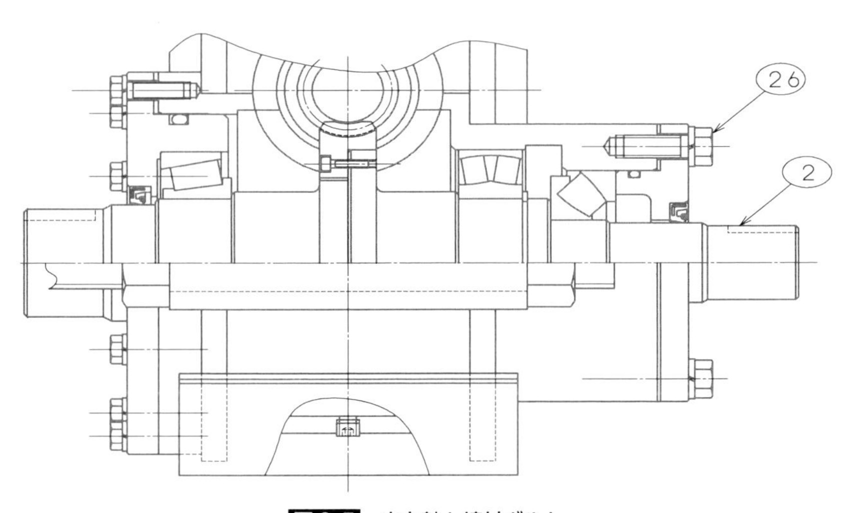

図 8-5　出力軸と締付ボルト

以上の結果から、ボルトの必要本数は 11.55 より大きな整数で、12 本となる。

8-3-2　寸法公差（平成 29 年度 1 級）

図 8-6 に示す ϕD は、ブシュ⑫が入る穴の寸法の許容限界を示す基準寸法である。

ブシュ⑫が入る穴の寸法の許容限界は、面 A 側と面 B 側で同じとする。基準寸法は 204mm とする。寸法の許容限界は、次の条件により上の寸法許容差と下の寸法許容差で示す。

（設定条件）

・　ブシュ⑫の外径の上の寸法許容差　：　− 0.015mm

・　ブシュ⑫の外径の下の寸法許容差　：　− 0.044mm

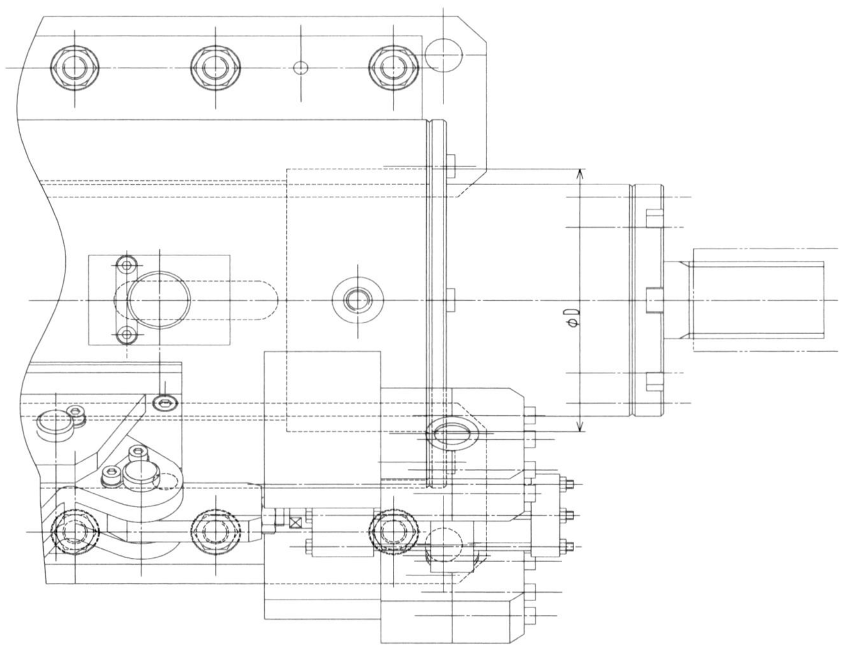

図 8-6　はめあい部の概要

・　最大すきま　：　0.090mm

・　最小すきま　：　0.015mm

最大すきまは ＝ 穴径の上の寸法許容差 － ブッシュの下の寸法許容差

この式から

穴径の上の寸法許容差 ＝ 最大すきま ＋ ブッシュの下の寸法許容差
＝ 0.090 ＋ （－0.044）
＝ 0.046

最小すきまは ＝ 穴径の下の寸法許容差 － ブッシュの上の寸法許容差

この式から

穴径の下の寸法許容差は ＝ 最小すきま ＋ ブッシュの上の寸法許容差
＝ 0.015 ＋ （－0.015）
＝ 0

穴径の最大値は　204＋0.046mm＝204.046mm

穴径の最小値は　204＋0mm＝204.000mm

8-3-3　焼きばめの把持力（平成19年度１級）

難しい計算問題は通常計算式が与えられている場合が多い。落ち着いてシッカリ読み込んで計算すると、答えに行き着くことができる場合がある。

図8-7に示されたクランク軸に焼ばめされたスリーブ⑰の把持力を与えられた条件で算出する。

計算条件（与数）

・ E ：　縦弾性係数　$2 \times 10^5 \mathrm{N/mm^2}$

・ r_1 ：　スリーブの内半径　11mm

・ r_2 ：　スリーブの外半径　14mm

・ l ：　スリーブの有効長さ　34mm

・ μ ：　接触面の摩擦係数　0.1

・ d_1 ：　クランク軸の外直径　ϕ22r6　＝　ϕ22.028～ϕ22.041

・ d_2 ：　スリーブの内直径　ϕ22H6　＝　ϕ22.000～ϕ22.013

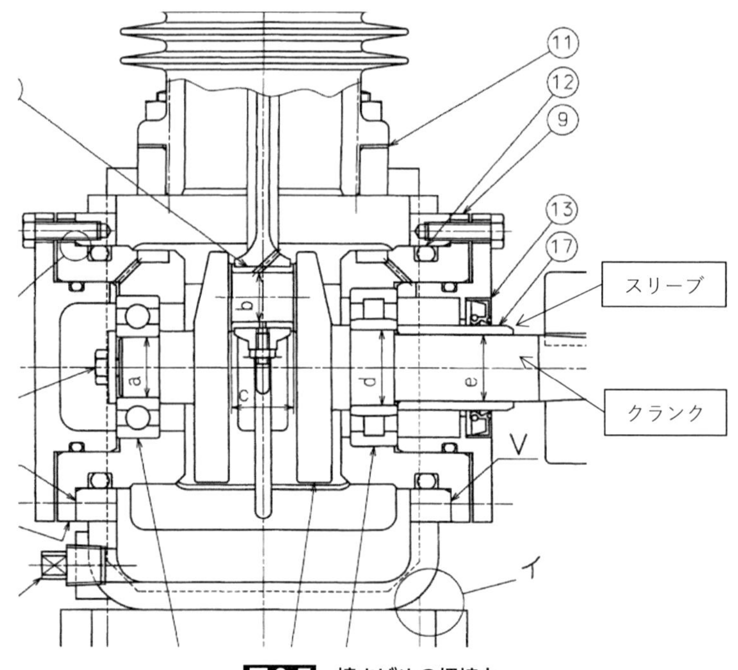

図 8-7 焼きばめの把持力

計算条件（与式）

与式 1

・ δ_{min} ： $(d_{1min} - d_{2max}) \div 2$

与式 2

・ P_{min} ： $E \times \delta_{min} \div [2 \times r_1 \times \{r2^2 \div (r_2{}^2 - r_1{}^2)\}]$

計算条件（未知数）

・ δ_{min} ： 最小しめしろ　　単位　mm

・ P_{min} ： 単位面積当たりの接触面の最小相互圧力　　単位 N/mm²

解　答

最小しめしろ（与式 1 に数値を代入する）

・ δ_{min} ＝ $(22.028 - 22.013) \div 2$

$= 0.0075\text{mm}$

最小相互圧力（与式2に数値を代入する）

$$\cdot \quad P_{\min} = 2\times10^5\times0.0075\div[2\times11\times\{14^2\div(14^2-11^2)\}]$$

$$= 1500\div[22\times\{196\div(196-121)\}]$$

$$\fallingdotseq 26.09\text{N/mm}^2$$

8-4　対象となる部品、形状を無駄なく読取る

課題図（組立図）は限られたスペースの中で、多くの情報を表現しており、境界を読取る解読力が、短い時間の中で解答につながる図形を、読み取る力であり、その例を示す。

8-4-1　ハッチングの活用（平成28年度2級）

この課題ではポンプ支え台②とポンプ本体①の境界を読み解く例を示す。**図8-8**ではポンプ本体①が吸い込み口に指示されている。135°のハッチング（S部）部分に、引き出し線を追加してあるが、検定当日の図面では、この部分に引き出し線はなかった。ポンプ支え台②の45°のハッチング（R部）の境界とはめあい部が読み取れないと、ポンプ本体とポンプ支え台の境界が読み取れない。ハッチング“X部”がポンプ支え台のフレーム部の内面で、ハッチング“Y部”がパッキン押え⑫の組付け用の空間、ハッチング“Z部”がポンプ本体のグランドパッキン⑪収納する空間と読み取れると、はめあいと合わせ面が読めてくる。練習段階では、ハッチングを活用して図形を読み取る。試験当日はできたらハッチングなしで図形を読み取るとよいが、我慢しないでハッチングをして読めばよい。

8-4-2　関係を読取る（平成28年度3級）

図8-9に示したように、はめあい寸法“ϕ54H9/f7”がある場合、操作弁ケース①には、ϕ54H9の円筒穴を加工する。はめあい寸法“ϕ50H8/f7”がある場

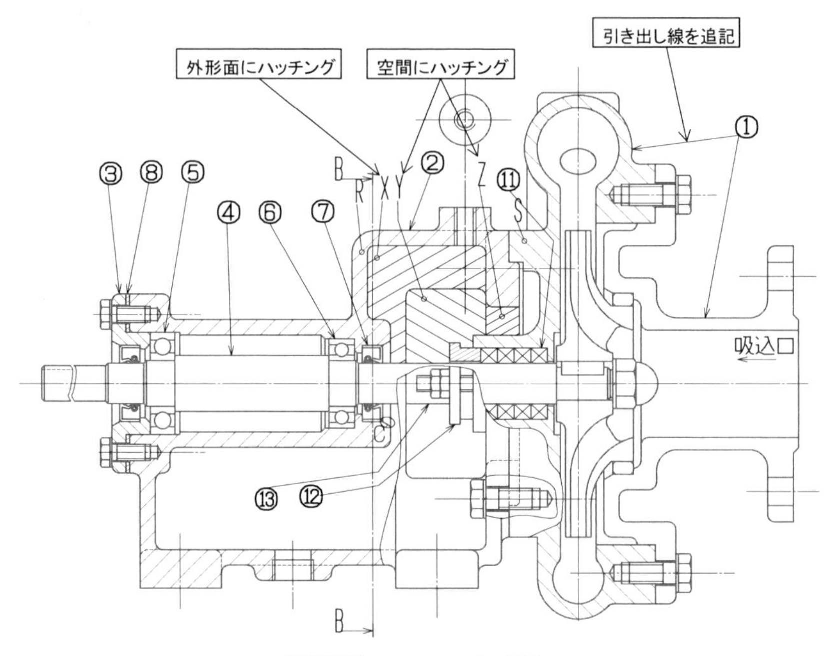

図 8-8 ハッチングで解読

合、操作弁ケース①には、ϕ50H8の円筒穴を加工する。ばね②はピストン③に押されて外径が大きくなることから、収納する円筒穴は、それを考慮して少し大きく作る。ピストン棒④の先端と勘合する“a部”は、はめあいになっている。例に示す様に関係性から形状と寸法が特定できる。

8-4-3　R寸法と図形（平成29年度2級）

「鋳造部の指示のない角隅の丸みは“R4”とする」と指示した解答図で、**図8-10**に示したように、“R4”の部位と、それと異なる半径の部位がある場合、“R4”の寸法指示をすると“重複寸法”で減点される。“R4”でない部位は必ず半径寸法を記入する。また、“R4”の部位に半径の図形がない場合は図形未記入で減点される。図形がかくれ線になる場合も、円弧の図形線を必ず描く。

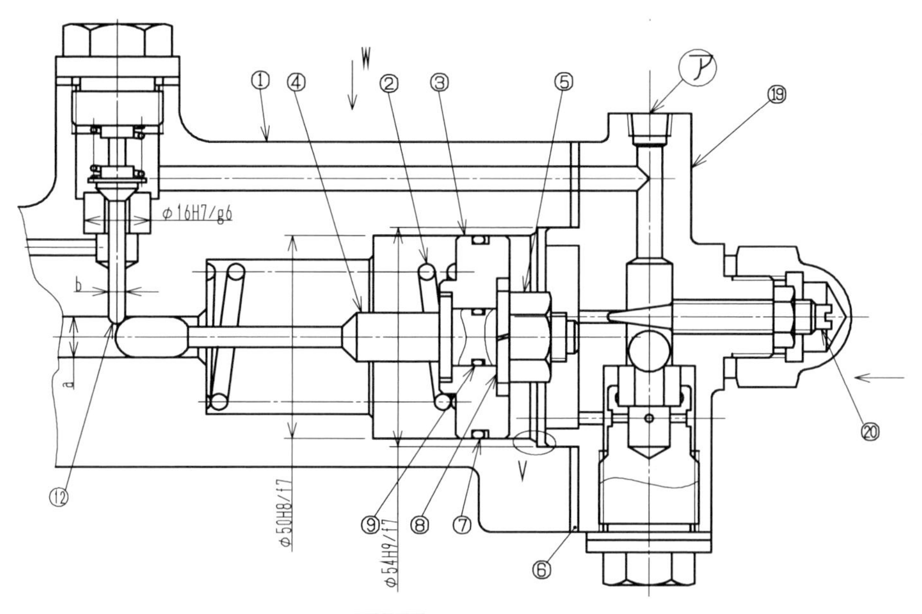

図 8-9　関係を読取る

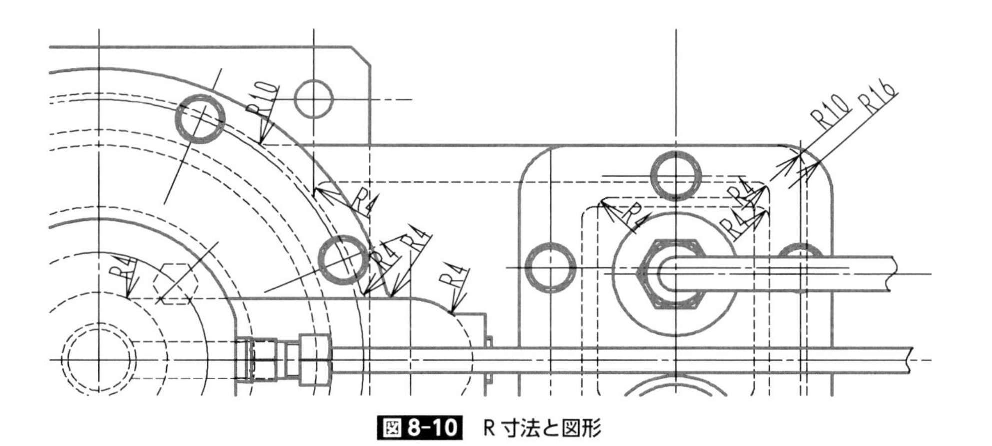

図 8-10　R 寸法と図形

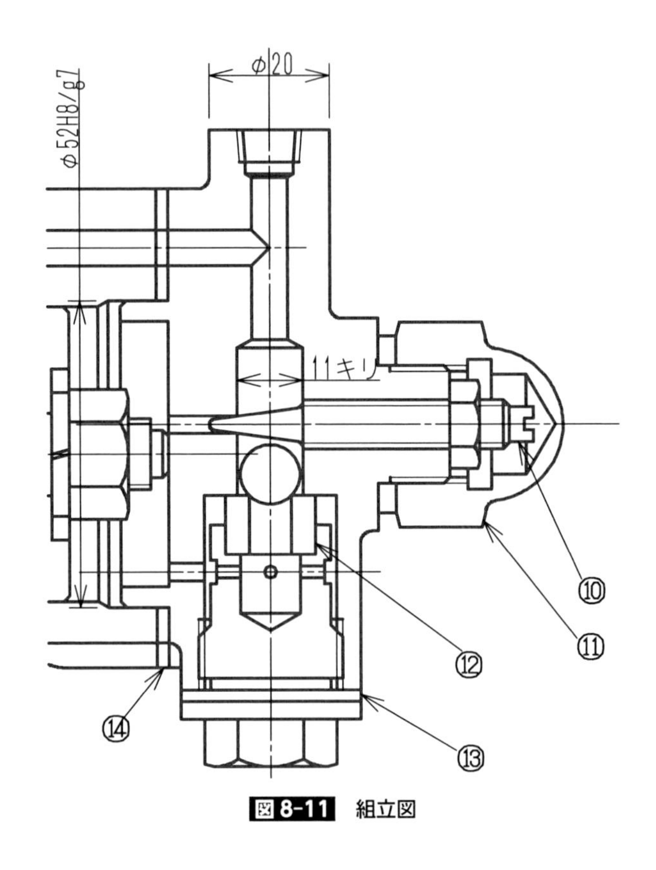

図 8-11 組立図

8-4-4 不完全ネジ部を作らない（平成 24 年度 3 級）

ねじを加工する場合ねじの端部に不完全ネジ部ができる。不完全ネジ部があっても機能を発揮するように設計するが、不完全ネジ部のために全長が長くなったりすることからそれを避ける構造の工夫がある。

図 8-11 に示した袋ナット⑪には、**図 8-12** に示したような「不完全ネジ部の逃がし形状」で、不完全ネジ部ができない形状にする。プラグ⑮は**図 8-13** に示したような形状にする。

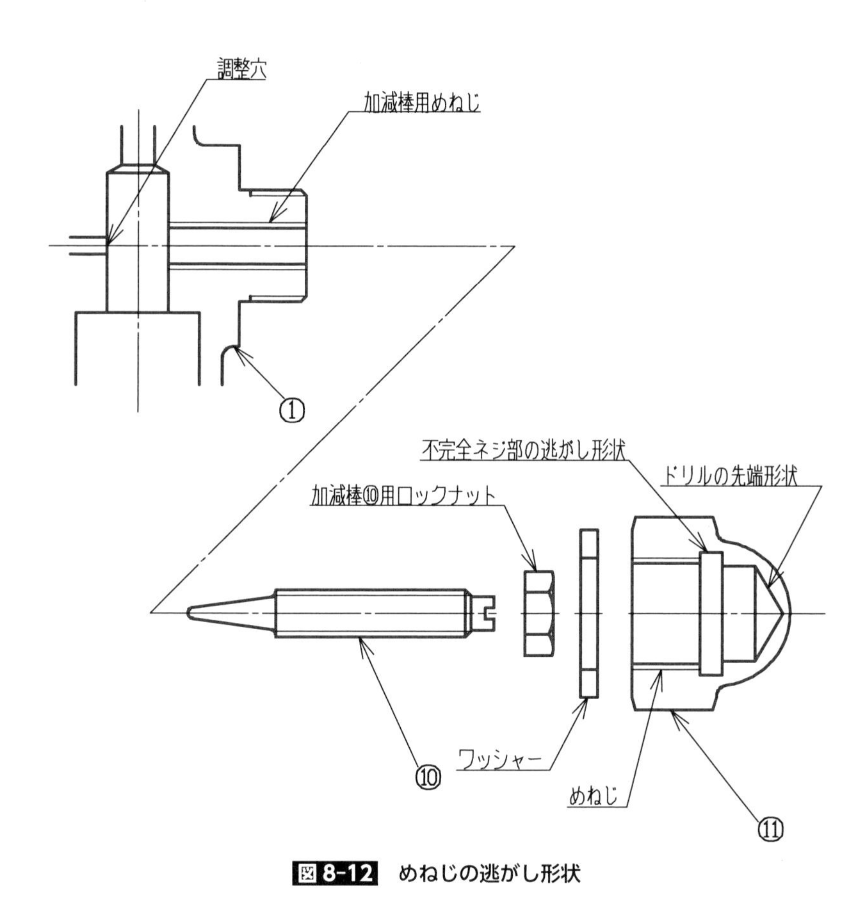

図 8-12　めねじの逃がし形状

8-4-5　形状（面）間の接続Rの方向（平成28年度2級）

鋳物を作る場合、形状間（平面と平面の接続部）は接続Rを図面に指示する。**図 8-14** に接続Rを解説した。接続Rの図形は特定の1面にしか表れない。

(1)　Rイロ

"面イ"は支え台②の軸受⑤、⑥を収納する形状と、ポンプ本体①（図示してない）と、はめあいとなる円筒面を有する"面ロ"を接続する役割を担ってい

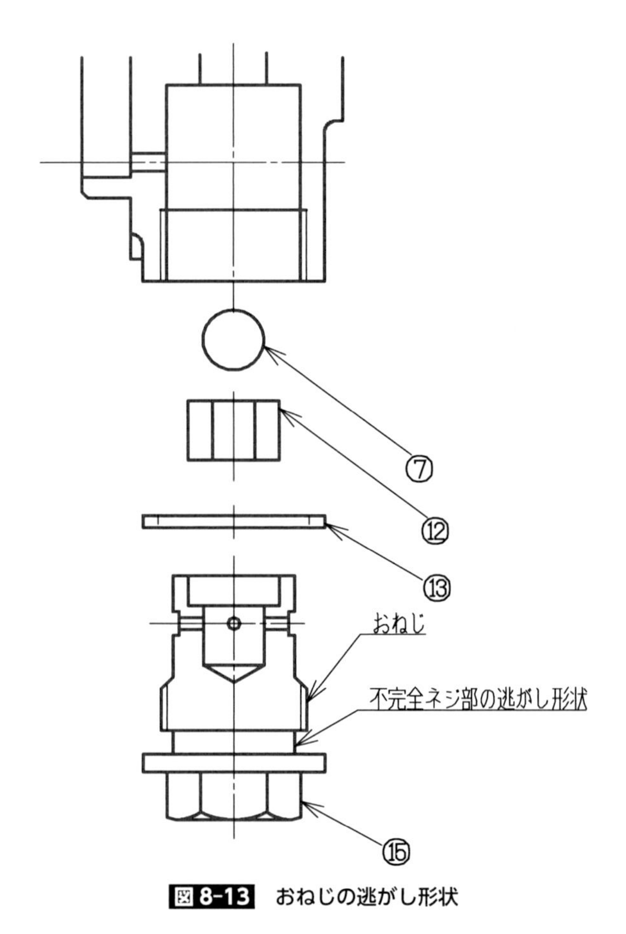

図 8-13　おねじの逃がし形状

る。面イと面ロは平面図に示した内外面の２カ所の“Ｒイロ”で接続されている。

(2)　Ｒイホ

平面図に示した“Ｒイホ”は、アイボルト用のねじ“Ａ”から、軸受⑤、⑥を収納する形状を連結する縦型の形状“面ホ”と、“面イ”接続している。主投影図に２点鎖線の円弧の一部で、接続部の長さを示している。

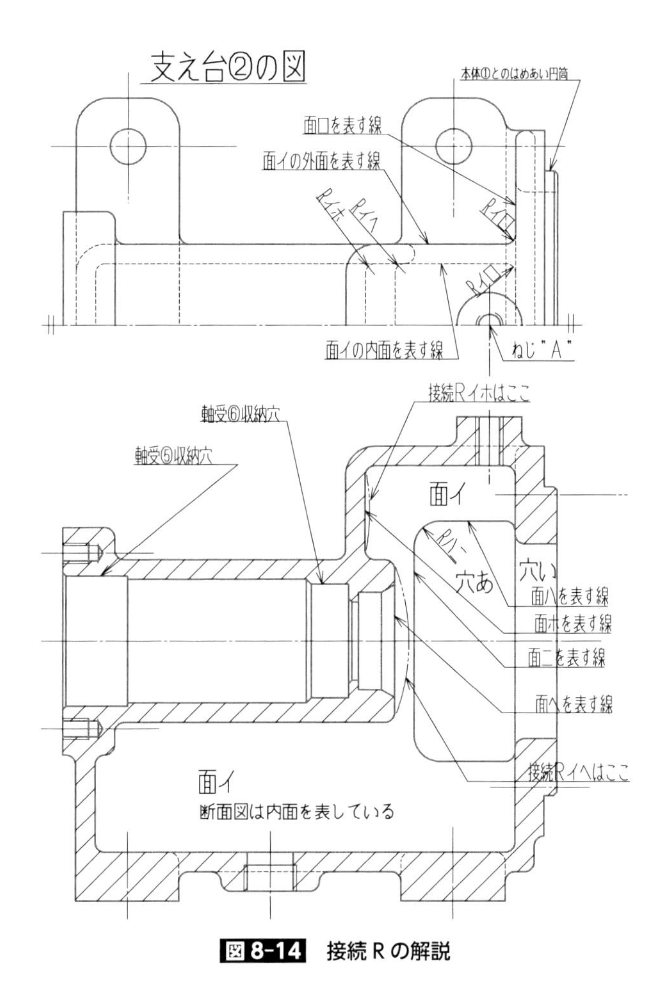

図 8-14　接続Ｒの解説

(3)　Ｒイヘ

平面図に示した“Ｒイヘ”は、軸受⑤、⑥を収納する形状と“面イ”を接続している。主投影図に２点鎖線の円弧の一部で、接続部の長さを示している。

(4)　主投影図に示した“Ｒハニ”は、“穴あ”で示したパッキン押えを組付ける作業穴の、“面ハ”と“面ニ”の接続部を示している。

8-4-6　ねじの分解（平成30年度2級）

ねじの分解は、**図8-15**の左側の図に示したように、下穴の深さから読み取る。下穴加工用のドリルの先端にある円すい形状示されており、円錐の底面（実際は穴がつながり面はない）を示す線が、下穴の深さを示している。その隣がめねじの終端を示す線で、さらにその隣がボルトの先端を示している。図8-15の右側の図に示したように、ねじ締めの要素は、めねじ、ボルトの通し穴、

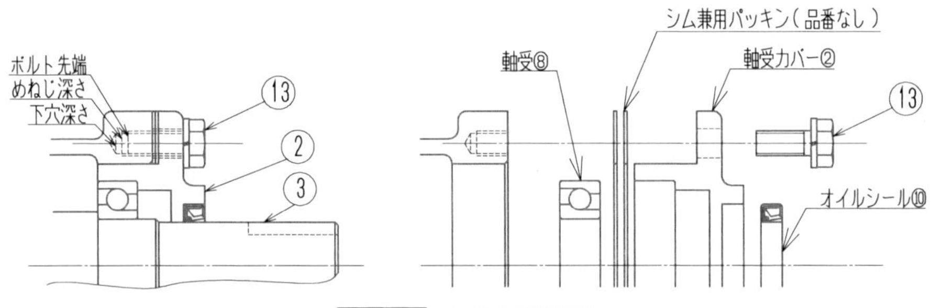

図8-15　ねじの分解解説

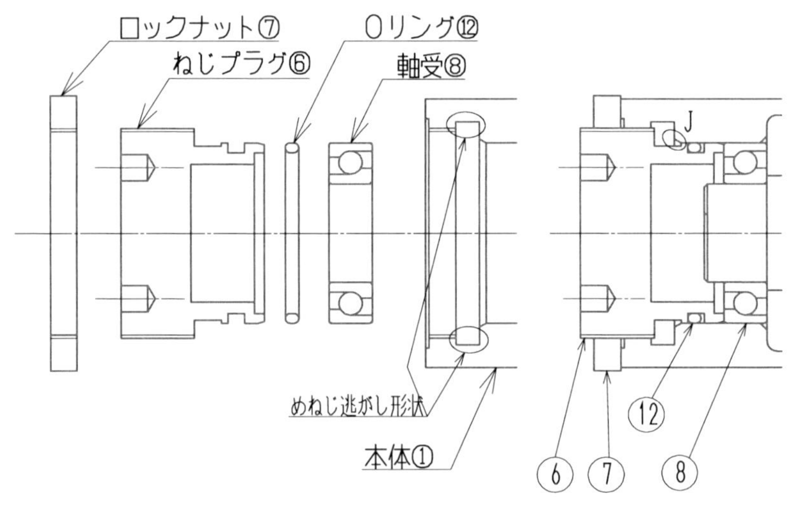

図8-16　めねじ逃がし形状

ボルトに分解される。課題文に指示された部品を描く。

図8-16の右側の図に示したように、ねじプラグ⑥の位置を、ねじを回転させて図上の左右に調整して軸受⑧の位置を調整し、ロックナット⑦で固定する。図8-16の左側の図に示したように、めねじを加工する前に、逃がし形状を加工して、不完全ネジ部を作らない工夫をする。

8-4-7　パッキンは境界（平成29年度2級）

図8-17に示した図から、本体①の形状を読み取って本体の図形を描く。本体①とオイルターミナル②の間にはパッキン⑮があり、境界を示している。同様にパッキン⑯、⑰、⑱が境界を示している。Oリング⑬が組み込まれた形状

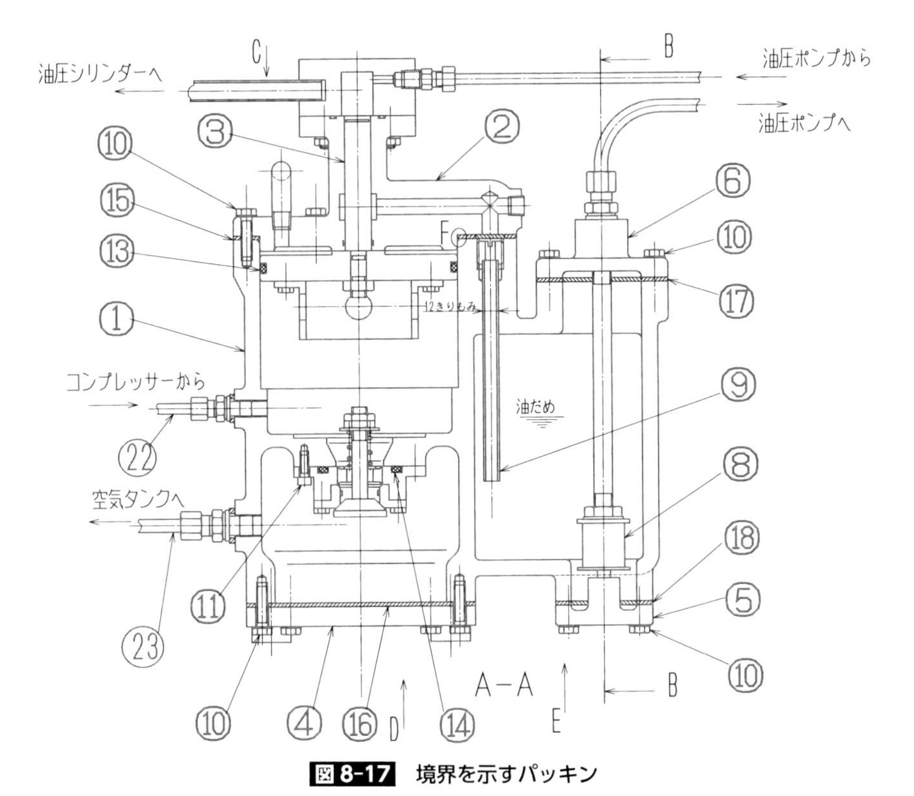

図8-17　境界を示すパッキン

が、ピストンロット③の構成部品との境界を示している。Oリング⑭が組み込まれた部品（品番なし）は逃がし弁で、Oリングの位置から境界を読み取ることができる。

8-4-8 円筒の相貫線

図8-18に示したオフセットする空気圧経路の図で、同じ寸法の穴が同軸で加工される例を示している。**図8-19**に示したのは、寸法が異なる円筒形が交差するときの相貫線を示している。

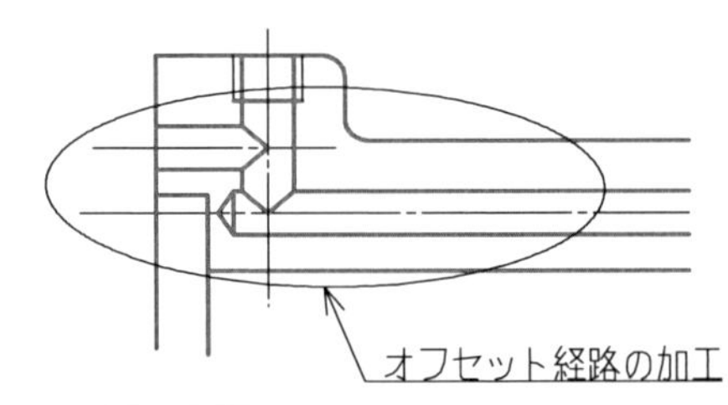

図8-18 同じ寸法の穴の同軸交差

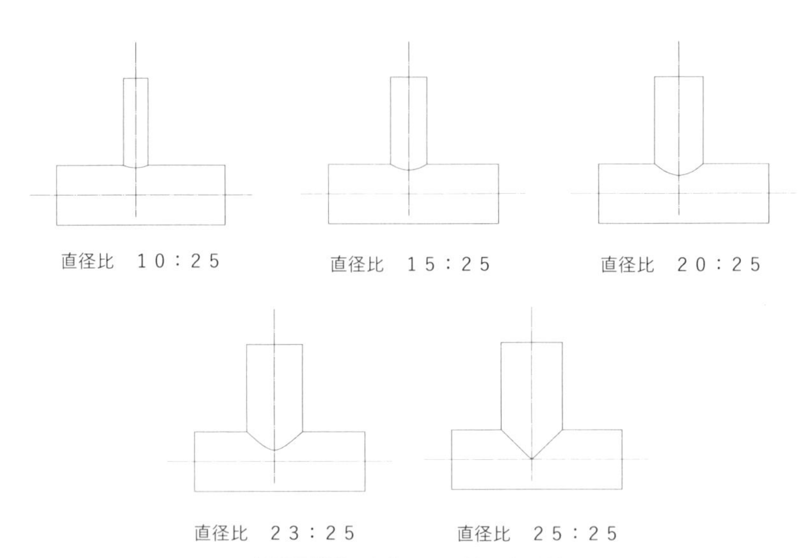

図8-19 交差する円筒の相貫線

第9章

過去の実技課題の解読例

9-1　3級実技課題の解読例Ⅰ

図 9-1 に示した課題図は、ディーゼル機関の起動装置を尺度 1：1 で描いてある。

指示された仕様に従って、課題図中の本体①（材料は FC250 の鋳造品）の図形を描き、寸法、寸法の許容限界、表面性状に関する指示事項を記入して、部品図を完成させる。

〈着眼点〉

1、配置の確認
2、断面図の切口から解読する
3、稜線をつないでいく
4、ボルトを読み分ける
5、寸法記入の手順

9-1-1　部品図作成要領

1-3-1 項と同じであり、それを参照する。

9-1-2　課題図の説明

図 9-1 に示した課題図は、ディーゼル機関の起動装置を尺度 1：1 で描いてある。

主投影図は、X から見た図で、B-B の全断面図で示している。右側面図は、中心線から右側は課題図の C-C 断面図で、中心線から左側は A-A の断面図で示している。平面図は、W から見た図で、中心線から下側を省略し、本体①の内部形状をかくれ線で示している。また、起動電動機及び機関本体との結合部を部分断面図で示している。

起動電動機の回転力は、自在継手⑫、軸②及びキー⑨を介して、一方向クラ

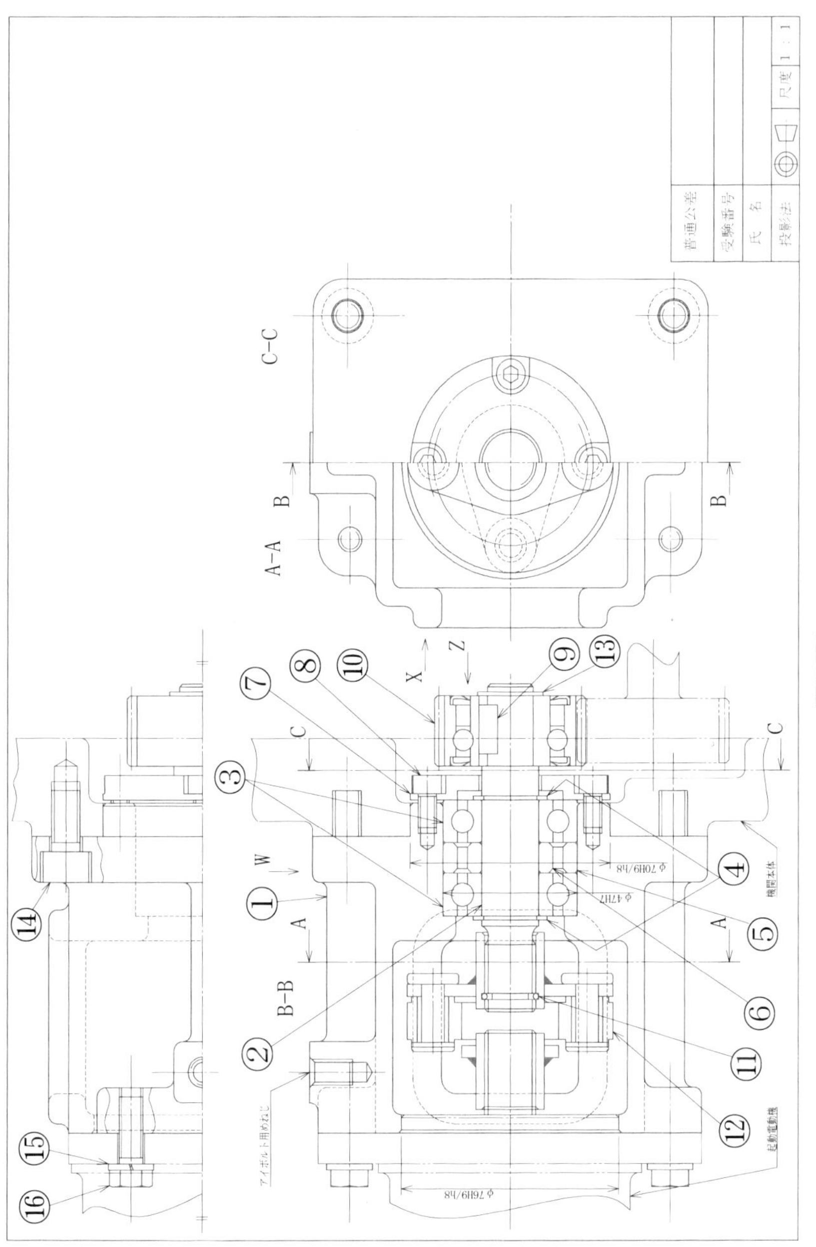

A-A
B-B
C-C
機器本体
起動電動機
アイボルト用めねじ
φ70H9/h8
φ47H7
φ76H9/h8
普通公差
受験番号
氏名
投影法
尺度
1：1

図 9-1　課題図

ッチ⑩に伝えられ、一方向クラッチの外輪外周に設けられた歯車と、これにかみ合う機関側の歯車を通じて機関本体に伝えられる。ディーゼル機関が起動した後は、起動電動機の回転を止めても、一方向クラッチ⑩の作用により、歯車を持つ外輪部分のみが回転する。

深溝玉軸受③は、グリース封入式の両シール付き深溝玉軸受であり、外輪部にスペーサ⑤、内輪部にスペーサ⑥を挟んで、C 形偏心止め輪④によって軸②に支持され、また、軸受押え⑦によって本体①に固定されている。一方向クラッチ⑩は、グリースを封入して両側シールを設けたものである。⑧及び⑭は六角穴付きボルト、⑪は位置決め用の C 形のリング、⑬は C 形偏心止め輪、⑮はばね座金、⑯は六角ボルトである。

9-1-3　指示事項

(1)　歯車箱①の部品図は、第三角法により尺度 1：1 で描く。

(2)　歯車箱①の部品図は、主投影図、右側面図、平面図を**図 9-2** に示した配置で描く

（図 9-2 は配置計画の説明用で、試験課題には寸法はなく図の配置のみが指示される。）

(3)　本体①の図は、次の a～f により描く。

a．主投影図は、課題図の B-B 断面図とする。

b．右側面図は、中心線から右側を課題図の Z から見た外形図とし、中心線から左側を A-A 断面図とする。この場合、課題図と同様に切断位置を指示し、また、この断面図には識別記号を指示する。

c．平面図は課題図の W から見た外形図とし、対称図示記号を用いて中心線から上側のみを描く。

d．ねじ類は下記による

イ．六角穴付きボルト⑧のねじは、メートル並目ねじ、呼び径 6mm である。これ用のめねじは、ねじ深さ 10mm、下穴径 4.92mm、下穴深さ 14mm である。

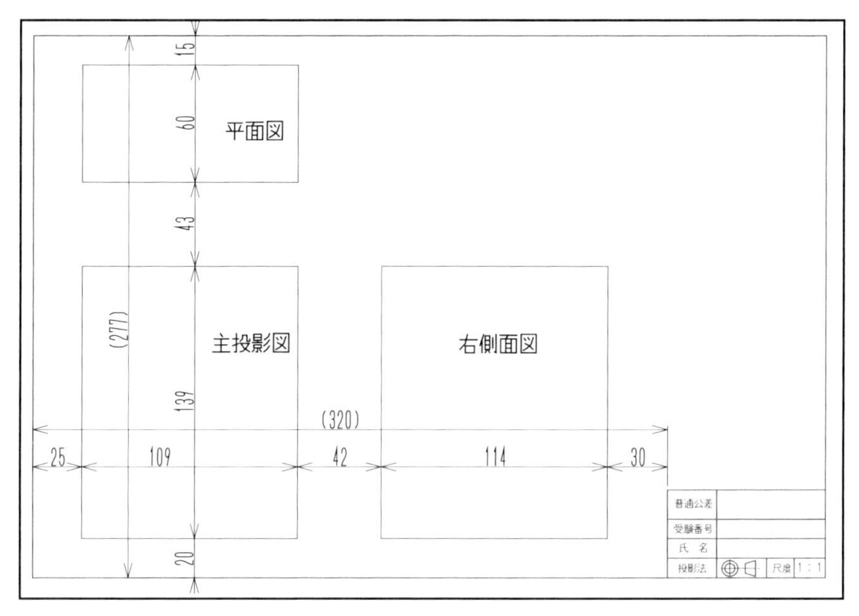

図 9-2　配置計画

ロ．六角穴付きボルト⑭のねじは、メートル並目ねじ、呼び径 10mm である。これ用のボルト用キリ穴の直径は、11mm とし、鋳肌面に直径 18mm、深さ 10mm の深座ぐりを施す。

ハ．六角ボルト⑯のねじは、メートル並目ねじ、呼び径 8mm である。

ニ．アイボルト用のねじは、メートル並目ねじ、呼び径 8mm、ねじ深さ 15mm、下穴径 6.65mm、下穴深さ 20mm である。また、口元に直径 10mm の皿ザグリを施す。

e．深溝玉軸受③の呼び外径は、直径 47mm である。

f．鋳造部の角隅の丸みは、R3 についてのみ個々に記入せず、紙面に「鋳造部の指示のない角隅の丸みは R3 とする」と注記し、一括指示する。

9-1-4　課題図の解読と進め方

(1) 解答図の配置

着眼点 1：配置の確認

CAD を使って作図をするときに、図の配置を作図途中で自由に変更可能であるが、技能検定は決められた時間内に図を完成することが求められており、事前に図 9-2 に示したように配置の確認をすることにより、寸法記入時に図の移動を余儀なくされる事態を防止することができる。手書きで受験する場合には、図の位置を移動することは困難で、配置の事前確認は必須条件である。

(2) 主投影図

着眼点 2：断面図の切口から解読する

着眼点 3：稜線をつないでいく

着眼点 4：ボルトを読み分ける

課題図の主投影図、右側面図の左半分は断面図で示されている。製図入門者は断面図を描くときに、切り口の図を最初に描く人が多くいる。図面を描く能力レベルの高い人は、図形線の表している面を読み取って描いていく。それができない人のために、それを逆手に取って、本来ではないが、あえて切り口から描いていく進め方を解説する。**図 9-3** に示したように、断面図における切口の図は、外形線が一連の形状でつながっており、主投影図では、深溝玉軸受③と起動用電動機を挟んで、上下に各 1 個の切口の図がある。切口を描くと**図 9-4** に示した図形となる。切り口の図に線及び屈曲部の機能と役割を注記で示してある。それを読み込んで稜線を描くと、主投影図は**図 9-5** に示したようになり、左側から解説すると、起動用電動機が組み付く面が円筒穴の周辺にあり、切口の図の左端の線を接続すると、一連の面となる。次は、はめあい円筒穴の入り口の面取り稜線で、上下を接続する。次は、円筒穴が板厚を抜けたときにできる稜線で、空間側の平面を示しており、上下を接続する。次は、空間の終端面の鋳肌面で接続 R がついており、上下の面を接続する。次は、深溝玉軸受③とはめあう円筒穴の底面で、上下を接続する。次は、はめあい穴の入り口の

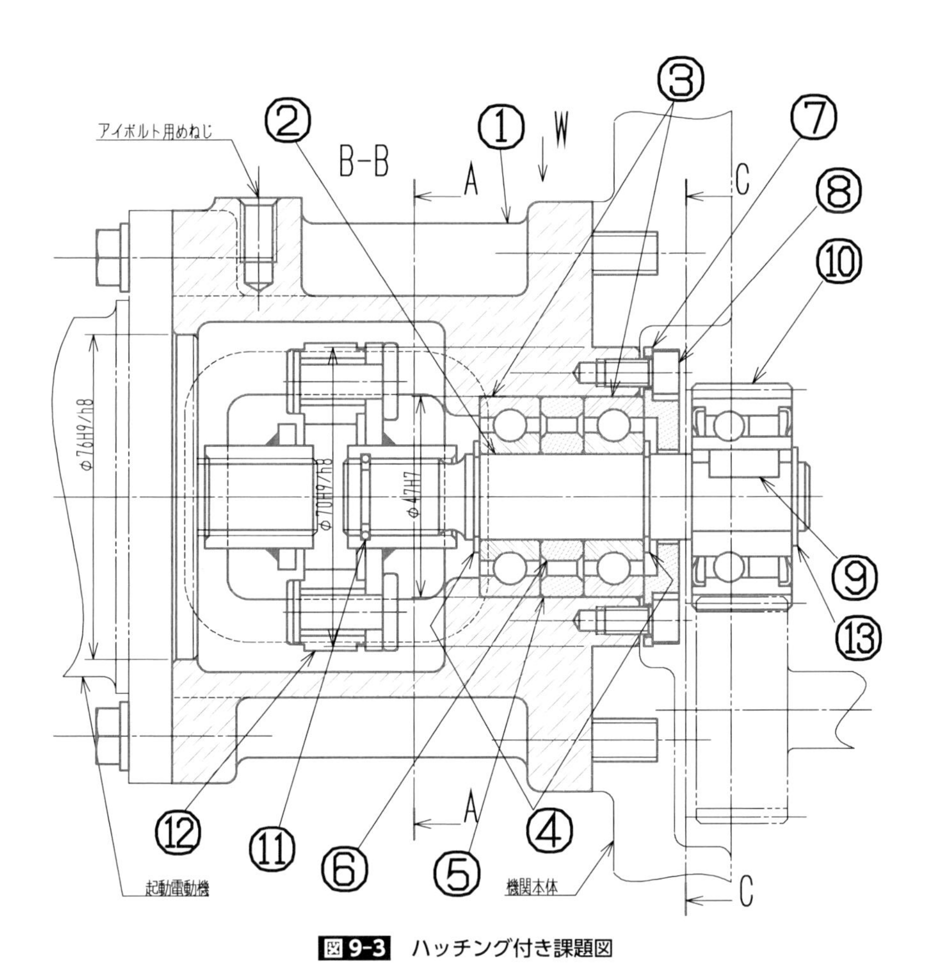

図 9-3　ハッチング付き課題図

面取り稜線で、上下に接続する。最後が、機関本体とはめあう円筒形状の端面で、上下を接続して１つの面として表現する。アイボルト用のねじは、めねじが描かれており、それをそのまま描く。六角穴付きボルト⑧用のねじは、課題図ではボルトが描かれているが、解答図ではめねじを描く。

断面図を描くルールには、断面にしてはいけない３つの要素と、断面にして

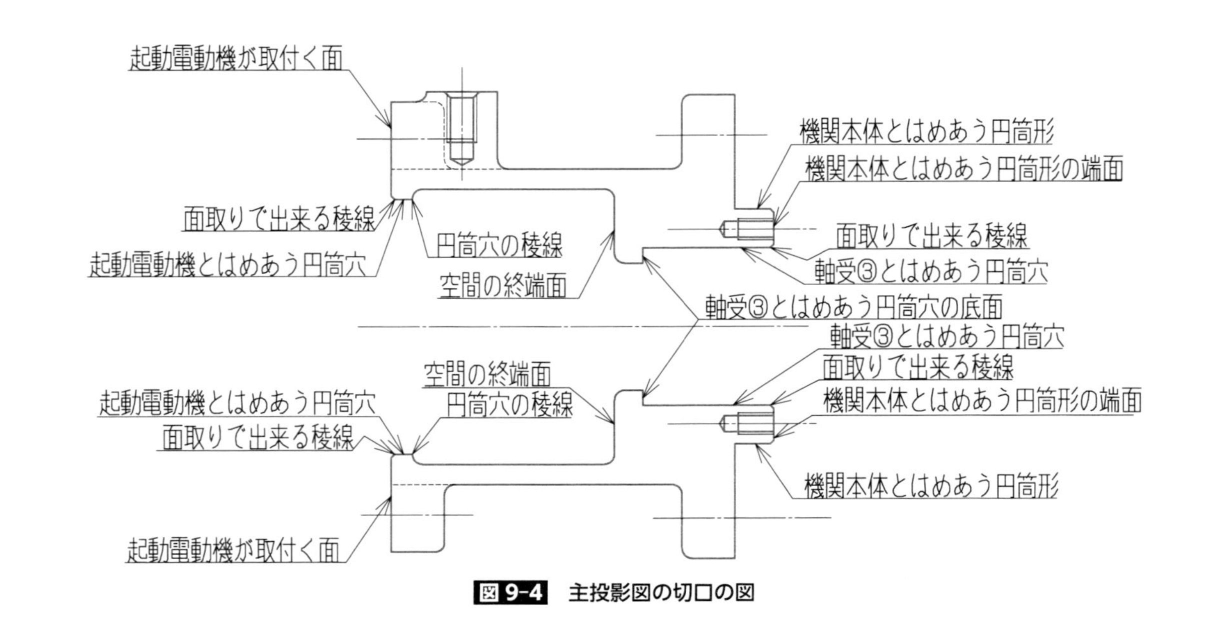

図 9-4　主投影図の切口の図

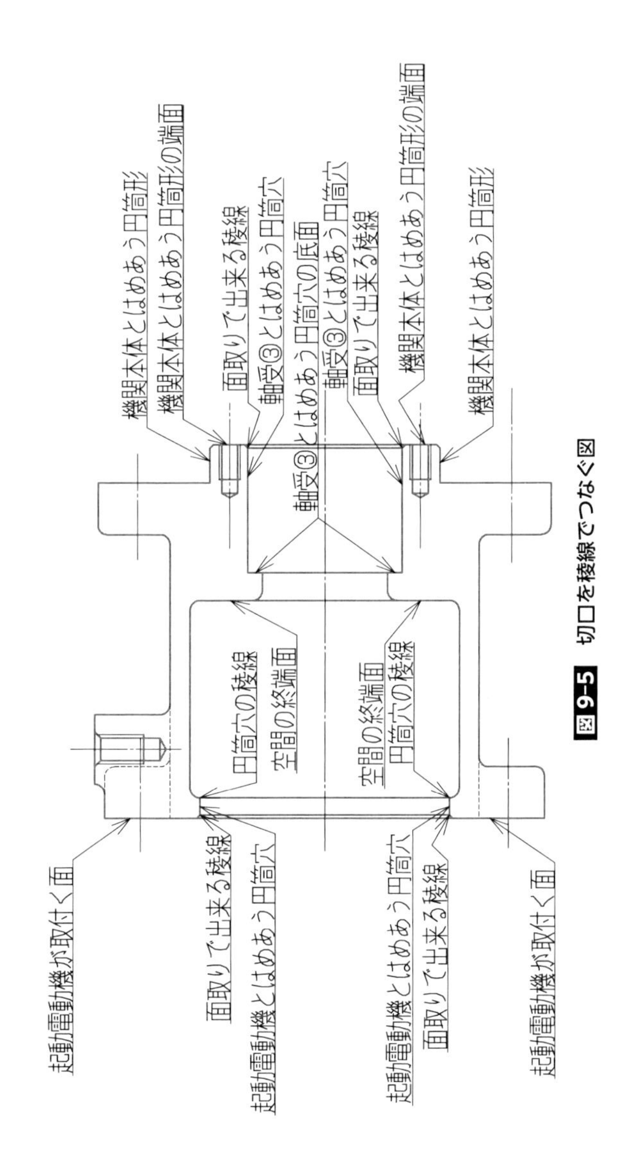

図 9-5 切口を稜線でつなぐ図

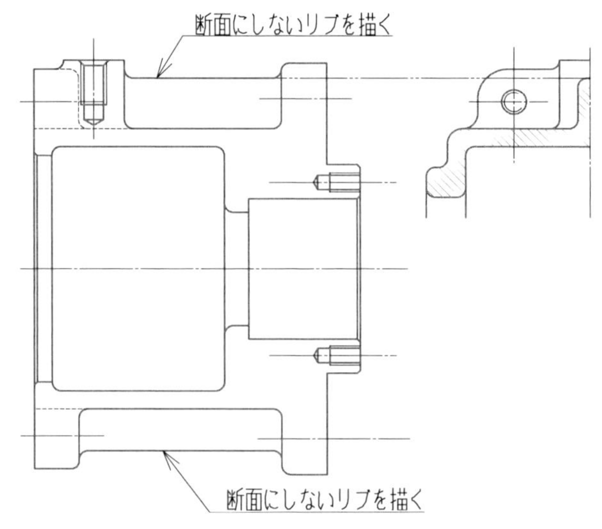

図 9-6　断面にしないリブを描く

も意味がない場合には断面にしない9つの要素がある。課題図には断面にしてはいけない“リブ”が描かれており、それを読み取り、**図 9-6** のように描く。起動用電動機（1か所は吊りボルト部）を取付ける面と、機関本体を接続するリブがあるが、断面図の切口の図には表れていない。右側面図の切口の図を解読すると、リブ形状が読み取れる。それを主投影図に反映させる。

図 9-7 に示したように、自在接手⑫を収納する空間があり、自在接手の組付けや状態を点検する開口部がある。形状は右側面図と主投影図に描かれている。それを解答図に描く。

(3) 右側面図

図 9-8 に示したように、右側面図の左側半分は、切口の図を描き、起動用電動機のはめあい穴を描く。右側半分は、主投影図の稜線を読み取って、円弧形状を描いていく。機関本体との合わせ面の外形形状を、課題図の右側面図から、読み取って描く。

図 9-9 には、左半分の起動用電動機を取付ける面の形状と、取付用のねじを

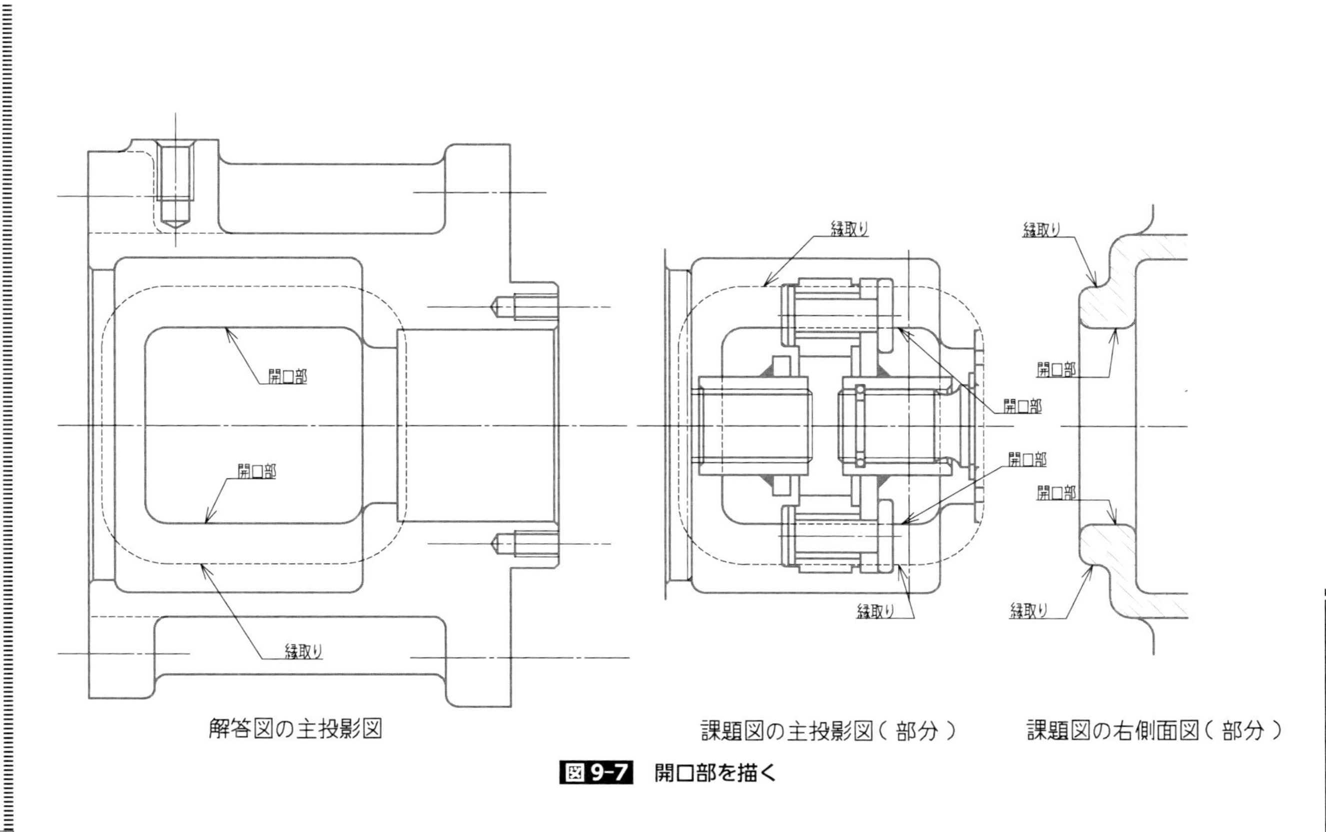
開口部
開口部
縁取り
解答図の主投影図
縁取り
開口部
開口部
縁取り
課題図の主投影図（部分）
縁取り
開口部
開口部
縁取り
課題図の右側面図（部分）

図9-7　開口部を描く

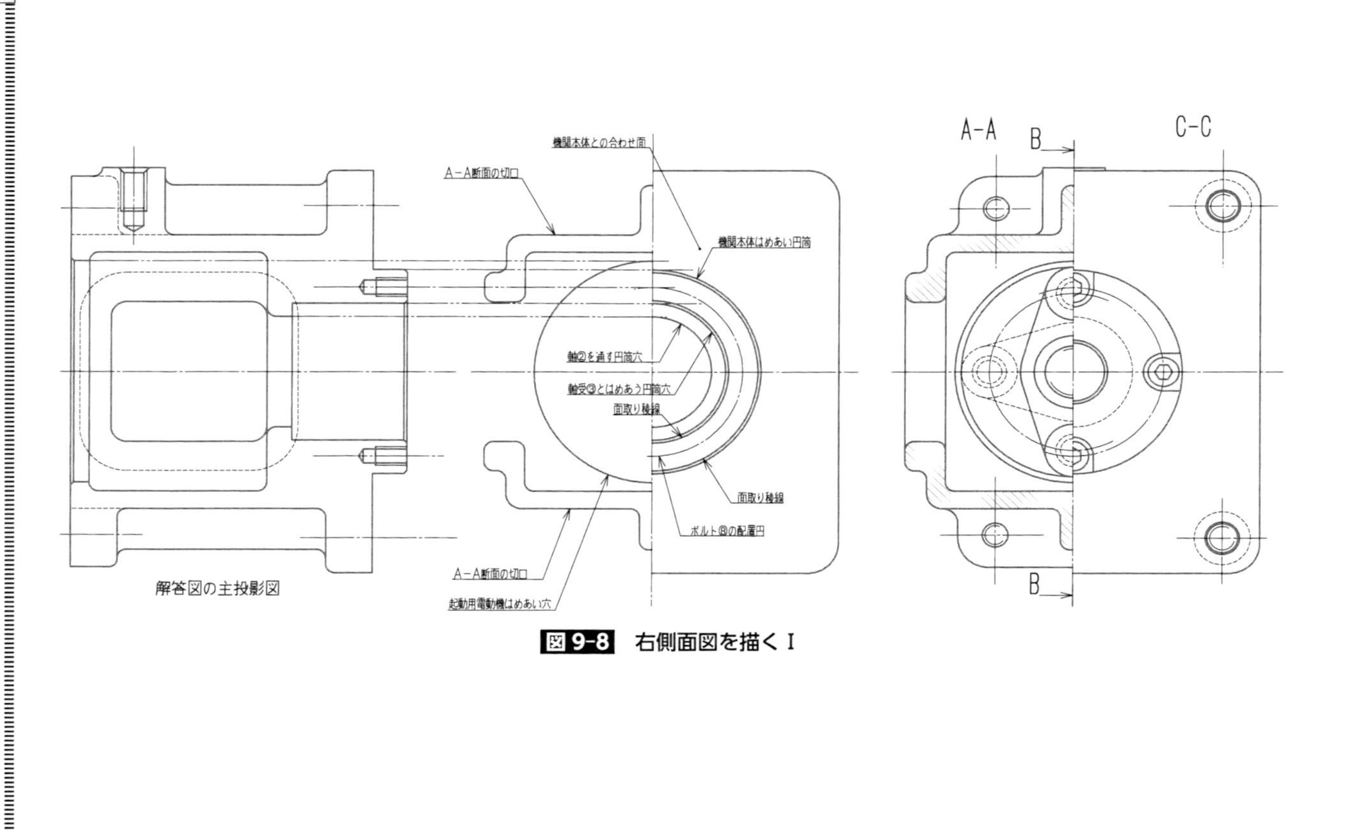

図 9-8　右側面図を描くⅠ

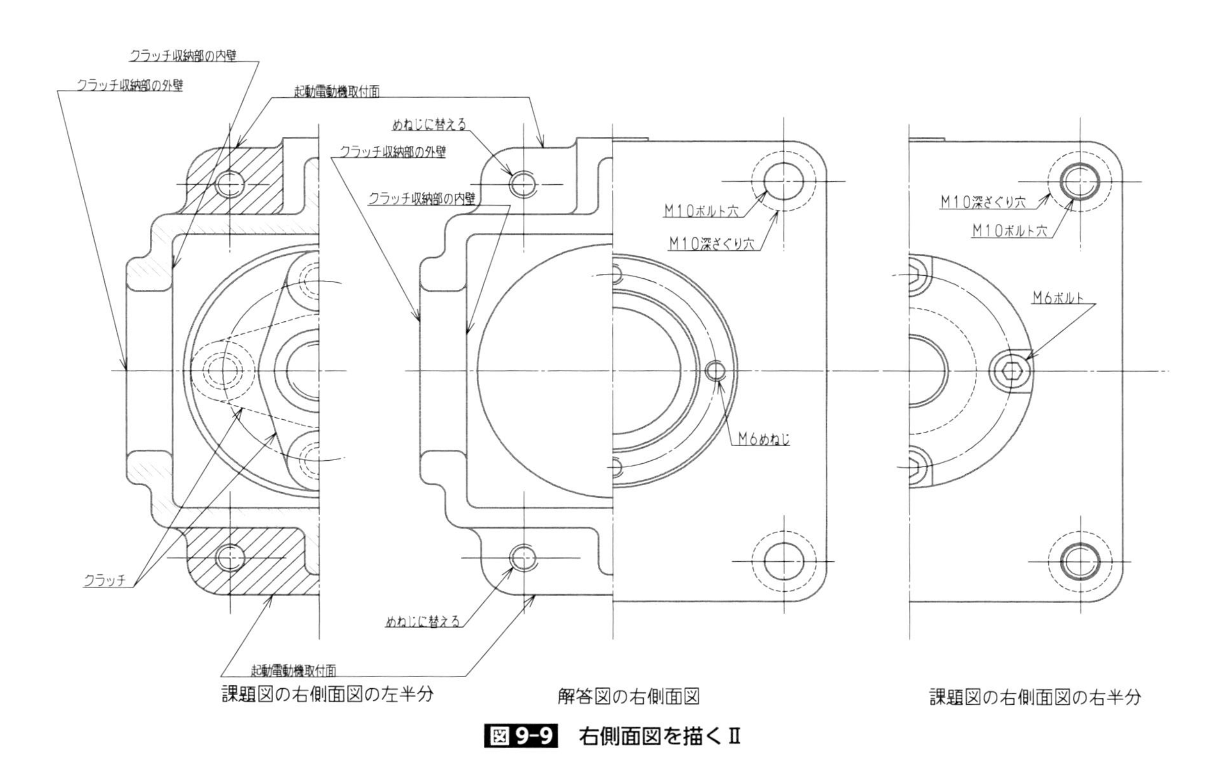

図9-9 右側面図を描くⅡ

描く。課題図は組立状態を示しており、おねじを描いているが、解答図は本体①の部品であり、めねじを描く。右半分は、機関本体を締め付けるボルトが描いてあるが、穴の図と六角穴付きボルトの頭部を収納する深ざぐり穴形状をかくれ線で表す。課題図には軸受押え⑦を締め付けるボルト⑧が描かれているが、解答図にはめねじを描く。

(4) 平面図

図 9-10 に示したように、課題図の平面図に全容が描かれている。起動用電動機はボルト⑯で締め付けられており、機関本体はボルト⑭で締め付けられており、その構造が局部断面図で示されている。ただし、検定の解答図の作図に際しては、指示事項に従うこととなっており、平面図は外形図とするように指

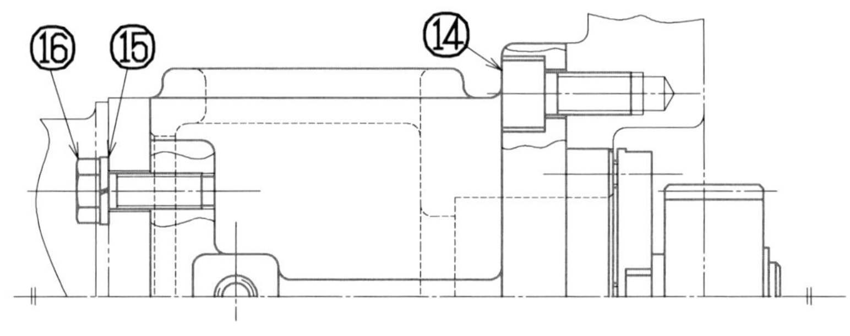

図 9-10 平面図を読取る

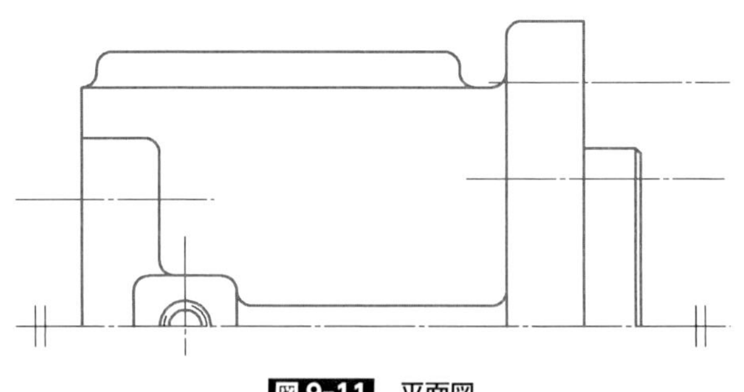

図 9-11 平面図

示されている。課題図にあるような局部断面の手法を取ると、減点の対象となる恐れがある。**図 9-11** に平面図の解答図を示したが、穴及びねじの中心線は必ず描く。課題図にかくれ線で示された形状を、記入すべきか迷ったら描いておくと、減点の恐れがなく安心であるが、間違った線を描くと減点されることから、正確に読み取って描く。

(5) 寸法記入

着眼点５：寸法記入の手順

はめあい寸法や軸間寸法（今回の課題にはない）などの重要寸法は採点上の配点が大きく、**図 9-12** に示したように、最初に寸法記入する。はめあい寸法において、寸法公差の指示を忘れない。穴の寸法公差記号（大文字）と軸の寸法公差記号（小文字）は、正しく使い分ける。ねじ及び穴の位置寸法も同様に早い段階で記入する。次の寸法記入は大きさ寸法で、**図 9-13** に示したように、縦横寸法はできる範囲で同じ図形に記入する。続いて**図 9-14** に示したように、半径と面取りの寸法を記入する。半径寸法に関して、最近の出題傾向は「鋳造部の指示のない角隅の丸みは R3 とする」などと、共通する接続 R を記入しなくてよいとする一括指示が多用されているが、個別指示を必要とする部分もあり、見落としをしないように注意が必要である。半径指示に関しては「JIS B 0001　機械製図の 11.6.2　半径の表し方」に忠実に従って描く。CAD の機能におしゃれな半径寸法指示のコマンドが見受けられるが、JIS 規格を愚直に踏襲することをお勧めする。面取り指示に関しては「JIS B 0001　機械製図の 11.6.8　面取りの表し方」に忠実に従って描く。寸法線の矢印の方向を、空間から実体側へ向ける。穴とねじの指示の仕方は、**図 9-15** に示したように「JIS B 0001　機械製図の 11.7　穴の寸法の表し方」に忠実に従って描く。表面性状の指示記号は、**図 9-16** に示したように必要な個所すべてに記入する。表面性状の指示記号の要否判定は、組立図に示された機能と役割で判定する。記入に際しては、「JIS B 0031　表面性状の指示方法の 11.2　図示記号及び表面性状の要求事項の指示位置及び向き」に忠実に従って描く。そのときに、記号の指示部及び引き出し線の矢印の向きを、空間から実体に向けて指示する。記号の向きは図面の

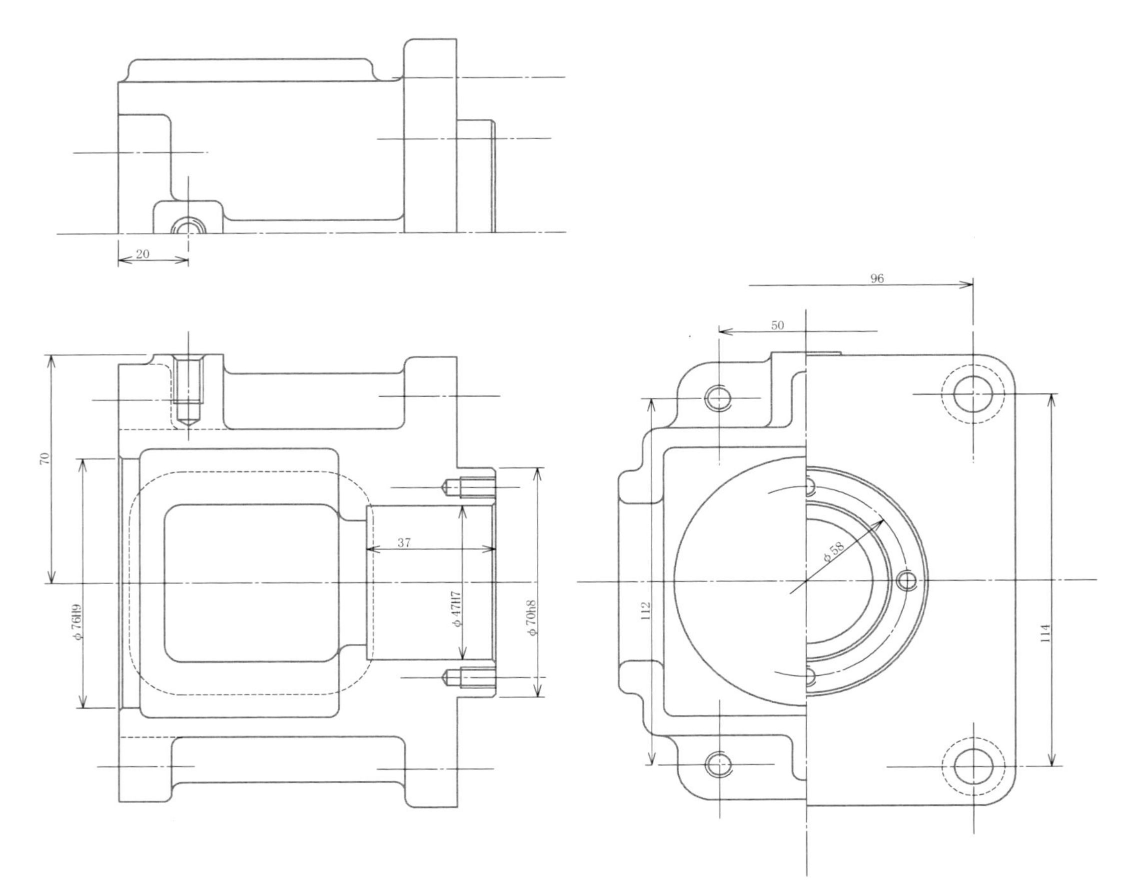

図 9-12　重要寸法、位置寸法を描く

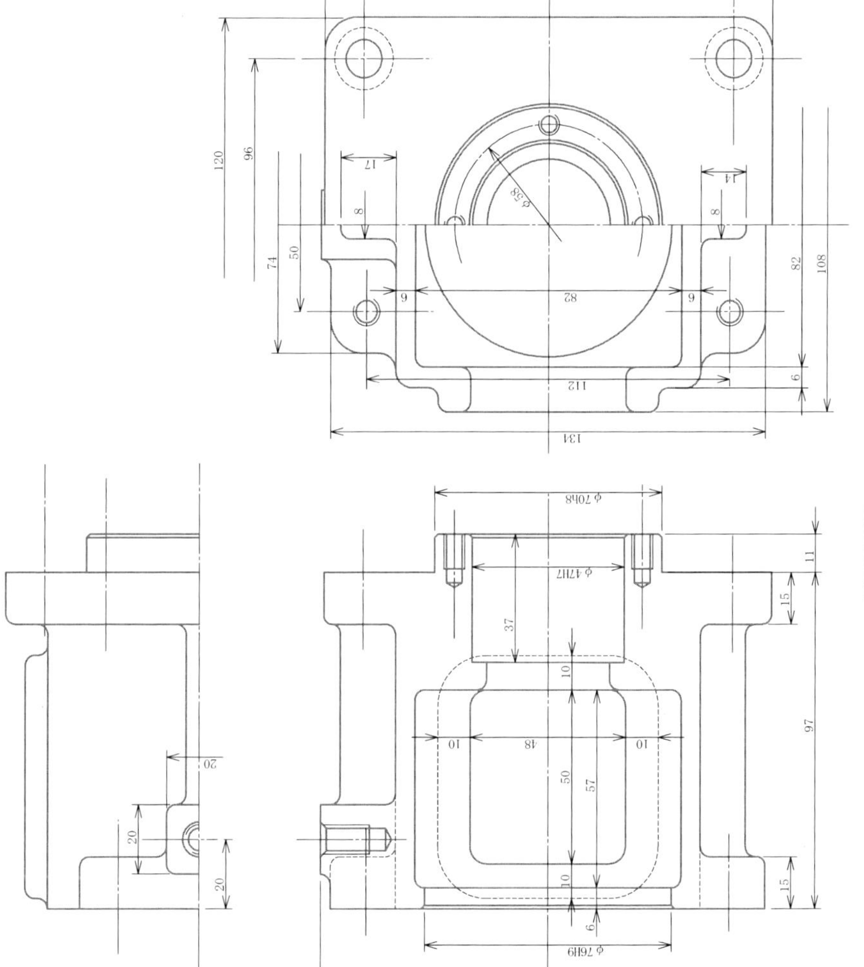

図9-13　大きさ寸法を描く

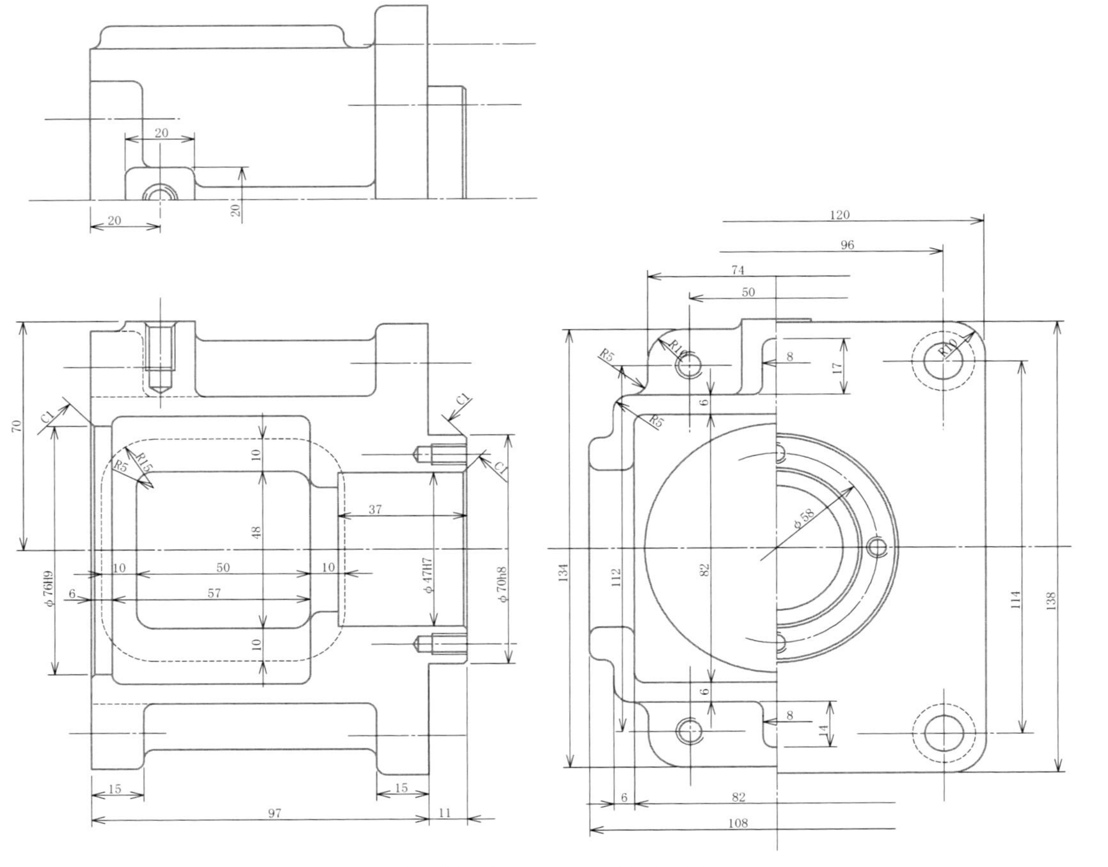

図9-14 半径、面取り寸法を描く

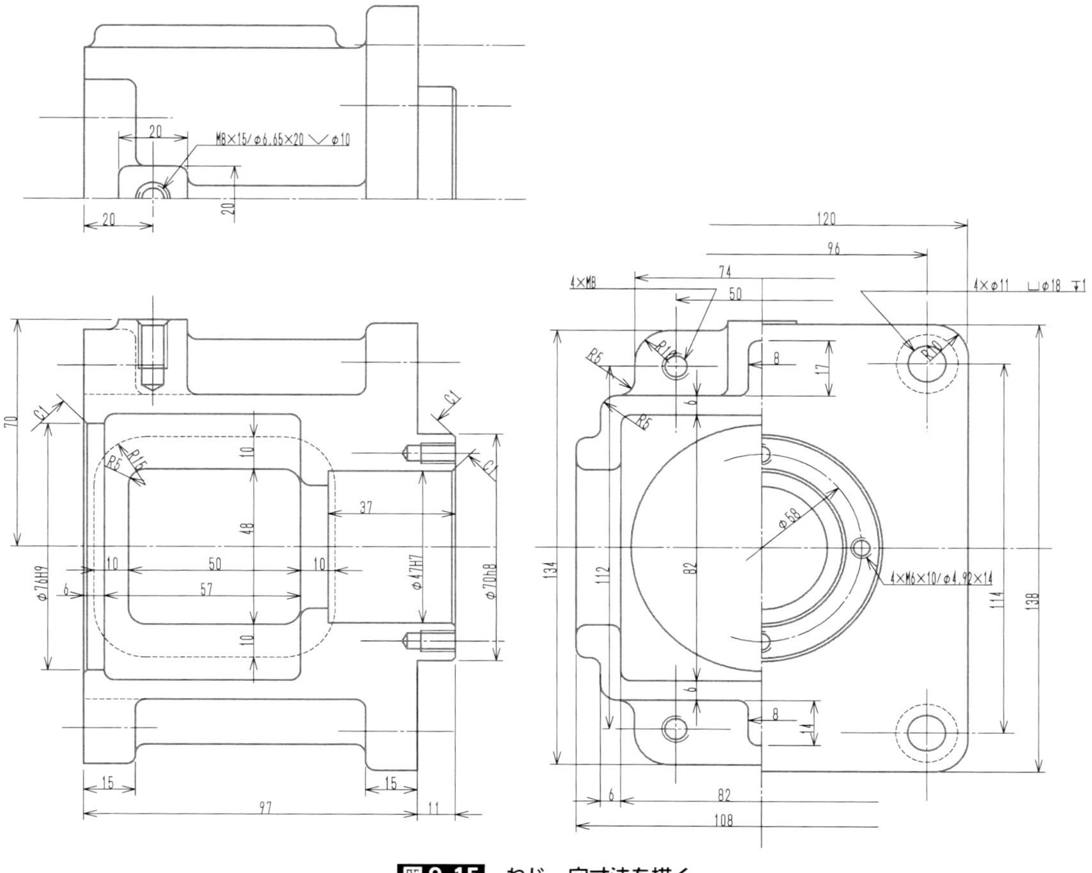

図9-15 ねじ、穴寸法を描く

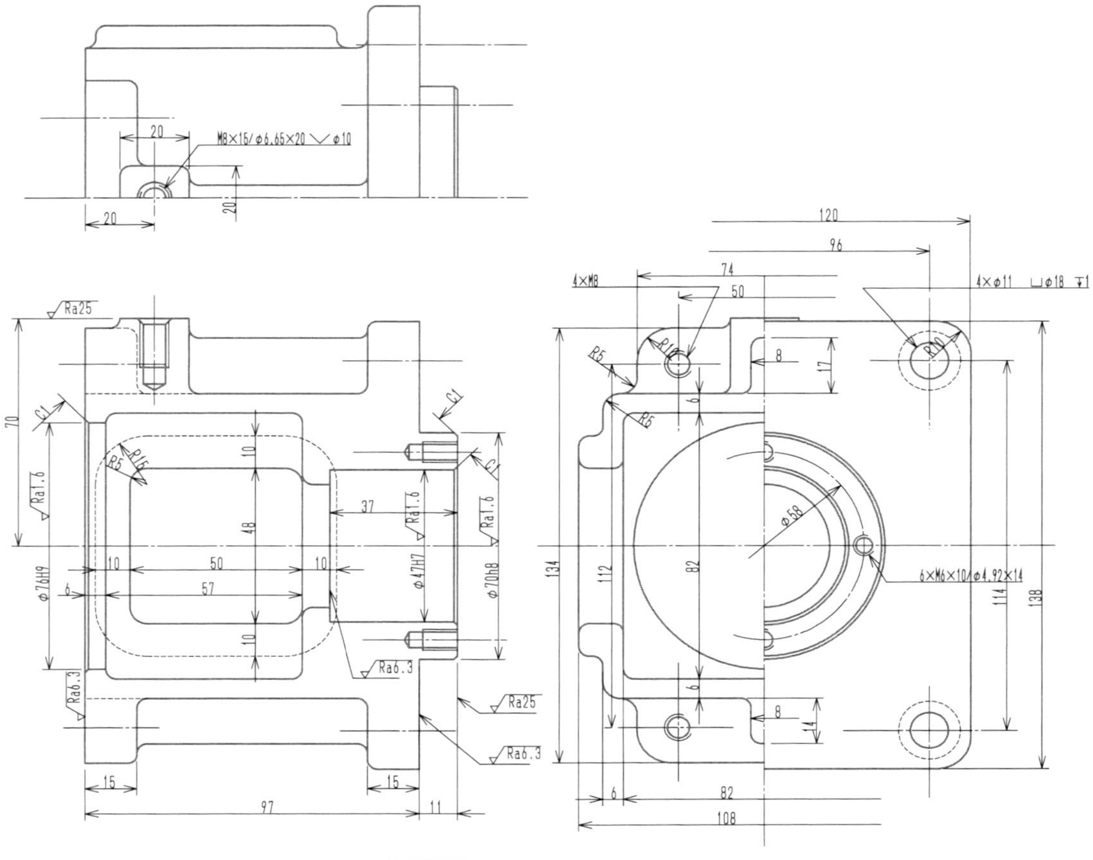

図9-16 表面性状の指示を描く

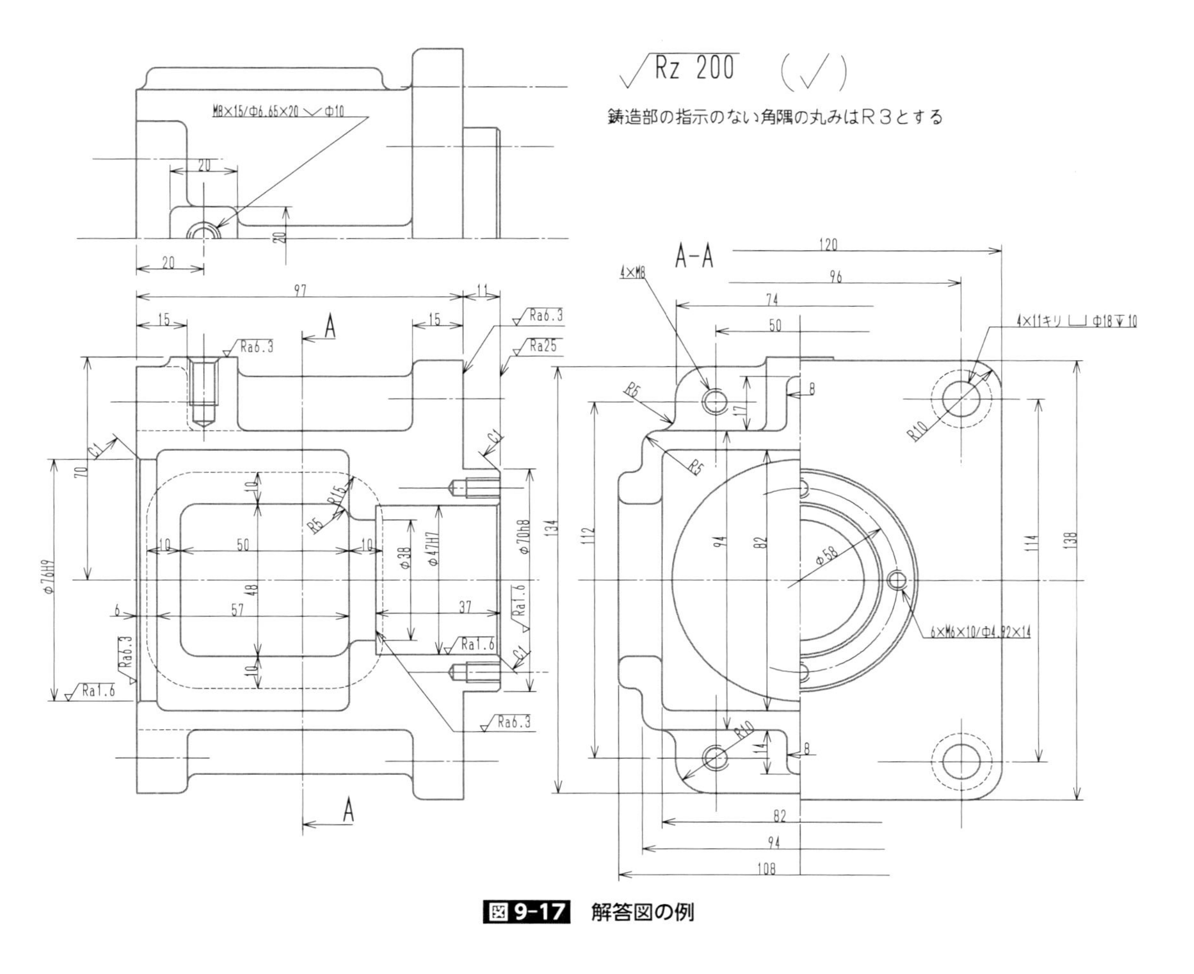
Rz 200 (✓)
鋳造部の指示のない角隅の丸みはR３とする
A-A
M8×15/φ6.65×20 ∨ φ10
4×M8
4×11キリ ⌴ φ18↧10
6×M6×10/φ4.92×14
φ76H9
φ70h8
φ47H7
φ38
φ58
Ra6.3
Ra25
Ra1.6

図9-17　解答図の例

下面から及び右の面から読める方向に統一して描く。**図 9-17** に解答図の例を示す。

9-2　3 級課題の解読例Ⅱ

着眼点 1：加工に関する知識が構造を読取る力

課題図（**図 9-18**）は、緩衝器の組立図を尺度 1：1 で描いてある。次の注意事項及び仕様に従って、①（材料　FC250）の図形を描き、寸法、寸法公差、表面性状に関する指示事項等を記入し、部品図を作成する。

9-2-1　課題図の説明

課題図は、緩衝器の組立図を尺度 1：1 で描いてある。

- 主投影図は、C-C の断面図で示している。
- 左側面図は、中心線から左側を A-A 断面図で、右側を B-B の断面図で示してある。
- 平面図は、Z から見た外形図で、中心線から上側のみを示し、六角穴付きボルト⑪とその締結部を、部分断面図で示している。
- 本体①は、FC250 の鋳鉄品で、必要な部分は機械加工されている。
- この緩衝器は、本体①の中にしぼり③をねじ込み、案内ふた②六角穴付きボルト⑪で固定している。
- 本体①には、ねじふた⑧から作動油を供給し、のぞき窓⑦で油量を見ることができる。
- 他の機械からの荷重を受けて、プランジャ④が右側に移動すると、しぼり③の円錐部によって、作動油の流れが徐々に抵抗を増し暖衝されて停止する。荷重を与えていた部分が元に戻ると、戻しばね⑥によってもとに位置に復帰する。
- しぼり③のねじを回して暖衝力を調整して、とがり先ボルト⑨で固定する。

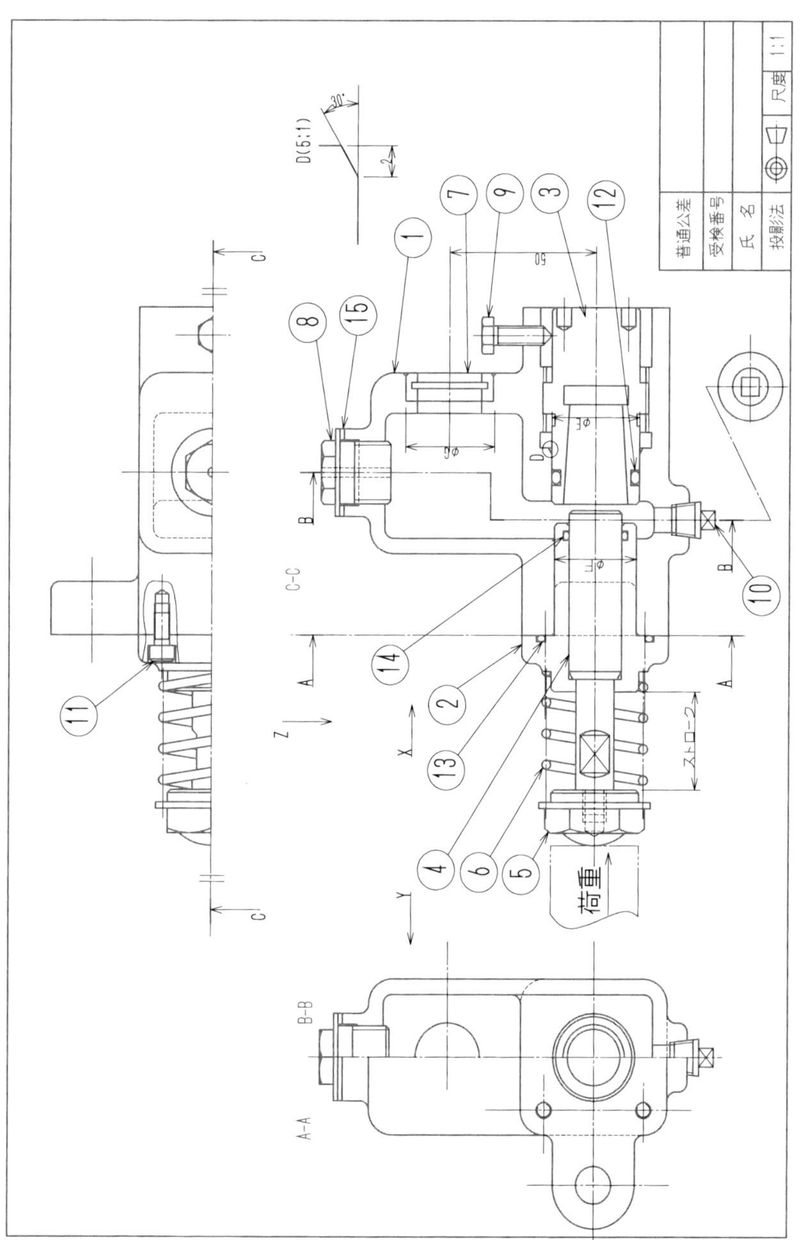

図 9-18　課題図（平成 30 年 3 級）

・　⑤はナット、⑩はプラグ、⑫、⑬、⑭はOリング、⑮はガスケットである。

9-2-2　指示事項

(1)　本体①の部品図を、第三角法により尺度1：1で描く。

(2)　図面の配置は、**図9-19**に示してある。

(3)　本体①の部品図は、主投影図、左側面図及び平面図とし、(2)の配置で下記のa～hの指示により描く。

a．主投影図は、課題図のC-C断面図とする。

b．左側面図は、中心線から左側をXからみた外形図とし、中心線から右側を断面の図示記号を用いて、課題図のB-Bの断面図とする。

c．平面図は、課題図のZから見た外形図とし、対称図示記号を用いて中心線から下側を省略する。

d．図中のΦEの寸法及び公差域クラスの記号は、Φ30H9とする。

e．図中のΦFの寸法及び公差域クラスの記号は、Φ28H9とする。

f．図中のΦGの寸法及び公差域クラスの記号は、Φ30H9とする。

g．ねじ類は、下記による。

イ．しぼり③のねじは、メートル細目ねじ、呼び径36mm、ピッチ1.5mmである。

ロ．ねじふた⑧のねじは、メートル並目ねじ、呼び径20mmである。

ハ．先とがりボルト⑨のねじは、メートル並目ねじ、呼び径6mmである。

ニ．プラグ⑩のねじは、管用テーパねじ呼び1/8である。これ用のめね

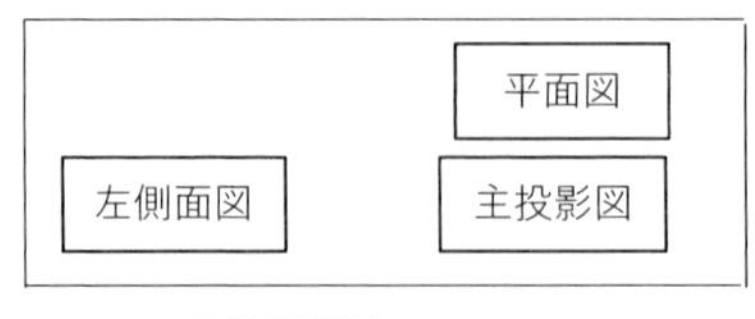

図9-19　図面配置

じは、管用テーパめねじとする。

ホ．六角穴付きボルト⑪のねじは、メートル並目ねじ、呼び径5mmである。これ用のめねじは、ねじ深さ9mm、下穴径4.22mm、下穴深さ12mmである。

ヘ．取付ボルト（図示してない）は、メートル並目ねじ、呼び径10mmである。これ用の穴は、直径12mm、鋳肌面には直径24mm、深さ1mmのざぐりを指示する。

h．鋳造部の角隅の丸みは、“R3”についてのみ個々に記入せず、紙面の右上に「鋳造部の指示のない角隅の丸みは、“R3”とする」と注記し、一括指示する。

9-2-3　図形の解読

（1）主投影図

着眼点１：加工に関する知識が構造を読取る力

課題図の**図9-20**に示した“C-C断面図”をそのままC-C断面図で表す。

A部は、ねじふた⑧でガスケット⑮を押さえる構造で、ねじふたの不完全ネジ部の逃がし構造に注目する。本体①側に逃がし構造を構成している。A部にあるようなねじの座面を密着させたい場合には、不完全ネジ部に関する配慮は、おねじ側又はめねじ側の、どちらか片側で行う。この課題の例では、めねじ側で逃がしを取っている。加工に関する配慮に関する知識があれば、ねじ部の線を読まなくても、構造から形状を理解できる。

B部はとがり先ボルト⑨を分解してめねじを描く。

C部はしぼり③の位置を調整するネジ部を分解、解読してめねじを描く。

D部はプラグ⑩を分解、解読してめねじを描く。

E部ののぞき窓⑦は内部の油が、浸みださないように、はめあいと表面性状“Ra1.6”を指示する。

F部は本体①としぼり③のはめあい部で、内部の油の浸み出しを、Oリングで

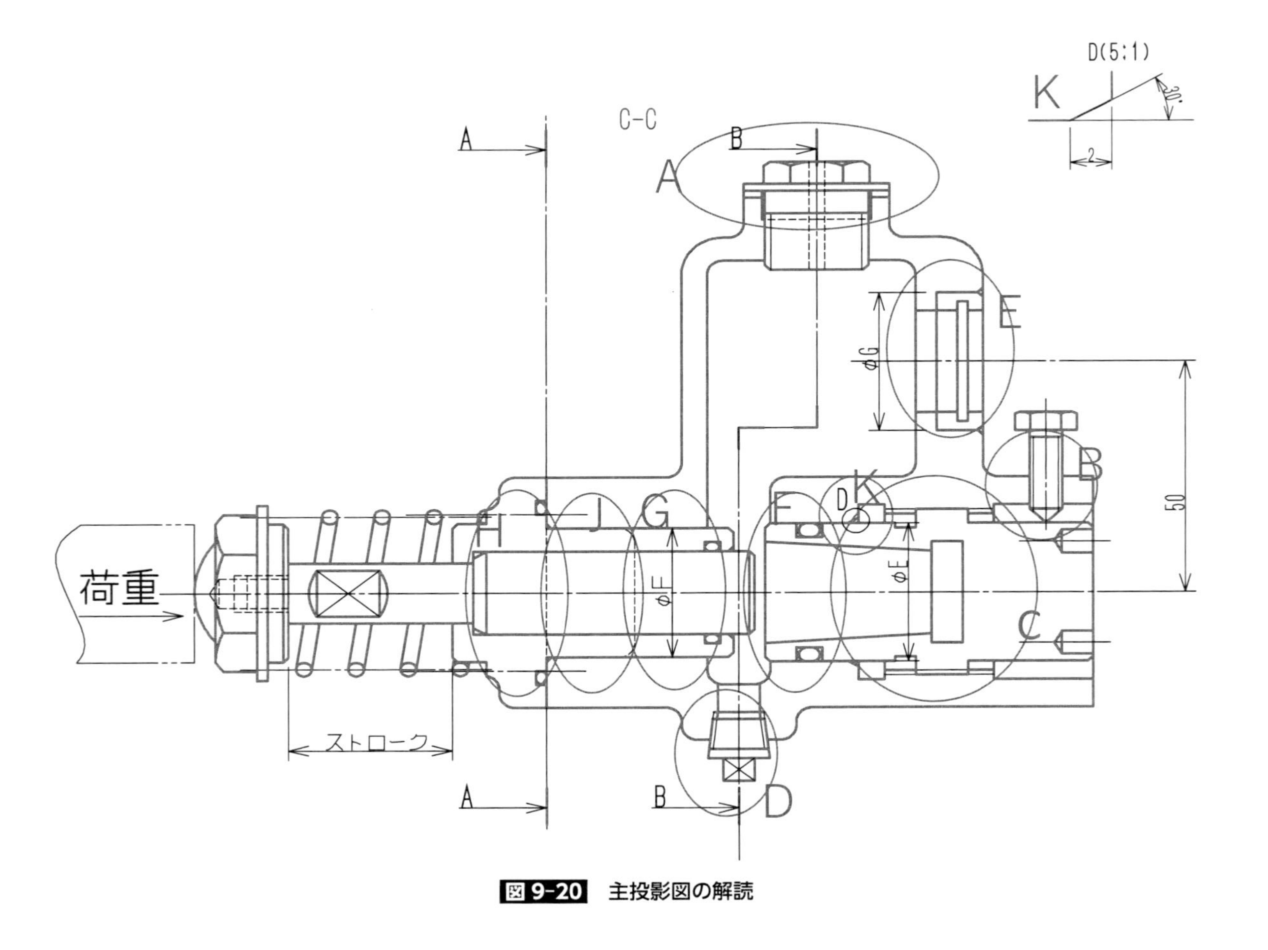

図 9-20 主投影図の解読

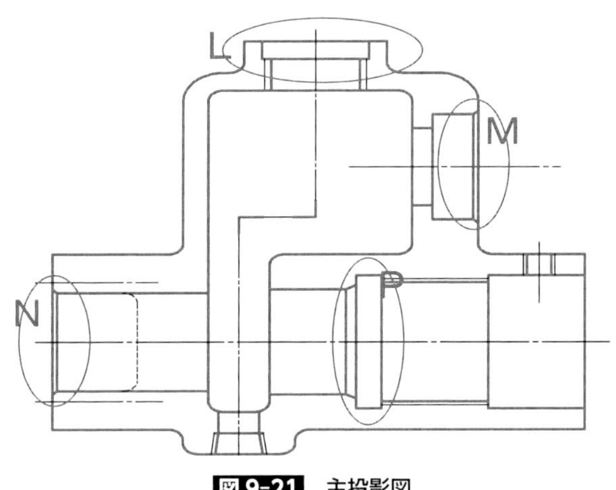

図 9-21　主投影図

防いでいる。

G 部は本体①と案内ふた②が、はめあいになっている。

H 部は本体①と案内ふた②の間で、内部の油の浸み出しを、O リングで防いでいる。O リング当たり面は表面性状“Ra1.6”を指示する。

J 部は取付ボルトで組み付ける部分で、形状は左側面図で示し、取付面の形状は平面図に示してある。鋳肌面の形状は主投影図側に現れるが、断面図のためかくれ線の表現となっているが、解答図には必ず描く。

K 部はしぼり③を取り付けるねじを加工する場合の、刃具の逃がし形状と、O リング挿入時のキズ付き防止形状である。

図 9-21 の主投影図に示したように、L 部のめねじの入り口の穴形状は、ねじふた⑧の不完全ネジ部を組み込む形状である。

M、N 部ははめあい形状の入り口で、指示がなくても、C 面取りを指示する。課題図に指示されているかを読み取ることなく、C 面取りを描く習慣をつけると、作図のトータル速度が向上する。

P 部はしぼり③を組付けるめねじを加工するときの刃具の逃がし形状である。

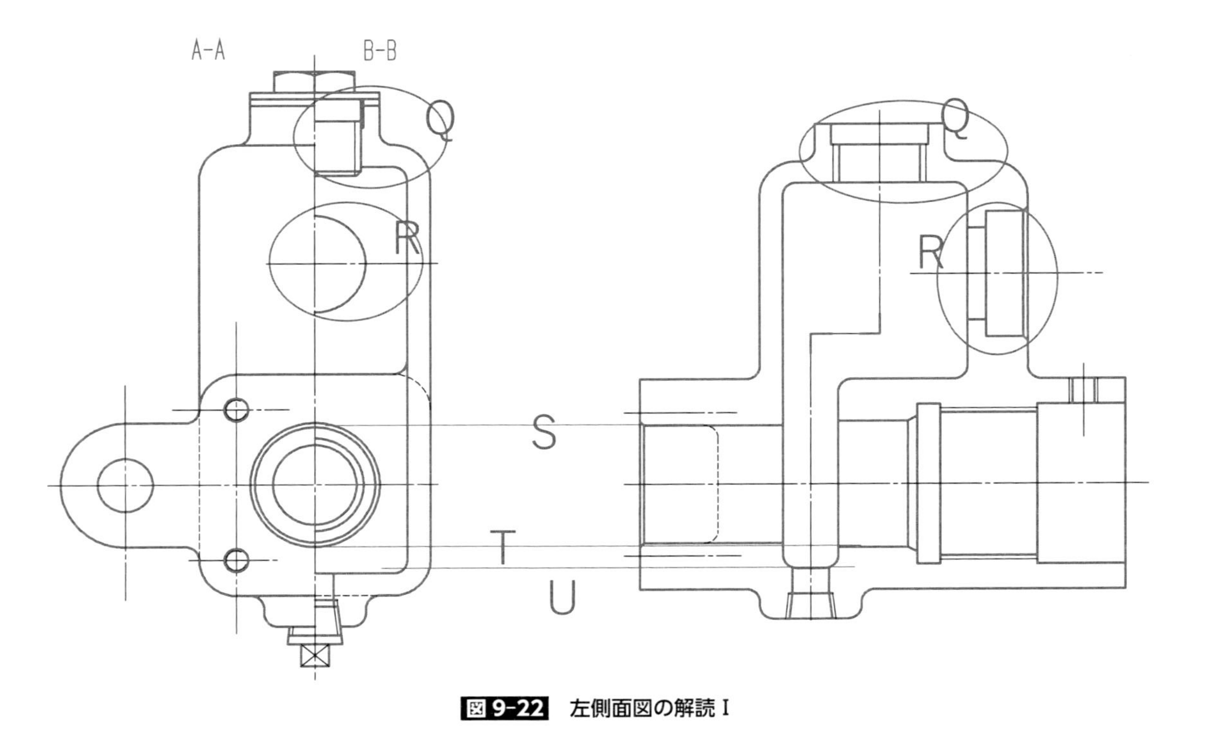

図 9-22 左側面図の解読 I

(2) 左側面図

中心線から左側をXからみた外形図とし、中心線から右側を断面の図示記号を用いて、課題図のB-Bの断面図とする。

課題図のA-A断面は本体①の外形図に相当する。課題図をそのまま描くと解答図となる。ただし、六角穴付きボルト⑪を取り外した図形を描く。

図9-22に示したように、Q部は主投影図にあるようにボス形状とめねじ及び逃がし形状を描く。

R部は主投影図の穴形状を描く。

S部はふた②のはめあい穴で、中心線から左側の外形図に現れる。面取り線が見えることを忘れない。

T部はしぼり③のはめあい穴で、中心線から右側のB-B断面に現れる。この部分に面取り線は現れない。

U部は油の通路となる鋳物形状で、中心線から右側のB-B断面に表れる。

図9-23に示したV部は、取付ボルトで組み付ける部分で、断面指示部より手前にあるために、中心線から右側の図には表れない。

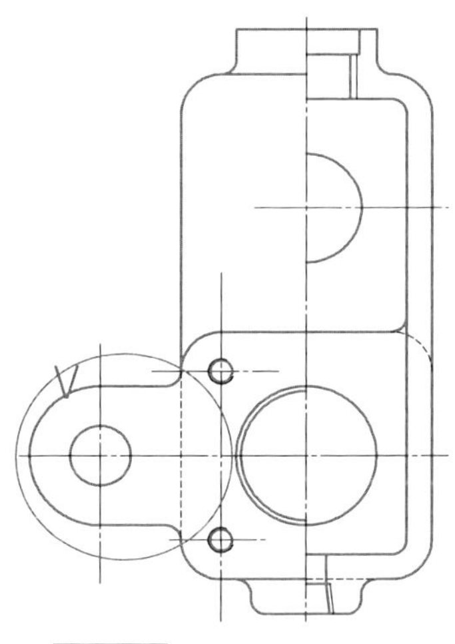

図9-23　左側面図の解読Ⅱ

(3) 平面図

課題図のＺから見た外形図とし、対称図示記号を用いて中心線から下側を省略する。

図 9-24 に示したように、課題図の平面図も外形図で、W 部、X 部を除いてそのままトレースする。ただし、課題図にある六角穴付きボルト⑪に関する部分断面は描かない。

W 部はねじふた⑧の逃がし構造と、めねじを平面視で描く。

X 部はめねじの平面視を描く。

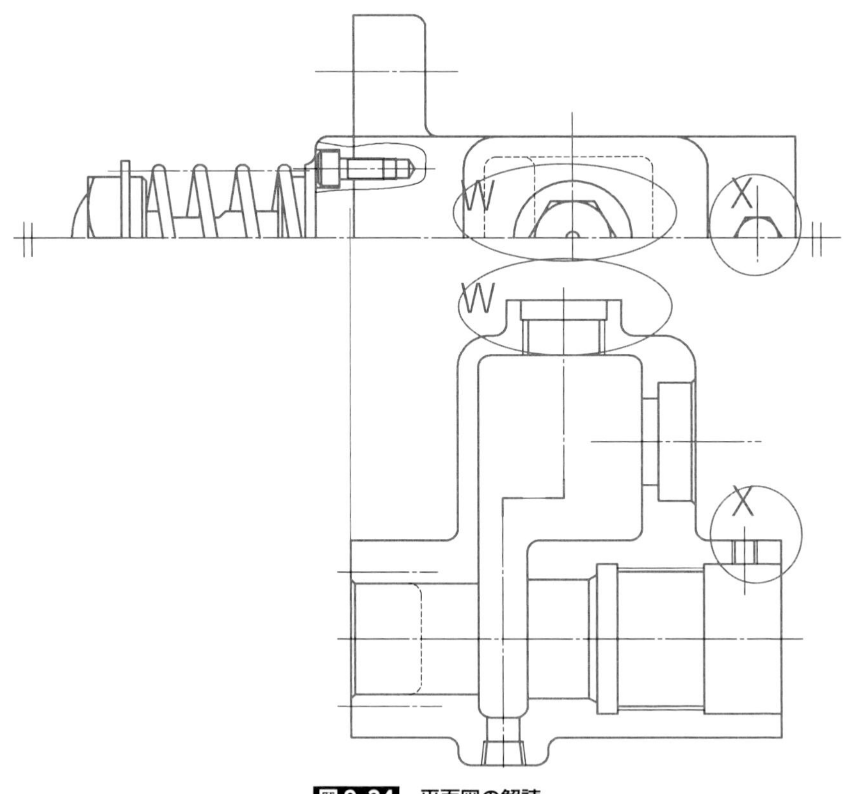

図 9-24 平面図の解読

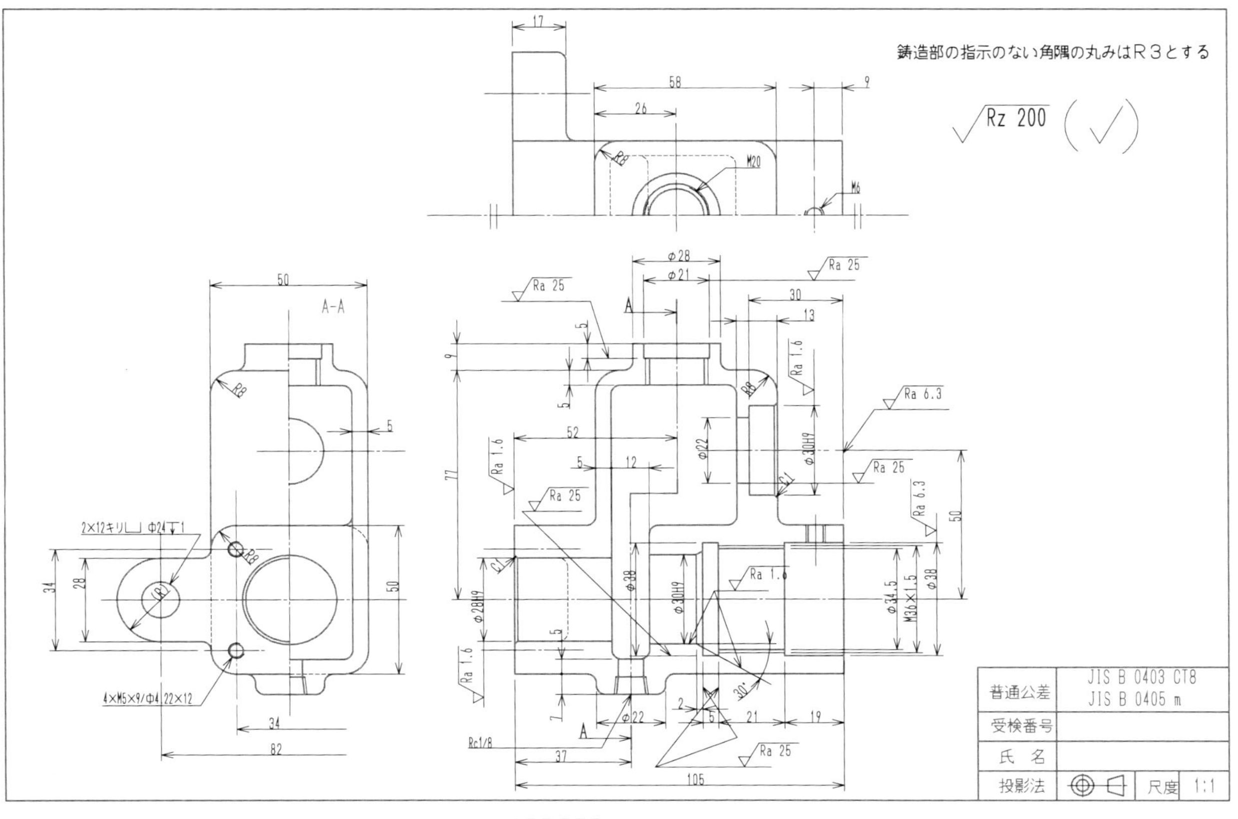
鋳造部の指示のない角隅の丸みはR３とする
Rz 200
A-A
2×12キリ⌴ Φ24↧1
4×M5×9/Φ4.22×12
Rc1/8
普通公差
JIS B 0403 CT8
JIS B 0405 m
受検番号
氏 名
投影法
尺度 1:1

図9-25 解答図の例

9-2-4　寸法記入に関する注意事項

(1) ざぐりの指示

“9-2-2、指示事項の(3) g のへ”にあるざぐり指示を、**図 9-25** に示してあるが、ざぐり加工をしない面に指示する。図面を読んでざぐり加工をする人のために、ざぐり側の面にすべきではないかと考える人がいるが、ざぐりは鋳肌側に加工することは常識であり、ざぐりの指示あれば、当然のように加工は鋳肌側であり、配慮は不要である。

9-3　2級課題の解読例

課題図は、切換え弁付き油圧シリンダー装置を描いたものである。次の注意事項に従って、課題中の本体① ［FC250］の図形を描き、寸法、寸法の許容限界、幾何公差、表面性状に関する指示事項などを記入し、部品図を作成する。

9-3-1　課題図の説明

図 9-26 に示した課題図は、工作機械に装着する切換え弁付き油圧シリンダー装置の組立図を尺度 1：1 で示している。主投影図は課題図の W から見た図で、中心線から下側を外形図とし、中心線から上側を D-D の断面図として、ピストン②及び切換え弁⑤が最左端位置にある状態を示している。主投影図の上側には、油路 F 用配管⑫、油路 H 用配管⑬及び油路 J 用配管⑭を装着する部分（この部分をボスと称する）を部分投影図で示している。右側の図は対象図示記号を用いて中心線から左側を省略し、中心線から右側のみを示している。主投影図の左側の部分投影図には、工作機械に据え付ける面及びその内側形状のみを、対象図示記号を用いて中心線から右側を省略して、左側のみを示している。矢示図 E は六角穴付きボルト⑯による締結部周辺を描いている。

このシリンダー装置は、油圧ポンプ（図示していない）から送り出される作動油を、ロット④に締結されたピストン②が受けて、工作機械に 90mm の往復

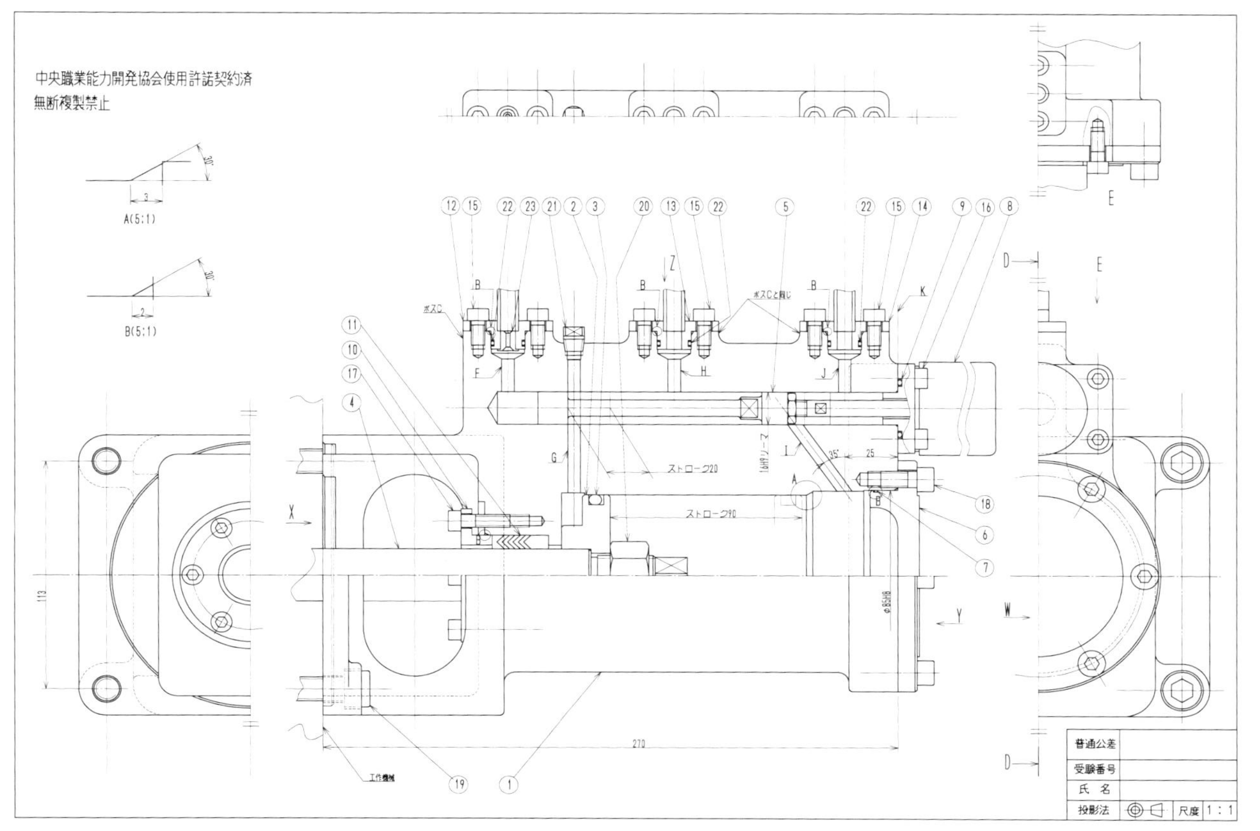

図 9-26 課題図の例Ⅲ（巻末に差し込み）

運動を供給するものである。この往復運動は、油圧ポンプからの作動油が油路H用配管⑬を通じて切換え弁に送り込まれ、次に切換え弁⑤によって塞がれていないシリンダーへの油路Gを通過してシリンダー内へ送り込むことで、ピストン②は右方に押される。排出される作動油は、油路I及び油路J用配管⑭を通って油溜め（図示していない）に戻される。

ピストン②が最右端に到着すると、工作機械からの信号によって、送油を停止させると同時に電気式作動機器⑧を動作させて、切換え弁⑤は右方に20mm動かされ最右端位置で止まる。その後工作機械からの信号によって送油を再開し、作動油は油路H用配管⑬を通って切換え弁室に送り込まれ、次に切換え弁⑤によって塞がれていないシリンダーへの油路Iを通過してシリンダー内に送り込まれることで、ピストン②は左方に押される。排油は油路Gと油路F用配管⑫を通って油溜めに戻される。この際に排出される作動油は油路F用配管に設けられている固定オリフィス㉓によって、ピストン②の左方への移動時間は制限される。①は本体、③、⑦、⑨及び㉒はOリング、⑥はふた、⑩はパッキン押え、⑪はVパッキンセット（アダプターを含む）、⑮、⑯、⑰、⑱及び⑲は六角穴付きボルト、⑳はナット、㉑はプラグである。

9-3-2 指示事項

1、本体①の部品図は、第三角法により尺度1：1で描く。

2、本体①の部品図は、**図9-27**の配置で描く。

3、本体①の図は、主投影図、左側面図、平面図、部分投影図とし、図9-27に示す配置で下記a～kにより描く。

a　主投影図は課題図のWから見たD-Dの断面図とする。

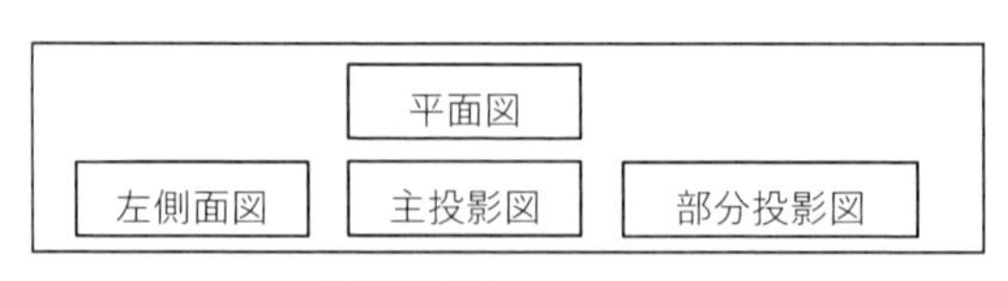

図9-27　図の配置

b　左側面図は課題図のＸから見た外形図とし、対象図示記号を用いて、中心線から右側を省略し、左側のみを描く。

c　平面図は課題図のＺから見た外形図とし、対象図示記号を用いて、中心線から下側を省略し、上側のみを描く。

d　部分投影図は課題図のＹから見た外形図とし、課題図に示すＫ面の形状（奥に見えるものは描かない）及びΦ85、Φ16の２つの形状及び面取り線を、対象図示記号を用いて、中心線から左側を省略し、右側のみを描く。

e　油路Ｆ用配管⑫、油路Ｈ用配管⑬及び油路Ｊ用配管⑭を装着するためのボスは、座面、Ｏリング㉒の入る穴、その下穴及び六角穴付きボルト⑮用のねじ穴に関しては共通である。それぞれが共通であることを次のように示す。油路Ｆ用配管⑫を装着するボスを「ボスＣ」と指示したうえで、共通部分の製作情報を指示し、油路Ｈ用配管⑬及び油路Ｊ用配管⑭を装着するボスには「ボスＣと同じ」と注記し、共通な製作情報は省略する。

f　Ｖパッキンセット⑪の入る穴は、公差域クラスの記号についてはH9、表面性状についてはRa1.6と指示する。

g　切換え弁⑤の入る穴は、公差域クラスの記号についてはH9、加工法としてはリーマ加工と指示する。なお、先端の円錐形状は図形のみとし、寸法等は不要とする。

h　Ｏリング㉒の入る穴は、公差域クラスの記号についてはH8、加工法としてはリーマ加工とし、その下穴径と区別して指示する。下穴径の寸法はリーマの仕上がり寸法より0.5mm小さく指示する。

i　ねじは次による。

　イ　六角穴付きボルト⑮、⑯及び⑰はメートル並目ねじ、呼び6mm、これの下穴径は4.92mmである。

　ロ　六角穴付きボル⑱はメートル並目ねじ、呼び8mm、これの下穴径は6.65mmである。

ハ　六角穴付きボルト⑲はメートル並目ねじ、呼び 12mm である。これが入る穴は直径が 13.5mm とし、直径 20mm、深さ 8mm の深座ぐりを施す。

ニ　プラグ㉑のねじは管用テーパねじ呼び 1/8 である。これ用のめねじは、テーパめねじとする。

j　下記により幾何公差を指示する。

イ　ピストン②の入る穴の円筒度は、公差域が 0.01mm 離れた同心の 2 つの円筒内にある。

ロ　据え付け面をデータムとし、ピストン②の入る穴の軸線の直角度は公差域が直径 0.02mm の円筒内にある。

k　鋳造部の角隅の丸みは、R5 についてのみ個々に記入せず、平面図の右側に「鋳造部の指示のない角隅は R5 とする」と注記し、一括指示する。

9-3-3　解読法

(1) 主投影図

図 9-28 に示した課題図の主投影図は、シリンダーの中心線から上を断面図で、下を外形図で示している。解答図では全断面図を描く指示となっている。外形図で示されたシリンダー部分はシリンダーロットの中心線対象であり、上側を解読して中心線で対称コピーをすれば中心線から下側ができあがる。電気式作動機器⑧から上は構成部品を取外して描けば主投影図ができあがる。

図 9-29 は構成部品を分解した図で、油路 F 用配管⑫、油路 H 用配管⑬、油路 J 用配管⑭、プラグ㉑、及び締付用ボルト⑮を上部に分解して示してある。油路用配管 F、H、J には O リング㉒が組み込まれており、本体①のはめあい部の入り口には 30° の面取りが施されている。電気式作動機器⑧により切り替えられた油圧を、シリンダーと接続するために、プラグ㉑の部分から油路 G を加工して、管用テーパめねじにプラグ㉑でふたをしている。

電気式作動機器⑧を取外した後に、油路 F に届く長いはめあい穴が表れる。油路 I は油路 J とつながり、シリンダーロットを前進させる。

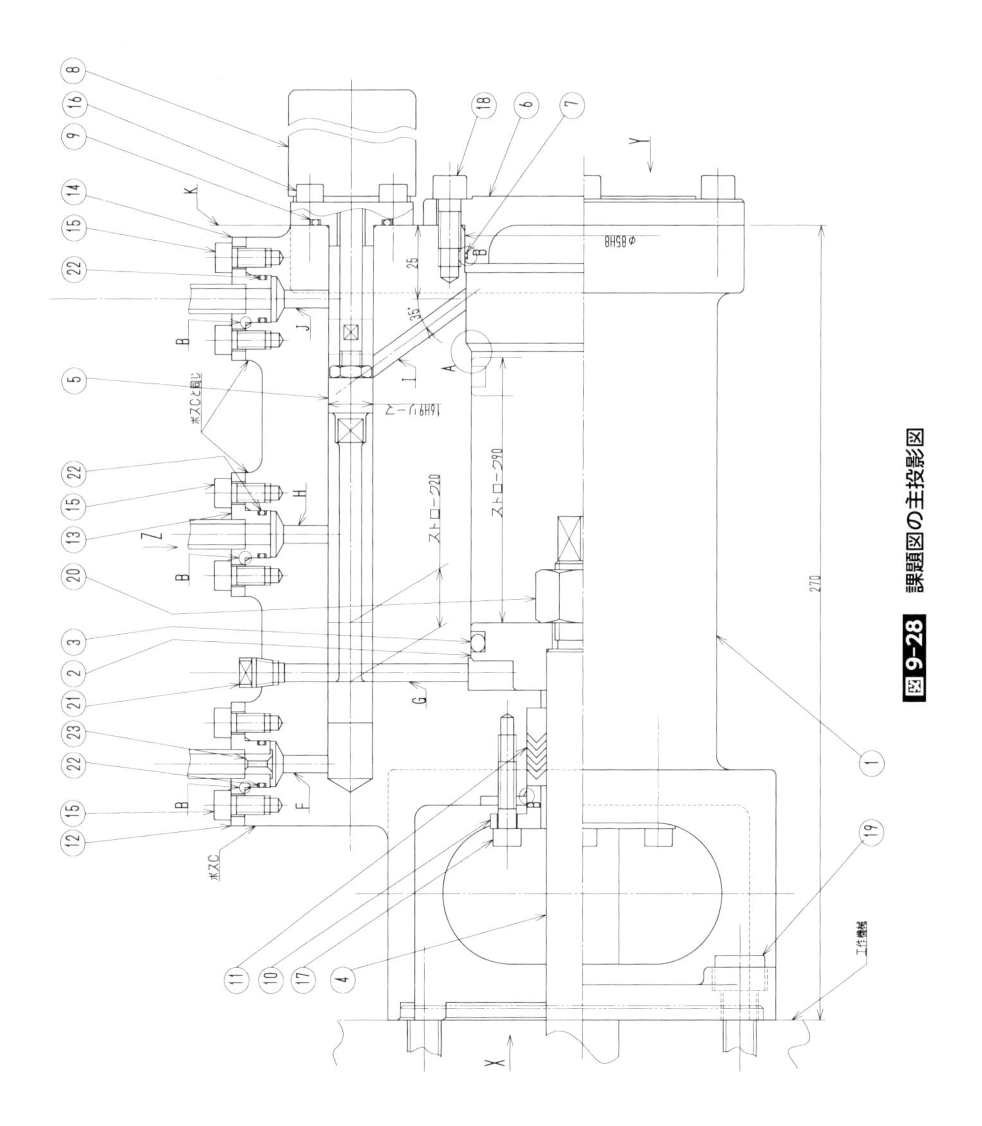

図 9-28 課題図の主投影図

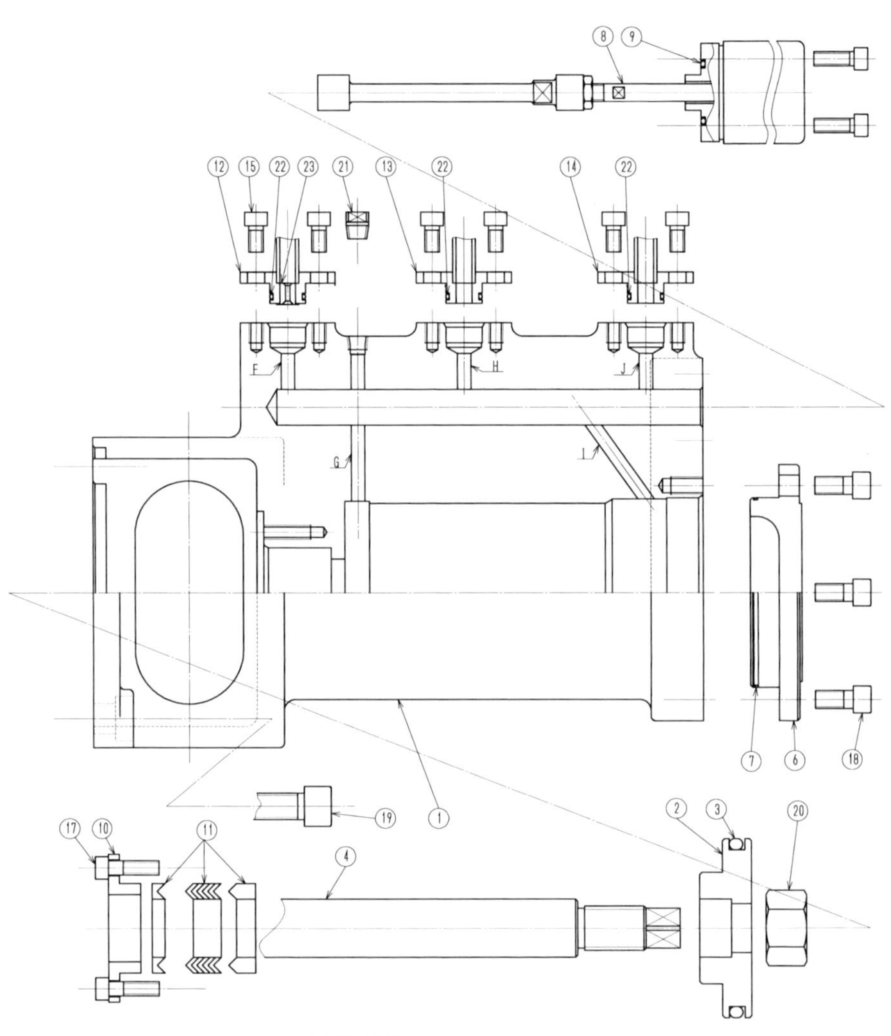

図 9-29 主投影図の分解図

写真 9-1　Vパッキン

図の最下部にはシリンダーロット④と、ピストン②がナット⑳で締め付けられている。ピストン②にはOリング③が組み込まれており、本体①のピストンはめあい穴の入り口には30°の面取りが施されている。ピストンロット④と本体①のシールは、Vパッキン⑪が組み込まれており、パッキン押え⑩をボルト⑰で締め付けている。Vパッキンはアダプター（Vパッキンを挟んで、左の図がメスアダプター、右の図がオスアダプター）に挟んで使用する。⑪の図はイメージを伝えるもので、製図的には厳密ではない。本体①には、パッキンを収納する穴形状と、パッキン押え⑩を締め付けるめねじがある。Vパッキンを組み付けるために、はめあい部の入り口には30°の面取りを施す。

ボルト⑲は工作機械に取り付けるためのもので、本体①には含まれず、穴形状のみが残る。

ピストン②とピストンロット④を組込んだ後に、ふた⑥をボルト⑱で締め付ける。フタ⑥にはOリング⑦が組み込まれており、はめあい穴には30°の面取りを施す。

油圧シリンダーに相当する部分は中心線対象であり、下側にコピーして、シリンダー部ができあがる。

図 9-30 に主投影図の図形を示した。

(2) 左側面図

左側面図の解読は**図 9-31** に示したように、Vパッキン押え部を、解答図の“R”部から読み解いて描き、ボルト⑲を取り外して、**図 9-32** の a) 左側面図

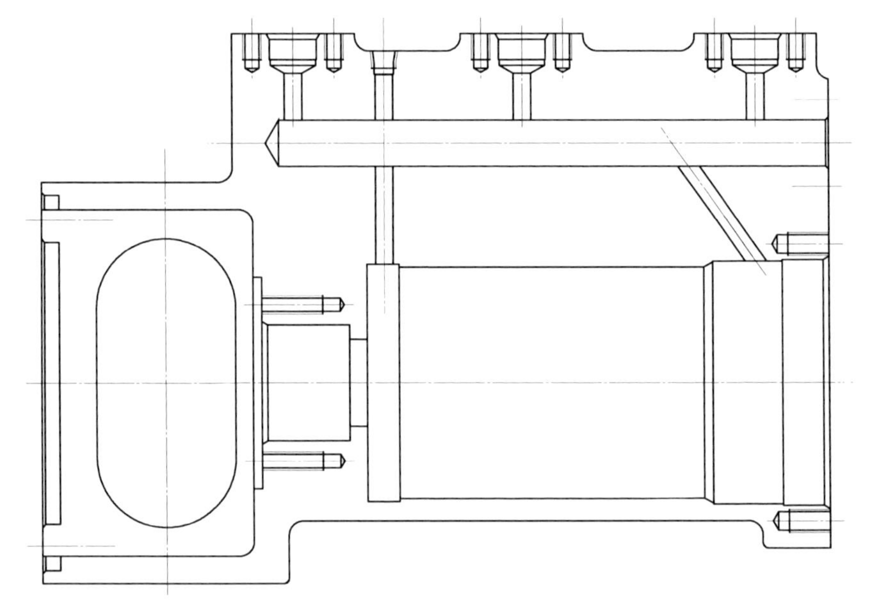

図 9-30　主投影図の図形

の解読に示した、解答図の左側面図の下の部分ができあがる。課題図の右側面図からは、左側面図に外形図として表れる部分と、かくれ線で描く必要のある部分を読み取ると、図 9-32 の b) 右側面図から解読に示した部分を読み取る。この 2 つを組み合わせると、**図 9-33** に示した左側面図の図形ができあがる。

(3)　平面図

図 9-34 に示したように、平面図は課題図の平面図が部分投影図となっており、それを補完する "矢視 E" を左回りに 90° 旋回させて、左側面図を旋回させて主投影図と一緒に読み込んで、平面図を描くことになる。**図 9-35** に示したように、油路 F を取り外して、ボルト⑬とプラグ㉑を取り外して、はめあい穴とねじの図を描く。電気式作動機器⑧とふた⑥を取外した図を描く。以上の内容を整理して図を描くと、**図 9-36** の平面図となる。

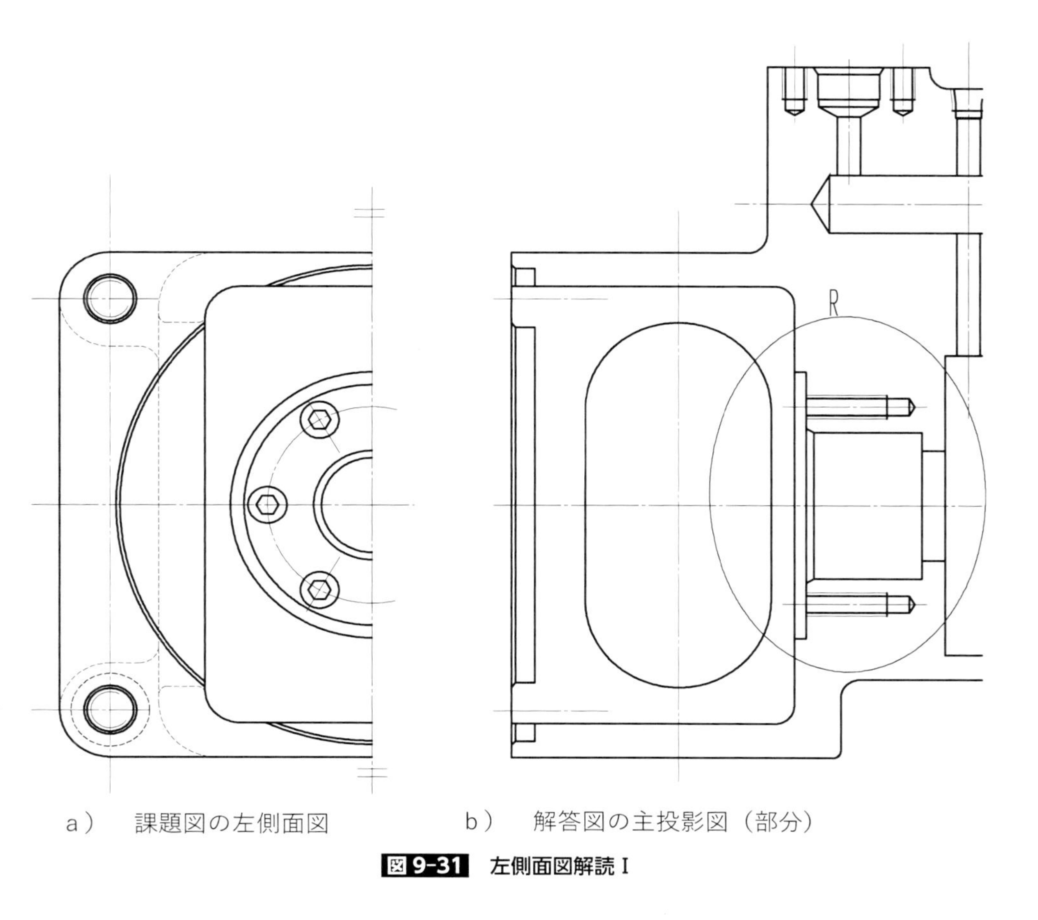

a）　課題図の左側面図

b）　解答図の主投影図（部分）

図 9-31　左側面図解読 I

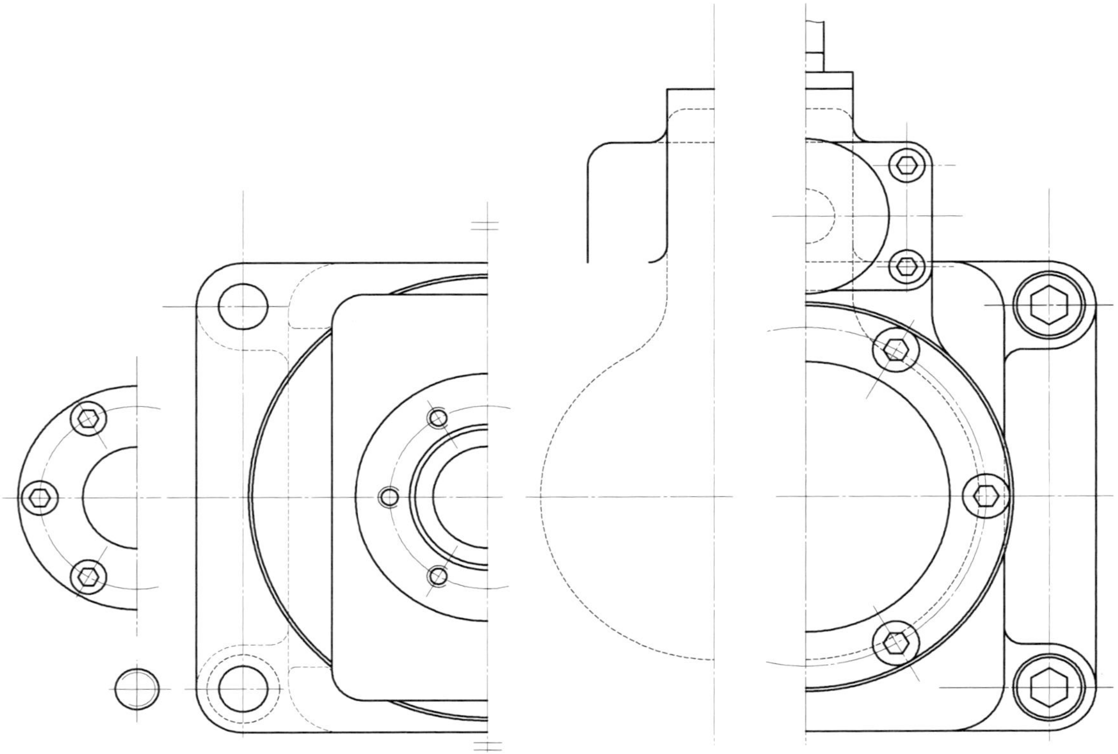

a）　左側面図解読　　b）　右側面図から解読　　c）　右側面図

図 9-32　左側面図解読 II

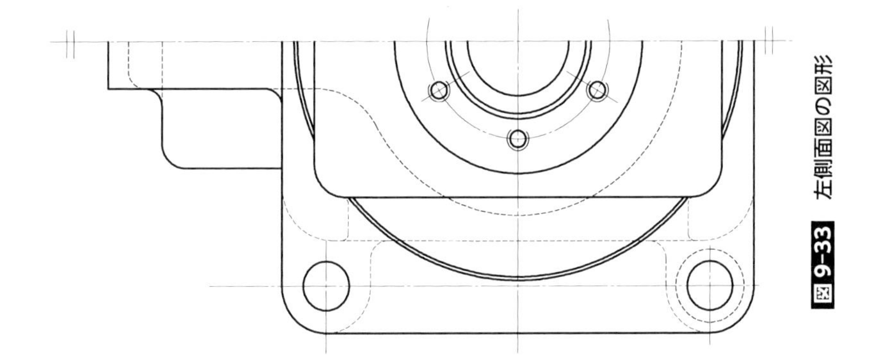

図9-33　左側面図の図形

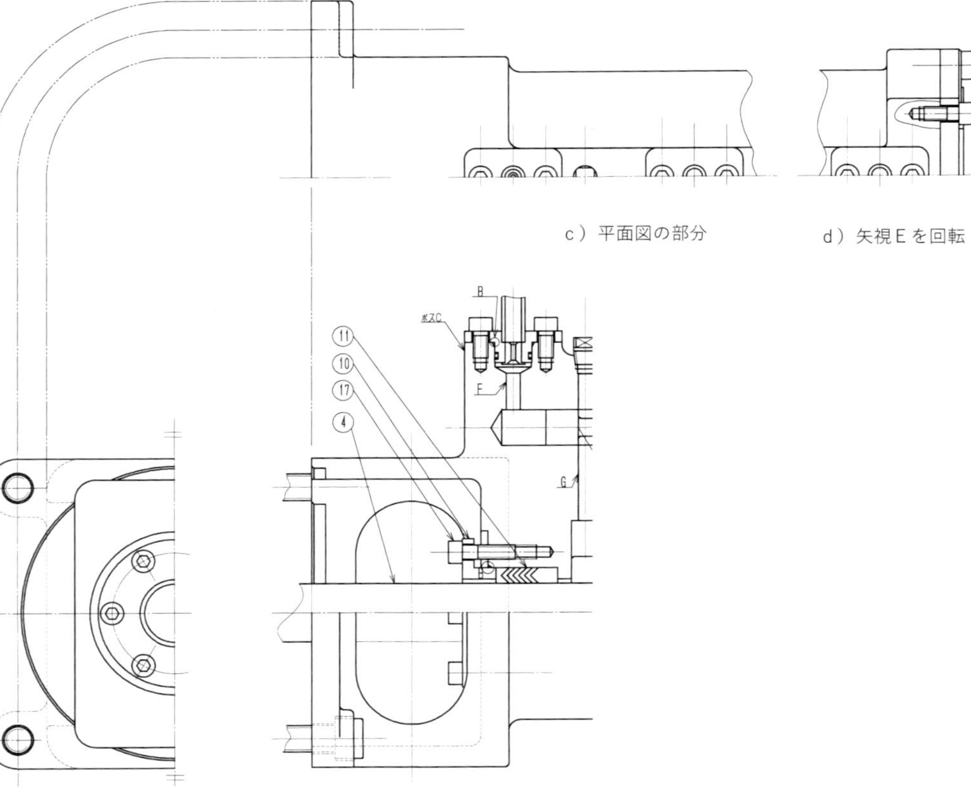

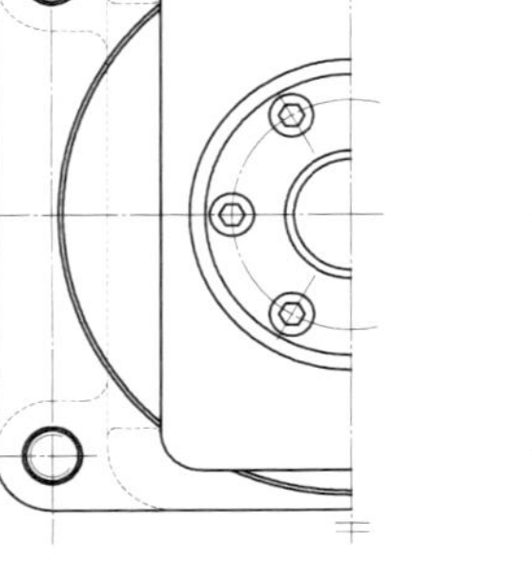

c）平面図の部分

d）矢視Eを回転

a）左側面図

b）主投影図の部分

図 9-34　平面図の解読 I

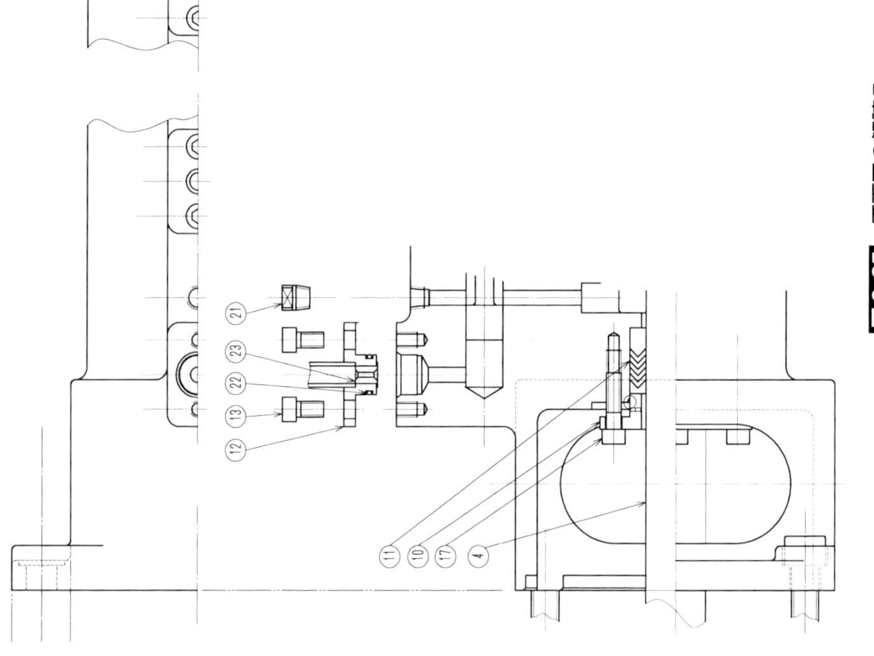

図9-35　平面図の解読 II

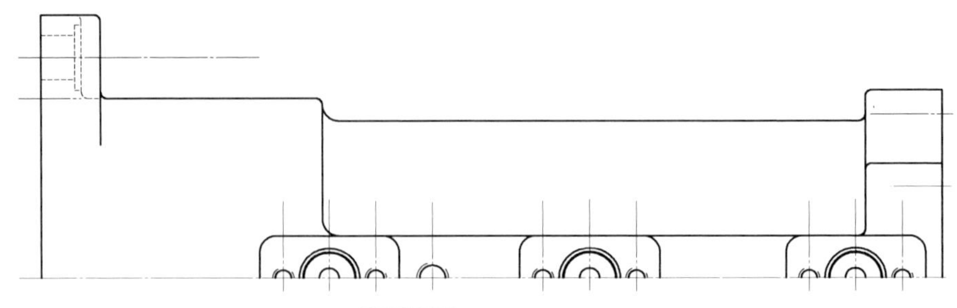

図 9-36 平面図の図形

（4）部分投影図

部分投影図は**図 9-37** に示したように、指示事項に従って、K 面（図 9-26 参照）の形状（奥に見えるものは描かない）及び ϕ85、ϕ16 の 2 つの形状及び面取り線を描く。K 面には“4×M5…”“6×M6…”を描く。図 9-37 b）外形&中心線にあるように、K 面の外形線とめねじの配置寸法を c）右側面図から読み取る。ϕ85、ϕ16 の図形は主投影図から読み取って描く。**図 9-38** に部分投影図を示した。

（5）解答図

図 9-39 に解答図の例を示した。

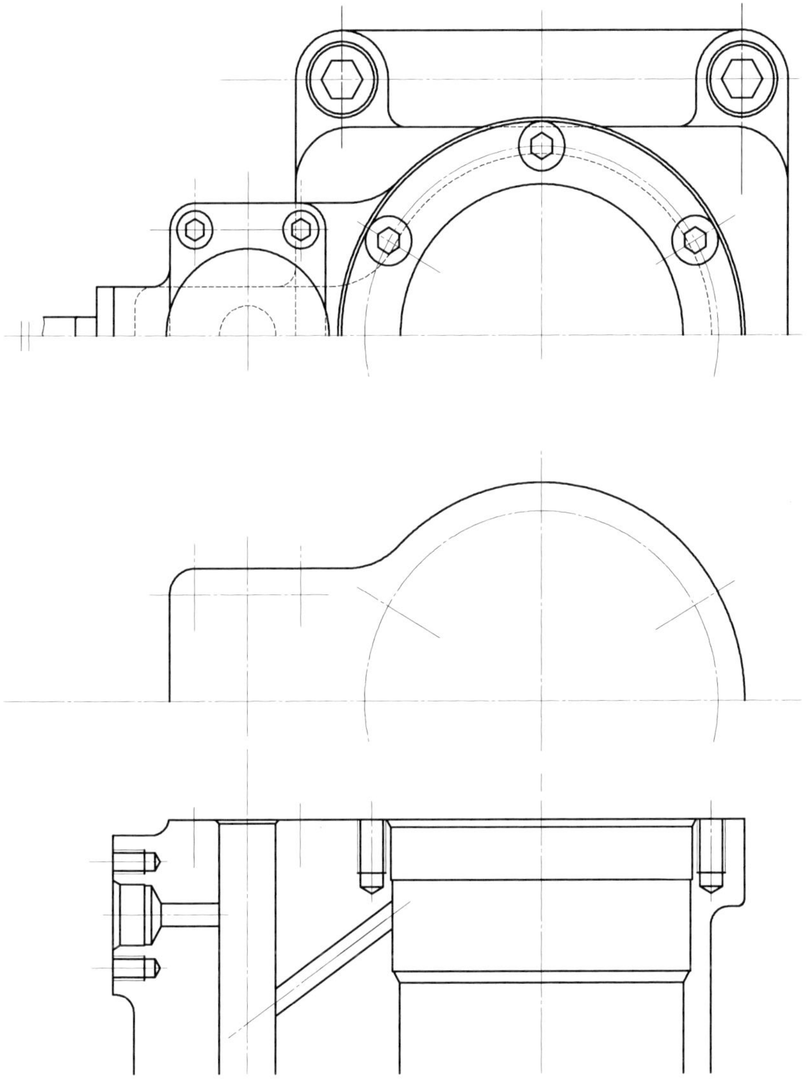

a）主投影図の部分

b）外形＆中心線

c）右側面図

図9-37　部分投影図の解読

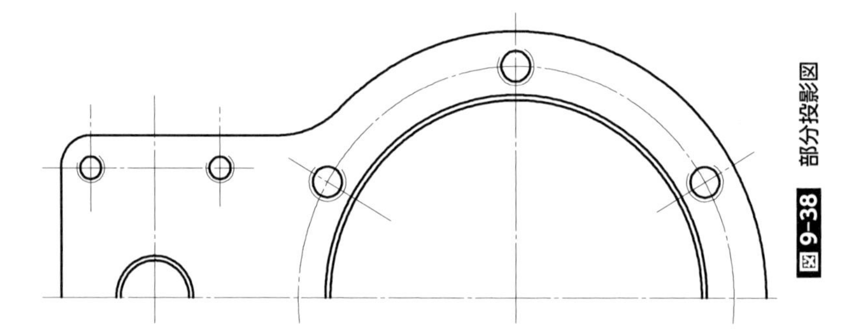

図 9-38 部分投影図

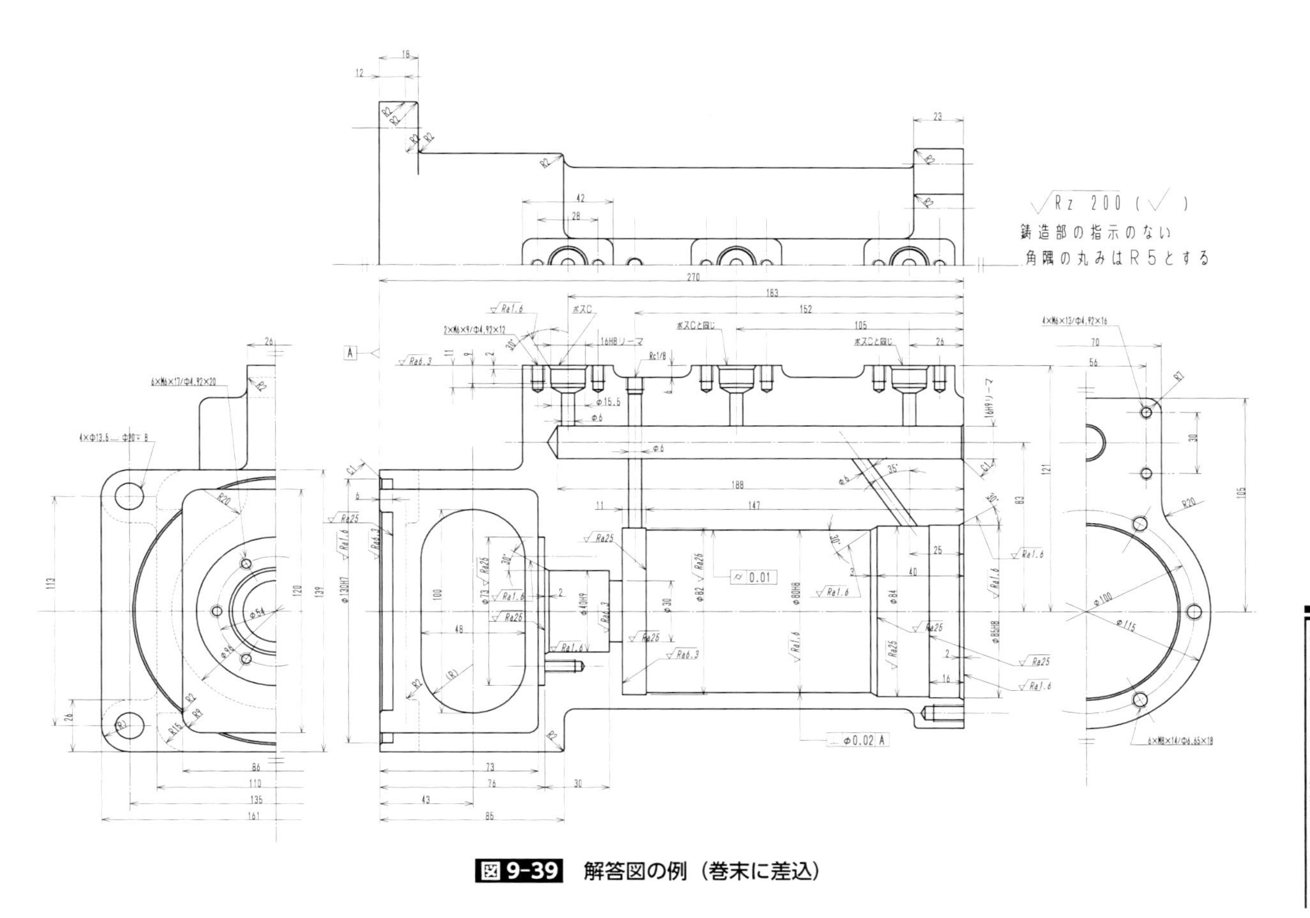

図9-39 解答図の例（巻末に差込）

著者紹介

河合　優（かわい　まさる）

1949年	愛知県に生まれる
1972年	豊田工業高等専門学校卒業
1976年	小島プレス工業株式会社入社 自動車部品の生産設備開発を中心に多様な職場を経験
1986年	一級機械製図技能士　職業訓練指導員
1990年～98年	機械製図部門　技能検定委員　愛知県職業能力開発協会
1996年～98年	技能グランプリ　機械製図部門全国第二位
2003年～進行中	職業能力開発総合大学校　職業訓練指導員のレベルアップ講座講師（機械製図）
2006年～12年	豊田工業高等専門学校　非常勤講師、特命教授として「一気通観エンジニア養成プログラム」の立ち上げに参画し、プログラムの基幹部分を作り上げた
2012年～17年	名城大学　理工学部非常勤講師「6年間機械設計を指導した」
2017年～進行中	技術士集団　NPO法人　東海テクノサポート　理事長

主な著書

「自動化設計のための治具・位置決め入門」　日刊工業新聞社
「機械製図CAD作業技能検定試験突破ガイド」　日刊工業新聞社
「機械製図CAD作業技能検定試験　1．2級　実技課題と解読例」　日刊工業新聞社
「きちんと学ぶレベルアップ機械製図」　日刊工業新聞社
「シッカリわかる図面の解読と略図の描き方」　日刊工業新聞社

機械製図 CAD 作業技能検定試験
実技試験ステップアップガイド
(3・2・1 級対応)

NDC 531.9

2021 年 8 月 12 日　初版 1 刷発行
2024 年 6 月 14 日　初版 2 刷発行

定価はカバーに表示してあります。

© 著 者　河合　優
発行者　井水 治博
発行所　日刊工業新聞社
〒103-8548　東京都中央区日本橋小網町 14-1
電　話　書籍編集部　03-5644-7490
販売・管理部　03-5644-7403
FAX　03-5644-7400
振替口座　00190-2-186076
URL　https://pub.nikkan.co.jp/
e-mail　info_shuppan@nikkan.tech

印刷・製本——美研プリンティング(株)(1)

落丁・乱丁本はお取り替えいたします。
2021 Printed in Japan
ISBN 978-4-526-08151-4　C3053

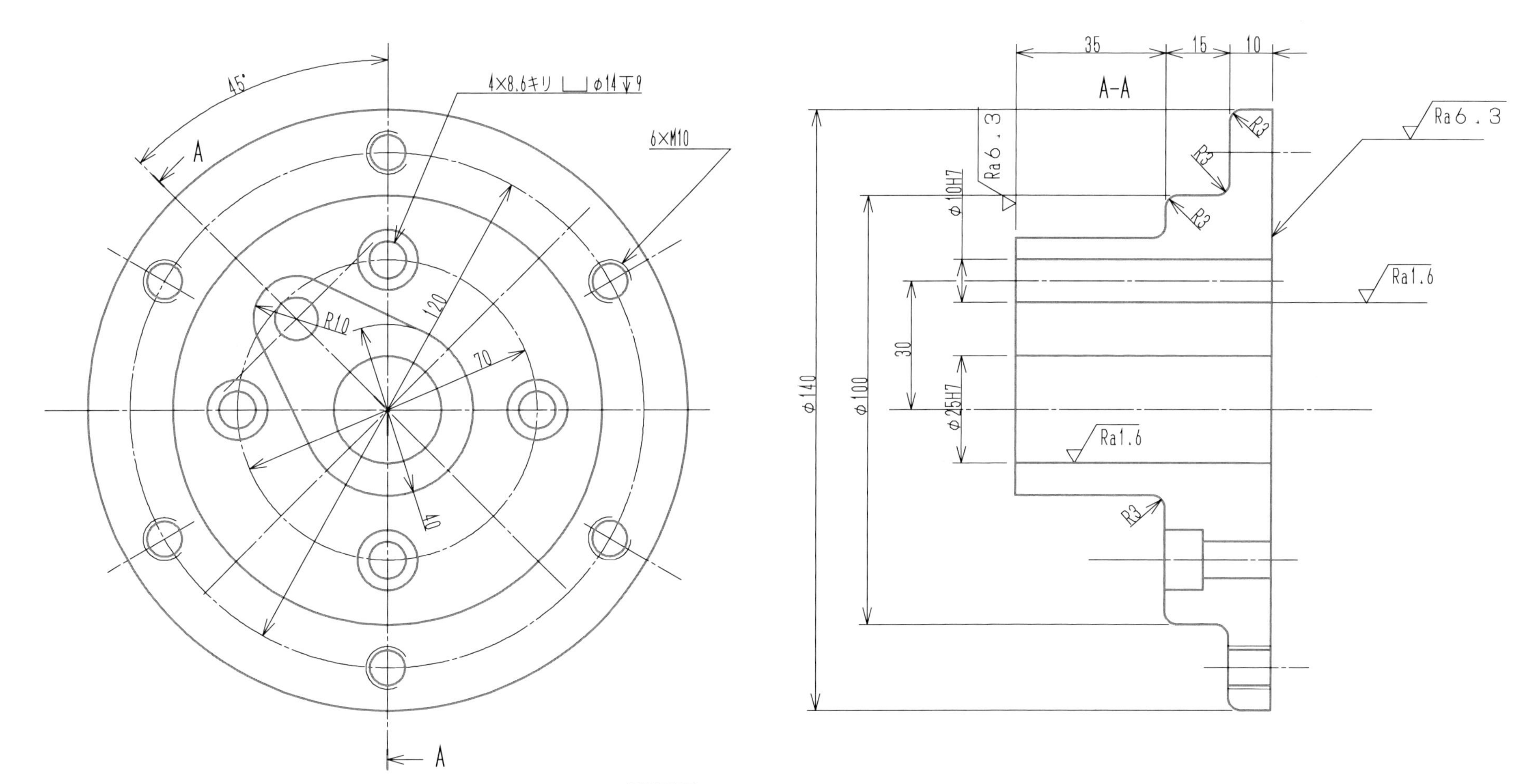

図 6-19 見取り図の図面化 I　部品図

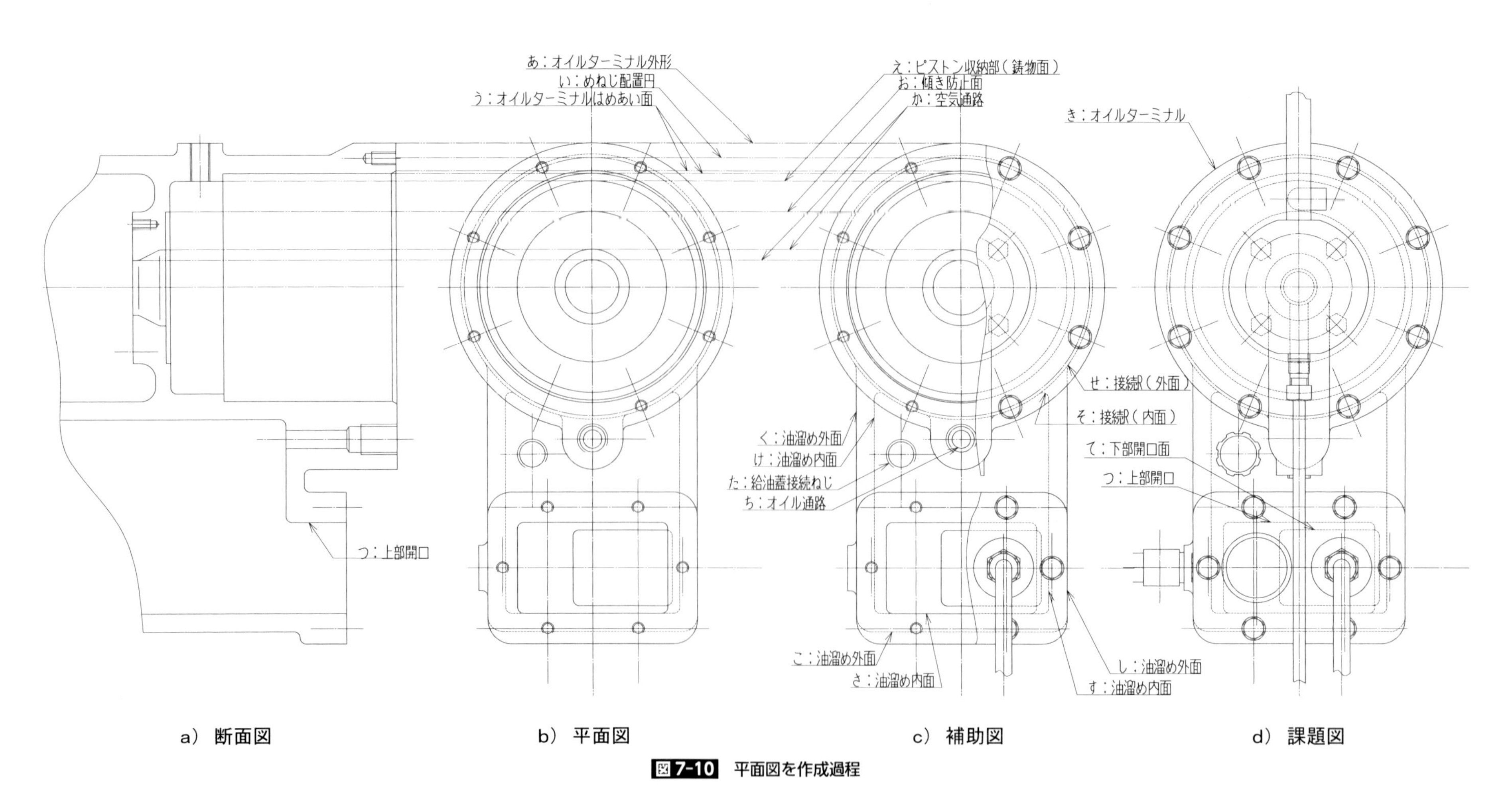

図 7-10 平面図を作成過程

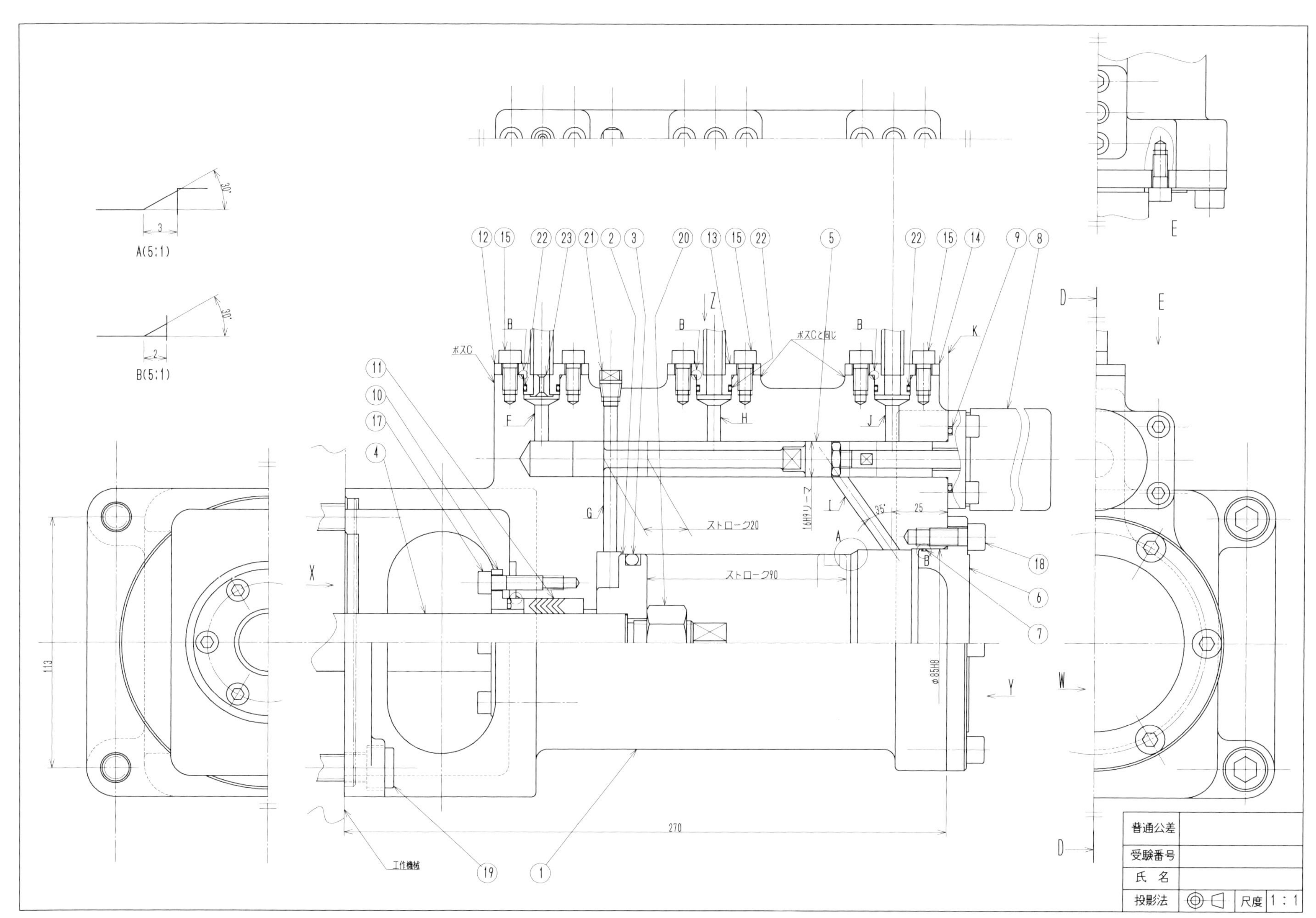
A(5:1)
B(5:1)
ボスC
ボスCと同じ
ストローク20
ストローク90
16H9リーマ
φ85H8
270
113
工作機械
普通公差
受験番号
氏 名
投影法
尺度
1:1

図9-26 課題図の例Ⅲ

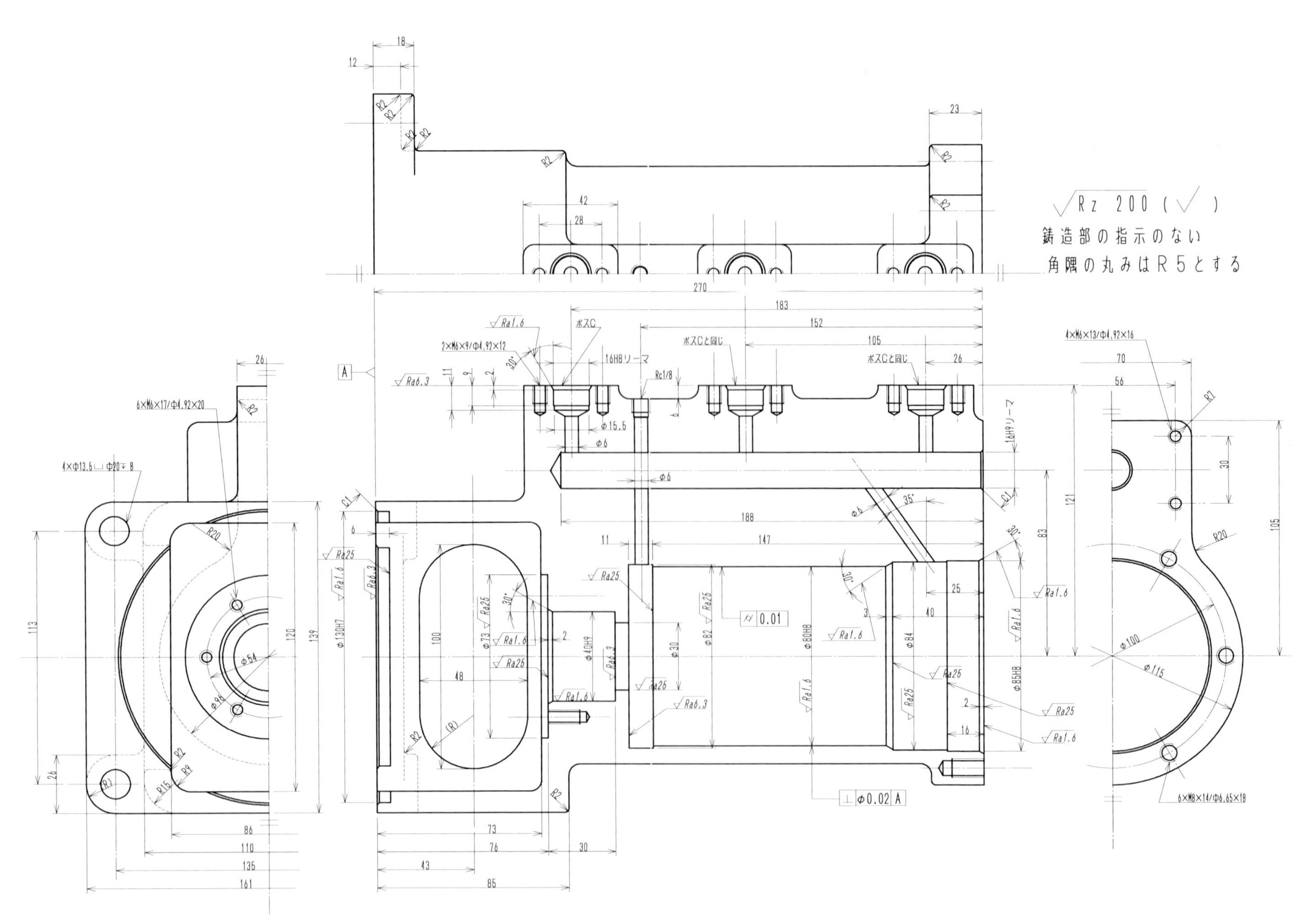
√Rz 200 (√)
鋳造部の指示のない
角隅の丸みはR5とする
ボスC
ボスCと同じ
ボスCと同じ
16H8リーマ
16H9リーマ
Rc1/8
2×M6×9/Φ4.92×12
4×M6×13/Φ4.92×16
6×M6×17/Φ4.92×20
6×M8×14/Φ6.65×18
4×Φ13.5⌴Φ20↧8
0.01
⊥ Φ0.02 A
A

図 9-39 解答図の例